超低碳钢 RH 真空处理技术基础及应用

包燕平　王　敏　著

北　京

冶　金　工　业　出　版　社

2021

内 容 提 要

近年来，随着洁净钢的需求增加和技术发展，RH已经成为生产高品质钢最重要的二次精炼设备，RH的主要功能也由最初的脱氢逐渐发展成为集脱碳、脱气、喷粉脱硫、温度补偿、均匀成分、均匀温度、去除夹杂物等众多功能于一体。

本书以超低碳钢的RH真空处理为主线，围绕RH精炼钢液流动和传热行为、RH高效化冶炼技术、RH精炼夹杂物控制和RH耐火材料使用等方面进行了详细阐述，希望为高品质钢的高效精炼提供一定借鉴。

本书可供钢铁冶金领域科研、生产、设计、教学、管理人员阅读参考。

图书在版编目（CIP）数据

超低碳钢RH真空处理技术基础及应用/包燕平，王敏著. —北京：冶金工业出版社，2021.11

ISBN 978-7-5024-8920-5

Ⅰ.①超… Ⅱ.①包… ②王… Ⅲ.①低碳钢—炼钢 Ⅳ.①TF761

中国版本图书馆CIP数据核字（2021）第176264号

超低碳钢RH真空处理技术基础及应用

出版发行	冶金工业出版社	电　　话	（010）64027926
地　　址	北京市东城区嵩祝院北巷39号	邮　　编	100009
网　　址	www.mip1953.com	电子信箱	service@mip1953.com

责任编辑　刘小峰　曾　媛　美术编辑　彭子赫　版式设计　郑小利
责任校对　李　娜　责任印制　李玉山
北京捷迅佳彩印刷有限公司印刷
2021年11月第1版，2021年11月第1次印刷
710mm×1000mm 1/16；19.75印张；387千字；308页
定价99.00元

投稿电话　（010）64027932　投稿信箱　tougao@cnmip.com.cn
营销中心电话　（010）64044283
冶金工业出版社天猫旗舰店　yjgycbs.tmall.com
（本书如有印装质量问题，本社营销中心负责退换）

前　言

近年来，随着洁净钢的需求增加和技术发展，RH已经成为生产高品质钢最重要的二次精炼设备。RH的主要功能也由最初的脱氢逐渐发展成为集脱碳、脱气、喷粉脱硫、温度补偿、均匀成分、均匀温度、去除夹杂物等众多功能于一体。

在高品质洁净钢冶炼方面，RH有其独特的优势：（1）高效真空冶金效果。RH具备在较短时间内将钢液中碳、氢、氧、氮等脱至极低水平的能力，相比其他炉外精炼设备，RH实现上述功能的效率更高。（2）真空喷吹快速脱除钢液中有害元素硫、磷。RH真空处理配合顶枪喷吹工艺，具备对钢液快速脱硫、脱磷和夹杂物改质功能，生产成本低、应用效果好。（3）适度的温度调控。良好的温度控制是高品质钢冶炼的重要保障，RH真空过程可以通过化学升温和二次燃烧对钢液温度进行适度控制，保障与连铸工序的顺行。（4）成分均质和钢液净化。RH真空处理过程几乎可以完成所有钢种的合金微调，合金元素收得率高；真空循环有利于均匀钢液成分，同时也极大促进夹杂物上浮去除，起到净化钢液的作用。

本书以超低碳钢的RH处理为主线，围绕RH精炼钢液流动和传热行为、RH高效化冶炼技术、RH精炼夹杂物控制和RH耐火材料使用等方面进行了详细的阐述，希望为高品质钢的高效精炼提供一定借鉴。

本书以课题组近年来科研成果为主，归纳和吸收了课题组艾新港、王敏、李怡宏、郭建龙、王睿等5位博士研究生和申晓维、徐佳亮、高帅、宋磊、赵志坚等5位硕士研究生在校期间的科研成果，适当引用并追溯了RH方面国内外的先进技术成果，对他们的贡献表示衷心感谢！希望通过本书的出版为大专院校、科研院所、钢铁企业的技术人员提供一些帮助，也期望为我国高品质钢的 RH 真空精炼技术的进步做出一点贡献。

　　本书写作过程中，得到了课题组博士、硕士研究生的全力帮助，肖微、李新、赵志坚、姚骋、高放、王仲亮、程鸣飞等博（硕）士研究生参与了本书的写作和校验，在此对他们的辛勤工作表示衷心感谢，没有各位的认真工作和辛勤付出就没有本书的出版。

　　本书的出版得到了北京科技大学钢铁冶金新技术国家重点实验室研究资金的资助，在此表示感谢！

　　由于作者水平所限，书中不妥之处敬请批评指正。

包燕平　王　敏

2021 年 3 月

目　　录

1　RH 真空冶金基础

1.1　RH 真空冶金原理及功能

RH 精炼全称为 RH 真空循环脱气精炼法，是由联邦德国鲁尔公司（Ruhrstahl）和海拉斯公司（Heraeus）于 1956 年前后共同开发的真空精炼技术。RH 的工作原理如图 1-1 所示。该方法由带有吸入钢液和排出钢液的两根浸渍管的真空室和排气装置构成。RH 设计的最初目的是用于钢液的脱氢处理，随着功能的演化 RH 目前已经成为具备脱气、脱氧、脱硫、脱碳、成分微调等众多冶金功能的先进二次精炼装备。

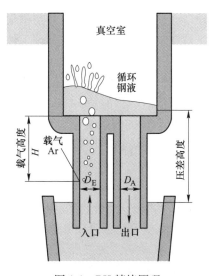

图 1-1　RH 精炼原理

1.1.1　RH 真空冶金原理

1.1.1.1　RH 真空处理原理概述

RH 真空过程钢液的脱气是在一个砌有耐火砖衬的真空室中进行，真空室底部有两个用耐火材料制成的可插入钢液的浸渍管。真空处理过程中，将浸渍管插入钢液中，并通过真空泵系统对真空室抽真空，在压差的作用下钢液从浸渍管底部上升到压差高度（约 1.48m）进入真空室。此时，在上升管下部 1/3 处吹入驱动气体 Ar 气，由于上升管钢液表观密度比下降管钢液表观密度小，上升管中钢液在 Ar 气泡驱动下进入真空室，又在重力作用下从下降管流回钢包，从而实现钢液在钢包与真空室之间的往复循环。提升气体也可以使钢液在上升管内上升过程中产生沸腾而大幅增加钢液与气相（Ar 气泡）的接触面积，溶解于钢液中的 [H]、[N] 便从钢液中逸出而进入低分压的气相中，从而达到脱气的目的；RH 真空循环过程可以促进夹杂物的碰撞、聚合，加速夹杂物的上浮去除，也可以借助 RH 真空室顶枪的喷粉、吹氧、天然气喷吹和真空料仓的加料系统实现对钢液的脱碳、脱硫、脱氧、去除夹杂、升温、成分微调等多种冶金功能。

RH 真空装置主要包括[1]：

（1）真空泵系统。目前 RH 真空泵系统主要有蒸汽喷射真空泵和干式机械真空泵。两种真空泵系统都采用多级抽气模式，且都能达到快速脱碳的效果。

（2）钢包台车及液压升降系统。钢包台车将钢包从钢水接收跨的承接位置输送到真空槽下脱气工位进行真空处理，然后送往起吊位，钢水吊至连铸平台进行浇注。钢包台车升降设备用于提升盛有钢水的钢包和钢包台车，直到浸渍管浸入钢水预设深度为止。升降设备安装在真空槽下方的坑内，升降框架沿导轨垂直运动，由液压缸驱动。

（3）真空槽横移台车。RH 真空处理系统一般设有 1 个处理工位和 1 个待机工位。在此工位上设有两台真空槽横移台车，用于把真空槽从处理工位移送到待机工位或从待机工位移送到处理工位，交替使用。

（4）多功能顶枪。在处理工位，顶枪安装在真空槽的上部，具有吹氧脱碳功能、吹氧加铝化学升温功能、喷吹燃气对钢液加热或者真空槽放瘤除冷钢功能及喷粉深度脱硫功能。

（5）合金加料系统。合金料先放在开式料罐中，再运送至合金料仓上方进行放料，从而将物料存储在合金料仓中。

1.1.1.2 钢水循环"气泡泵"原理

钢水真空循环原理类似于"气泡泵"（见图1-2），当真空室底部浸渍管插入钢水中后，真空室内开始抽真空，大气和真空室之间形成压力差，钢水就从两个浸渍管上升到与压差相等的高度，即循环高度 B。但要实现钢水循环，需要在上升管处输入驱动气体（Ar 气），驱动气体受热膨胀以及压力由 p_1 降低到 p_2 而引起等温膨胀导致上升管内钢水与气体混合物密度降低，从而驱动钢水上升。按能量守恒定律，气体膨胀功（$A_{气体}$）等于被输送钢水上升所需的功（$A_{钢液}$）与钢水和气体混合物克服上升过程中摩擦阻力所做的功（$A_{损失}$）之和，即：

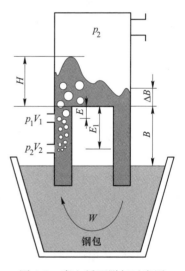

图 1-2 真空循环脱气示意图

$$A_{气体} = A_{钢液} + A_{损失} \tag{1-1}$$

$$A_{气体} = V_1 p_1 \ln \frac{p_2}{p_1} = \frac{V_0 R}{22.4(T_2 - T_1)} \tag{1-2}$$

式中 V_1——驱动气体按压力 p_1 时计算的体积，m^3；

p_1——驱动气体的压力，Pa；

p_2——真空室内的压力，Pa；

V_0——标准状态下驱动气体体积，m^3；

T_1——驱动气体的温度，K；

T_2——钢液的温度，K；

R——气体常数，8.314J/(K·mol)。

$$A_{钢液} = mHg \tag{1-3}$$

式中　m——从上升管进入真空室内的钢液量，kg；

H——钢水的提升高度，m；

g——重力加速度，取 9.81m/s^2。

实际上，$A_{损失}$很小，$A_{气体}$右边第二项值也很小，可以忽略不计，上述公式可以表达为式（1-4）。

$$V_1 p_1 \ln \frac{p_2}{p_1} = mHg \tag{1-4}$$

可见，钢液的提升高度与驱动气体流量、压力和真空度有密切关系。有关研究指出，钢液经下降管流出速度与真空室内钢液高度有关，其关系如式（1-5）所示。

$$v = \sqrt{2g\Delta B} \tag{1-5}$$

式中　ΔB——钢液的高度差（其值为真空室内钢液高度减去与压差相平衡的液位高度），m；

v——钢液流出的速度，m/s；

g——重力加速度，m/s^2。

式（1-5）表明，ΔB 的增大会使下降管的流出速度加大，相应地会使 RH 内钢液的搅拌强度增大，从而改善 RH 精炼效果。

1.1.1.3　RH 真空脱气原理

RH 真空脱气有以下几种途径：（1）上升管中，钢液内气体原子由于"气泡泵"作用向氩气泡内扩散脱除；（2）随着真空压力降低，钢液内部发生化学反应（如碳氧反应）形成气相，钢液中气体原子扩散进入真空室内脱除；（3）真空室内部自由界面随着气体分压降低，钢液中气体原子转变成分子去除；（4）真空室内部氩气泡与钢液之间的界面破裂导致钢液液滴飞溅，液滴在真空室内完成脱气。气体在钢液内的溶解度与系统的压力有关，氢和氮在钢中的溶解度服从平方根定律。冶金过程的各种化学反应都向平衡态方向自发进行，气体在钢中的溶解与化学反应相似，抽真空降低系统内的气体分压，将引起平衡移动，使钢中的气体［H］和［N］含量降低[2,4,5]。

溶解在钢液中的气体向气相迁移过程由以下步骤组成：

（1）溶解在钢液中的气体原子通过扩散和对流迁移到钢液/气相界面；

（2）气体原子由溶解状态转变为表面吸附状态；

（3）表面吸附的气体原子彼此相互作用，生成气体分子；

（4）气体分子从钢液表面脱附；

（5）气体分子扩散进入气相，被真空系统抽出。

在炼钢温度和真空度一定条件下，步骤（2）～（5）进行得相当迅速，脱气速度主要取决于步骤（1），即溶解在钢中的气体原子向液/气相界面的迁移。因此，在抽真空的同时应加强钢液搅拌，加快脱气过程。

1.1.1.4　RH 真空脱碳和脱氧原理

RH 真空条件下，脱碳与脱氧是相互联系的，其区别在于：（1）真空脱氧是利用钢液中的碳在真空条件下通过碳氧反应降低钢液中的自由氧；（2）真空脱碳是利用钢水中氧或真空下吹氧脱除钢液中的碳。常压下碳的脱氧能力很弱，钢液需使用 Al、Si、Mn 等脱氧剂脱氧才能将钢液中自由氧降低到较低水平。在真空条件下，由于碳氧反应（$[C]+[O]=CO$）生成的 CO 气体分压 p_{CO} 大幅度降低，碳的脱氧能力显著提高（见图1-3）。沸腾钢在 RH 真空处理过程中，碳的脱氧能力能够达到和硅、铝相当的水平，并且脱氧产物 CO 对钢液洁净度不产生影响，也能起到搅拌钢液加速脱氢、脱氮的作用[1]。当钢液中碳含量在 0.03wt.%～0.05wt.% 时，在沸腾钢液中，溶解氧足以把钢液碳降低到 10～15ppm❶ 水平，超低碳无间隙原子钢（IF 钢）中超低碳和超低氧的控制关键就是合理控制 RH 真空过程的碳氧反应，实现 RH 高效脱碳的同时降低脱碳后钢液中的自由氧，减少终脱氧夹杂物的形成。

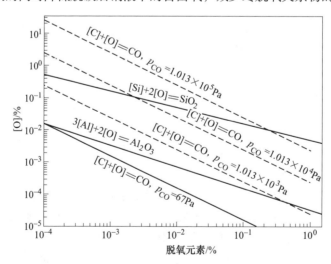

图 1-3　真空条件下脱氧元素的脱氧能力对比[2]

---

❶　$1ppm = 10^{-6}$。

1.1.1.5 RH 合金化原理

据放射性同位素示踪的研究结果，当在真空室内添加相当于钢水量 0.5%的合金时，只需半个循环，其合金元素在钢包中就可混合均匀[6,7]。一般来讲，混合状况的好坏取决于如下因素：

（1）合金添加速度。合金添加速度太快，短时间内加合金量过多，会造成钢液温度瞬间降低破坏真空环流，导致合金元素分布不均匀，混合困难；合金加入速度太慢，会使得加料时间过长，影响生产节奏。RH 合金最大添加速度取决于钢液循环流量，一般为钢液循环流量的 2%~4%。

（2）添加角度。真空条件下合金通过真空室内壁上倾斜的溜槽加入真空室，结合真空室内钢液流动特点，合金添加到真空室内上升管附近有利于合金在钢液中混合和反应。

（3）合金粒度。合金的粒度影响其在真空过程的反应和混合行为，粒度过大不利于合金熔化和混匀；粒度太小时，RH 真空过程容易将小颗粒粉剂抽吸进入真空管道。特别对于 Mn、Ca、Mg 等易挥发元素，在真空过程合金化也容易导致合金元素的挥发损失。一般 RH 真空处理用的合金粒度以 3~15mm 为宜。

（4）合金本身的理化性质。合金的熔化性能及氧化性能、合金化过程的吸热与放热、挥发特性、扩散与传质特性及其密度，对合金的均匀化都有影响。因此，合金的种类、加入时机、加入位置、加入量都要根据合金本身的理化性质合理选择，才能确保合金化过程钢液的均匀性。

（5）均匀化时间。合金化主要在 RH 处理后期进行，当最后一批合金加入后，循环多长时间才能保证合金元素的均匀性，最精确的方法是通过放射性同位素来确定各种合金元素的均匀化时间。而在实际生产中，通常按式（1-6）确定均匀化时间：

$$t = 2W/U \tag{1-6}$$

式中　t——均匀化时间，min；

　　　W——钢水量，t；

　　　U——钢流循环量，t/min。

1.1.2 RH 真空冶金功能

最初开发 RH 的主要目的是对钢液进行真空脱氢，解决钢的"白点"问题，主要对于大型锻件用钢、厚板钢、硅钢、轴承钢等对气体有较严格要求的钢种[8~12]。1963 年日本引进 RH 真空精炼技术后，在脱氢的基础上又开发了脱碳、脱氧、吹氧升温、喷粉脱硫和成分控制等功能，使改进后的 RH 法能进行多种冶金操作，更好地满足了扩大处理钢种范围、提高钢材质量的要求[13]。

综合RH精炼的不同工艺特点，目前RH可以具有以下冶金功能[14~16]，如图1-4所示。

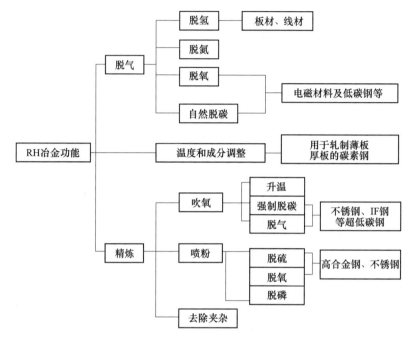

图1-4　RH的主要冶金功能

RH真空冶炼可以达到以下冶金效果[17~19]：

（1）真空脱碳：RH过程具有较强的脱碳功能，真空处理15min可以将碳含量控制在［C］≤15ppm。

（2）真空脱气：生产的洁净钢能够达到［H］≤1.0ppm、［N］≤15ppm的水平。

（3）脱硫：RH工艺与喂线、喷吹结合，使其具备了喷粉脱硫功能，通过RH-PB、RH-IJ、RH-KTB、RH-PTB等处理后的超低硫钢能够达到［S］≤20ppm。

（4）脱磷：经RH喷粉处理后生产的超低磷钢能够达到［P］≤20ppm的水平。

（5）升温：采用真空与用氧技术结合，并通过添加铝粒或二次燃烧升温，使其可以控制调节温度，可降低转炉出钢温度26.3℃，最大升温速度达8~10℃/min，其代表为RH-O、RH-OB、RH-KTB、RH-MFB等。

（6）均匀钢液温度：可使连铸中间包钢液温度维持在相对稳定的水平，温差≤±5℃。

（7）净化钢液：使钢液成分趋于均匀，极大去除夹杂物，实现洁净钢的超低氧控制（T.O≤15ppm）。

（8）合金微调整：可生产几乎全部钢种，如锻造用钢、模具钢、弹簧钢、轴承钢、工具钢、不锈钢、耐热钢、高强钢等。

1.2 RH 真空冶金技术发展

1.2.1 RH 精炼工艺发展

RH 精炼技术发展主要经历了 3 个阶段，具体见表 1-1[4,9]。

表 1-1 RH 精炼技术的发展

技术	时间、厂家和特点	冶金功能和效果	存在问题	最适用钢种
RH	1959 年，德国蒂森公司	[H]<2ppm，[N]<40ppm，T[O]<40ppm	金属喷溅、真空室结瘤	
RH-O	1969 年，蒂森钢铁公司，铜质水冷氧枪从真空室顶部吹氧	[C]<20ppm，[H]<2ppm，[N]<40ppm，T[O]<40ppm	同 RH，氧枪密封不合理	不锈钢和耐酸腐蚀钢
RH-OB	1972 年，新日铁制铁，真空室下部侧壁水平设置的双层不锈钢浸入式喷嘴吹氧	[C]<20ppm，[H]<2ppm，[N]<40ppm，T[O]<40ppm，加铝升温	同 RH，喷嘴和下部槽寿命短	不锈钢和超低碳钢
RH-KTB	1988 年，川崎制铁，真空室顶部插入可垂直升降的水冷氧枪吹氧	[C]<20ppm，[H]<1.5ppm，[N]<40ppm，T[O]<30ppm，炉气中 CO 的二次燃烧提供附加热量	真空室结瘤较多	超低碳钢和不锈钢
RH-MFB	1992 年，新日铁制铁，多功能喷嘴从真空室顶部喷吹氧气、矿石粉和天然气	[C]<20ppm，[H]<1.5ppm，[N]<40ppm，T[O]<30ppm，CO 二次燃烧提供附加热量，燃气加热钢液	正常	不锈钢和耐酸腐蚀钢
RH-VI	1984 年，内蒙古第二机械制造厂和冶金研究所，喷枪插入钢包底部中心喷粉	[S]<15ppm	操作不便，喷枪易堵塞且寿命短	35CrNi3MoV 钢、超低硫高合金钢
RH-IJ	1985 年，新日铁，喷枪插入上升管下部的钢包中喷粉或氩气	[S]<10ppm	同 RH-VI	超低硫钢

技术	时间、厂家和特点	冶金功能和效果	存在问题	最适用钢种
RH-PB	1987 年，新日铁，RH-OB 的喷枪喷粉或吹氩	[C]<30ppm，[H]<1.5ppm，[N]<40ppm，T[O]<30ppm，[S]<10ppm，[P]<20ppm	同 RH-OB，喷嘴易堵塞，载气耗量大	超低硫钢和超低磷钢
RH-PTB	1993 年，住友金属和歌山厂，非浸入式水冷氧枪从真空室顶部喷粉	[S]<5ppm，[P]<30ppm，[C]<5ppm	同 RH-KTB	超低硫深冲钢和超低磷钢
RH-MESID	1994 年，MDH-MESSO 钢铁公司，真空室顶部的 MESID 枪吹氧、喷粉或吹天然气	[C]<15ppm，[S]<10ppm，[P]<30ppm，[H]<1.5ppm，[N]<20ppm，铝升温，燃气加热钢液	正常	超深冲钢和超纯净钢

1957 年，世界上第一台工业化钢液真空循环脱气精炼设备由德国 Ruhrstahl Huttenwerke AG 公司和 Heraeus AG 公司共同设计并试验成功；1959 年，德国蒂森公司建成了世界上第一台 RH 装置，命名为 RH 法，原理如图 1-5 所示。

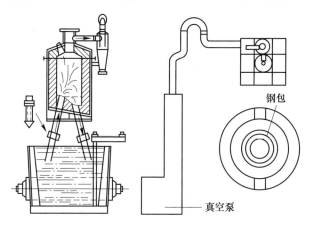

图 1-5   第一台 RH 装置及开发试验装置示意图

1963 年，世界第二台 RH 精炼装置在日本新日铁的前身富士公司投产，如图 1-6 所示，用来生产板材。目前，世界上最大的 RH 精炼设备为 340t，由新日铁 1975 年建造。

20 世纪 80 年代以后，RH 的功能越来越多样化，RH 精炼技术的处理能力和使用钢种范围不断扩大，RH 工艺及设备日益完善，已由原来的单一脱气功能发展成为一种具有脱磷、脱氧、脱碳、脱硫和去除杂质、升高温度及调整钢液成分等多种功能的炉外精炼技术。

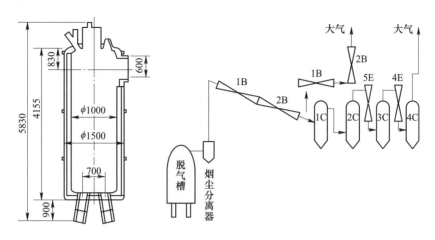

图 1-6　日本引进的 RH 示意图
B—升压机；C—升压机冷凝器；E—喷射泵

　　RH 精炼装备更适合与 80t 以上大型转炉或大型电炉配套使用。与其他冶炼方法相比较，RH 循环脱气法有很大优势，不但具有强大的精炼功能，而且具备很多优点：（1）在 RH 精炼工艺流程中，有相对少量的钢液进入真空室，而且此时上升管内的驱动气体会生成大量气泡，使钢液以细小液滴的状态进入真空室，并且处于不断沸腾状态，由此可使钢液脱气面积增大，脱气过程顺利进行，表现出良好的脱气效果；（2）实际生产能力强大，适用于处理大量钢液；（3）处理过程中钢包内的炉渣覆盖在钢液表面，具有良好的保温效果，处理后温度仅降低 30~50℃，处理过程时间短且温降小；（4）不同容量的钢液均可用同一设备处理，也可以在电弧炉和感应炉内进行，具有很强的适应性。

1.2.2　国内外 RH 设备技术参数

　　RH 真空循环处理特别适用于大批量钢水的快速处理，其快速处理的特点可以与转炉的快节奏相配合。真空循环处理方法的优点，使它成为当今发展最快的炉外精炼设备之一。RH 真空处理能力和冶金效果主要取决于其装备水平，表 1-2 总结了目前国内外部分企业 RH 主要技术参数。从表中可以看出，目前国内 RH 精炼炉与国外先进钢铁企业的装备均处于国际先进水平。对于超低碳钢的生产，RH 脱碳工艺控制不仅与 RH 工艺参数相关，还与钢水初始成分、压降速率控制、循环流量控制、工艺模式等相关。

1.2.3　不同 RH 冶金效果

　　RH-O 技术：即顶吹氧技术，其技术特征是从固定枪位的真空室顶部用铜质

表 1-2　国内外 RH 主要技术参数

项　　目	容量/t	浸渍管内径/mm	提升气体流量/L·min⁻¹	真空泵能力/kg·h⁻¹
宝钢 1 号 RH	300	500	1000~1400	950
宝钢 2 号 RH	300	750	750~4000	1100
首钢京唐	300	750	4000	1250
宝钢 4 号 RH	300	750	4000	1500
武钢三炼钢 2 号 RH	250	750	5800	1200
新日铁君津 2 号 RH	300	750	4000	1000
JFE 水岛厂 4 号 RH	250	750	5000	1000
首钢迁钢	210	650	2000	750
马钢	300	750	2500	1200
中天钢铁	120	480	1100	550
包钢	210	650	3000	900

水冷氧枪向真空室内的钢液表面吹氧。由于碳氧的剧烈反应，钢液中碳含量迅速降低，该技术不仅缩短了冶炼周期，还可以降低脱碳过程中铬的氧化损失。其缺点是直接向钢液面吹氧容易导致钢液喷溅，且氧枪及真空室内壁也会易粘钢结瘤。

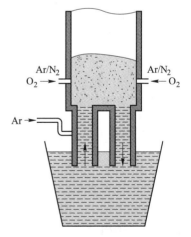

图 1-7　RH-OB 法工艺示意图

RH-OB 技术（见图 1-7）：其技术特征是通过安装于真空室下部侧壁的浸入式喷嘴向钢液中吹入氧气，在完成吹氧脱碳后，向钢液中加铝脱氧，从而达到铝氧升温的效果。铝氧间剧烈反应放出大量的热，钢水的升温速度可达 4℃/min，甚至最大可达 8~10℃/min。其缺点是浸入式吹氧喷嘴寿命较短、设备作业率较低，导致冶炼工艺成本较高。此外，吹氧造成的喷溅较为严重，真空室内壁同样存在冷钢结瘤现象，且该装置对真空泵的能力要求特别高。

RH-KTB 技术（见图 1-8）：其技术特征是从真空室顶部垂直插入能够升降的水冷氧枪，通过向真空室内的钢液面吹入氧气或惰性气体来强化脱碳，同时可以充分利用碳氧反应所产生的一氧化碳的二次燃烧，实现对精炼过程中钢液温降的补偿。其优点是不需要另加额外热源，通过自身的碳氧反应即可补偿精炼过程中的温度损失，从而降低转炉的出钢温度。此外，该技术也不需要通过延长精炼时间的方式来完成脱碳任务，且操作简便、灵活，是目前应用较为广泛的一种工艺。当然，RH-KTB 技术也存在缺点，如增加了氧枪及其控制系统，对其精炼过程中真空度的控制和真空室的高度提出更高要求。

RH-MFB 技术（见图 1-9）：其技术特征是在真空状态下的吹氧强脱碳、铝氧化学升温加热钢液，在大气状态下吹氧或天然气燃烧加热烘烤真空室及清除真空室内壁形成的结瘤物，真空状态下吹天然气或氧气燃烧加热钢液及防止真空室顶部形成结瘤物。RH-MFB 是目前最为成熟和应用最为广泛的技术手段。

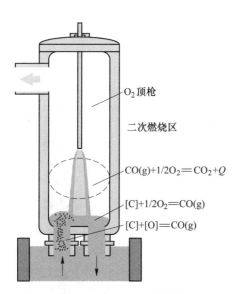

图 1-8 RH-KTB 示意图

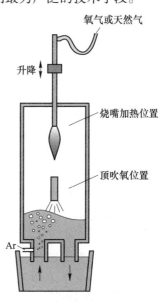

图 1-9 RH-MFB 示意图

RH-IJ 技术（见图 1-10）：其技术特征是以气体为载体通过喷管把粉剂喷入钢包上升管下方，喷入的粉粒与 RH 钢液充分反应，强化了钢包底部的搅拌。真空处理过程喷粉，可以增加喷粉剂的效率，使反应充分。可以喷入脱硫剂，起到脱硫的作用，也可以喷吹氧化剂，起到脱磷作用。但其缺点是喷管的消耗较大，工艺冶炼成本较高。

RH-PB 技术（见图 1-11）：RH-PB 不仅可以用来脱氧、脱硫（<10ppm），还可以用来冶炼超低磷钢。它是利用原有 RH-OB 设备真空室下部的

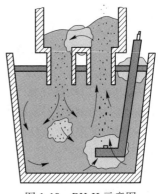

图 1-10 RH-IJ 示意图

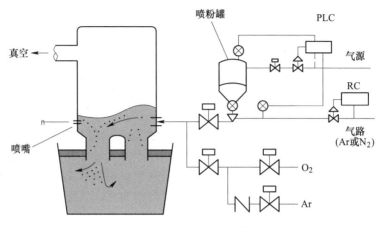

图 1-11　RH-PB 示意图

吹氧喷嘴，使其具有喷粉功能，依靠载气将粉剂通过 OB 喷嘴吹入钢液。RH 真空室下部装有两个喷嘴，可以利用切换阀门改变吹氧或喷粉。每个喷嘴的最大吹氧量为 1500Nm³/h，通过加铝可使钢液升温速度达到 8~10℃/min。此法还具有良好的去氢效果，不会影响传统的 RH 真空脱气的能力，更不会导致钢液吸氮。RH-PB 还可以用来脱氧、脱硫（<10ppm）和冶炼超低磷钢。

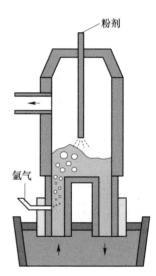

图 1-12　RH-PTB 示意图

RH-PTB 技术（见图 1-12）：RH-PTB 喷入的粉剂以气体为载体，在真空室内喷枪不直接插入钢液中，而是在钢液表面上方喷入粉剂，与浸入式喷枪喷入方式相比 RH-PTB 脱硫不充分，喷粉剂消耗大。RH-PTB 优点是没有堵塞枪体的事故发生，耐火材料消耗较小。

1.3　RH 真空冶金研究方法

　　RH 真空精炼装置是一个高温状态下的密封反应器，目前尚无有效的方法对其内部钢液的循环过程和氩气的运动轨迹进行精准测量和实时观察。因此，科研工作者们通常采用物理模拟和数值模拟的方法来对 RH 真空精炼过程的气/液两相流动进行研究[20]。

　　物理模拟方法主要基于相似原理，通过冷态试验对 RH 真空精炼过程中气液两相的流动现象进行还原再现。由于试验模型能在原型的尺寸上进行等比例缩小，不仅大大降低了试验经费，而且非常便于科研工作者对其内部的流动过程进行直接观察与测量。然而，由于模型与原型间存在巨大的温差和介质性能差异，冷态条件下的模拟结果与真实结果存在着一定的差距。

数值模拟方法是基于流体力学、冶金反应工程学等学科，通过求解描述各现象的数学方程来反映反应器内多相反应过程。由于数值模拟成本低、易于操作，且能够揭示反应器内真实流动现象和规律，对 RH 真空精炼工艺的设计及优化具有一定指导意义。RH 真空精炼过程中的一些复杂现象仍然很难用数学方程来准确描述，加上建模过程考虑模型求解的可行性通常需要对模型做出必要简化，数值模拟结果不能完全真实地反映 RH 真空精炼的实际过程，单纯采用数值模拟的方法研究 RH 真空处理过程钢液的多相反应行为仍存在着局限性。因此，科研工作者们常将物理模拟和数值模拟两者结合并相互验证，尽可能地反映出实际过程，从而为工艺的优化和设备的改进提供相关依据。

1.3.1　物理模拟方法

钢水成分、温度均匀化、化学反应速率及脱气效果等都与 RH 真空精炼装置内钢液的流动和混合进程有关。因此，钢液在整个反应器内的循环流量和混匀时间是衡量 RH 真空精炼效率的重要指标。

1.3.1.1　循环流量

钢液循环流量的测定方法很多，总的来说，可以分为直接测量法和间接测量法两种，不同测定方法之间差异较大，结果的准确性也不同。关于直接测量法，小野清雄[21]通过在上升管入口加入 ABS 树脂作为示踪剂，用高速摄影仪拍摄通过下降管的示踪剂粒子轨迹，从而估算出通过下降管的循环流量。此外，Katoh 等[10]和韩杰[11]也分别通过加入塑料粒子和 $KMnO_4$ 示踪剂对下降管的循环流量进行了测定。由于下降管内不同位置的液体流速差异性很大，各点的示踪剂轨迹也会有所不同，因此该方法估算得到的液体速度与真实值存在较大误差。

Hanna[12]及艾新港[9]等采用了毕托管测量通过下降管直径的 6 点平均值，进而计算出循环流量（见图 1-13）。由于毕托管主要适用于气体流速的测量，对于密度和黏度较大的液体而言，这种测量方法存在着一定缺陷。

为了克服毕托管对液体流量测定的缺陷，Yamaguchi 等采用多普勒激光测速仪（LDV）测量了下降管的液体流速，而且其测量结果取同一截面上两相互垂直方向上多点的平均值（见

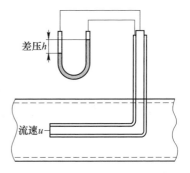

图 1-13　毕托管工作原理

图 1-14）。LDV 为非接触式测量系统，测试不受流体密度的影响，不干扰且不破坏流场，测量结果精度高，重现性好。鉴于超声波流量计不受液体压力、密度、黏度等参数的影响，且不会干扰流场，齐凤升、耿佃桥、徐敏人等均采用了超声波流量计对下降管的循环流量进行了测量。该方法便于操作，且所得结果较为准确。

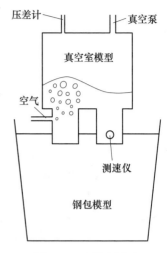

图 1-14　水模型试验
主要设备示意图

超声波检测技术采用的是时差法测量流体流量的原理，如图 1-15 所示。由于声波在流体中传播时受到流体流动方向的影响，不同流动方向上的传播速度不同。因此可以测量声波的顺流传播时间和逆流传播时间，从而计算得到流体流动的速度和流量，计算方法如式（1-7）所示。

$$v = \frac{MD}{\sin 2\theta} \times \frac{\Delta T}{T_{up} g T_{down}} \qquad (1-7)$$

式中　θ——声束于液体流动方向的夹角；

$\quad\quad M$——声束在液体中直线传播次数；

$\quad\quad D$——管道直径；

$\quad\quad T_{up}$——声束在正方向上的传播时间；

$\quad T_{down}$——声束在逆方向上的传播时间；

$\quad\quad g$——重力加速度；

$\Delta T = T_{up} - T_{down}$。

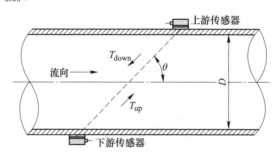

图 1-15　超声波测量流速的原理图

关于间接测量法，Seshadri 和 Costa 通过加入 NaCl 示踪剂测定单位面积浓度-时间曲线来计算获得循环流量。该方法所测得的循环流量从原理上看比较完善，但是很难保证面积计算的准确。彭一川、迟云广等则采用溢流法（也称体积法）对 RH 水模型的循环流量进行了测定。在工业试验中，也有人通过加入 Cu 元素作为示踪剂对 RH 真空精炼装置的混匀时间进行测定,并通过已获得的混匀时间与循环流量的经验关系式计算出该工况下的循环流量,但是该方法费时而且成本较高。

基于以上诸多循环流量测量方法,科研工作者们通过试验结果数据拟合得到了一些关于循环流量的计算公式,见表 1-3。

表 1-3 循环流量计算公式

序号	循环流量公式	研究者
1	$Q = kD_u^{1.5}Q_g^{0.33}$	渡边秀夫[22]
2	$Q = 0.02kD_u^{1.5}Q_g^{0.33}$	渡边秀夫[22]
3	$Q = 0.625kD_u^{1.8}Q_g^{0.1}$	斋藤忠[23]
4	$Q = 0.0038kD_u^{1.5}H^{0.5}$	三轮守[24]
5	$Q = 0.04kD_u^{1.8}H^{0.5}$	小野清雄[21]
6	$Q = 11.4Q_b^{1.2}d^{\frac{4}{3}}\left[\ln\left(\dfrac{p_1}{p_2}\right)\right]^{\frac{1}{3}}$	徐匡迪[25]
7	$Q = f\left(Q_b,\ d_u,\ d_0\left(=\dfrac{d_x}{d_d}\right),\ H_b\right)$	森幸治[26]
8	$Q = k\left(HD_u^2Q_g^{\frac{5}{6}}\right)^{\frac{1}{2}}$	田中英雄[27]
9	$Q = 5.89Q_g^{0.33}$	Seshadriv[27]
10	$Q = 11.4Q_b^{\frac{4}{3}}Q_g^{\frac{1}{3}}\left[\ln\left(\dfrac{p_1}{p_2}\right)\right]^{\frac{1}{3}}$	Kuwabara[28]
11	$Q = 1.88Q_g^{0.26}D_u^{0.69}D_d^{0.80}$	郁能文[29]
12	$Q = 7.23Q_g^{0.55}H_{ladle}^{-0.61}H_m^{0.24}D_m^{0.17}h_m^{0.02}$	徐敏人[16]
13	$Q = 10.042G^{0.345}$	艾新港[9]
14	$Q = kQ_g^aD_u^bH_i^cD_g^d$	李怡宏[30]

如表 1-3 所示,在 RH 真空精炼过程中,钢液的循环流量与吹氩流量、吹氩喷嘴分布形式、浸入深度、真空度、气体行程、上升管内径和钢液黏度等诸多因素有关,且这些因素又相互影响。由于测量方法、模型尺寸和所选自变量的不同,以上各公式间存在一定差异,很难准确判定哪个公式更加接近真实值,且 RH 真空室内钢液真实流动过程也无从考察。但是需要明确的是,循环流量作为 RH 真空精炼过程最重要的参数之一,其流量值的测定一直是所有 RH 精炼科研工作者所追求的目标。对于循环流量的准确测量,无论是测量方法本身的改进、测量标准的严格化,还是各影响因子选择的改变,都是非常具有研究意义的,都可以为工艺完善和设备革新提供经验。

1.3.1.2　混匀时间

混匀时间是衡量 RH 真空精炼装置内钢液混合效果的重要指标，其数值的大小与循环流量的大小存在着紧密的联系。循环流量越大，混匀时间越短，反之亦然。关于混匀时间的测定方法，大多数科研工作者均采用脉冲-响应法，即将示踪剂（一般是 KCl、NaCl 溶液）加入水模型装置内，测量液体电导率随时间的变化，当全部测试点电导率值达到稳定值 2%~5% 的幅度内时，认为此时为整个装置的混匀时间。基于以上方法，舒宏富等[31]研究了不同上升管吹气孔数量及分布方式对混匀时间的影响；杜成武等[32]分析了不同顶枪喷吹气体流量、枪位和吹氩流量对混匀时间的影响；蒋兴元等[33]研究了不同吹气孔孔径对混匀时间的影响；而韩杰则研究了不同喷吹角度及供气流量等因素对 RH 水模型装置混匀时间的影响。

1.3.1.3　脱碳速率趋势的模拟

由于 CO_2 脱附过程中由液相向气液界面的传质过程与 RH 精炼过程中的碳或氧元素的传质过程类似，试验过程中，利用 CO_2 在 NaOH 溶液中的吸附与脱附过程来模拟现实生产中的脱碳过程，溶解在水溶液中的 CO_2 浓度（以下简称 CO_2 浓度）的变化过程采用 pH-401 型 pH 计进行监测，如图 1-16 所示。首先将 CO_2 通入 0.01mol/L NaOH 溶液中直至 pH 值降低至 6.16，然后开始向 RH 上升管中吹入驱动气体使钢液开始循环，pH 计放置在距钢包液面高度 700mm 的位置（与电极探头在同一水平高度上）监测整个二氧化碳脱附过程 CO_2 浓度的变化。CO_2 浓度与 pH 值的关系如式（1-8）所示。

$$C_{CO_2} = \left(10^{-pH} + C_{NaOH} - \frac{K_{H_2O}}{10^{-pH}} \right) \times \frac{K_1 K_2 + K_1 \cdot 10^{-pH} + 10^{-2pH}}{2K_1 K_2 + K_1 \cdot 10^{-pH}} \quad (1-8)$$

式中　C_{NaOH}——初始 NaOH 浓度，mol/L；

　　　K_{H_2O}——常温下水的电离常数，取 10^{-14}；

　　　K_1——碳酸溶液的第一电离常数，取 $10^{-6.352}$；

　　　K_2——碳酸溶液的第二电离常数，取 $10^{-10.329}$。

绘制 CO_2 浓度随时间的变化曲线，如图 1-17 所示。这里的时间称为模拟时间 t_m，根据修正弗劳德数，可推算出模拟时间 t_m 与实际时间 t_p 的关系，如式（1-9）所示。

$$\frac{t_m}{t_p} = \lambda^{0.5} \cdot \frac{\rho_{lp}}{\rho_{lm}} \cdot \frac{\rho_{gm}}{\rho_{gp}} = 2.54 \quad (1-9)$$

式中　t_m——模拟时间，s；

t_p——实际时间，s；

λ——相似比，取 1/6；

ρ_{lp}，ρ_{lm}——分别表示原型和模型液体密度，kg/m³；

ρ_{gp}，ρ_{gm}——分别表示原型和模型气体密度，kg/m³。

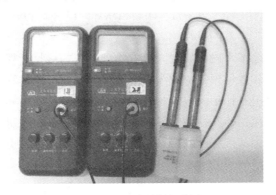

图 1-16　pH 计设备细节图

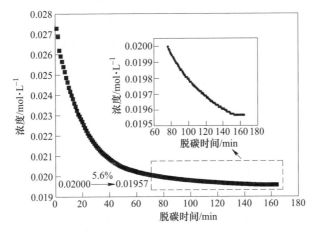

图 1-17　CO_2-NaOH 脱吸附试验中 CO_2 浓度随时间的变化关系

这里的实际脱碳时间 t_p 是钢液碳含量达到极低水平 10~15ppm 所需要的时间，将其代入式（1-9），可计算得到模拟脱碳过程达到极低水平碳含量时所需要的时间 t_m。根据 CO_2 浓度随时间的变化曲线，可获得模拟脱碳时间 t_m 所对应的 CO_2 浓度，该 CO_2 浓度则记为模拟极限浓度。脱碳时间即是各试验方案从初始 CO_2 浓度降低为模拟极限浓度所需要的时间。

1.3.2　数值模拟方法

RH 真空精炼装置是氩气驱动钢液循环的冶金反应器，上升管和真空室内的部分区域为典型的气/液两相流。由于 RH 精炼装置的特点，目前尚无有效方法获得实际精炼装置内高温流体的真实流态，因而数值模拟成为研究精炼装置内流体流动的常用手段。

数值模拟是依靠电子计算机，结合有限元或有限体积的概念，通过数值计算和图像显示的方法，达到对工程和物理等各类问题研究的目的。目前存在的一些流体力学计算软件（CFX、Fluent、OpenFOAM）已经可以求解复杂的流动、传热和传质等问题，其丰富的可视化效果为复杂流动问题的理解和分析提供了极大的帮助。利用数值模拟手段可以大大节省物理模拟的材料消耗，减小试验操作所带来的误差。因此，数值模拟也成为了研究 RH 真空精炼过程、开发新工艺和新产品的重要途径。与其他精炼方式相比，比如钢包底吹氩，由于 RH 真空精炼装置是侧吹式循环反应器，其独特的气液两相流分布和较大流速等特点，造成水平侧吹射流的气泡行为和气/液两相区的流场更为复杂，科研工作者对 RH 真空精炼装置内流场模拟经历了一个由简单到复杂的过程。

1.3.2.1　RH 精炼装置内的流体流动研究

在早期，Nakanishi 等[34]（1975 年）和 Shirabe 等（1983 年）通过求解连续性方程、动量守恒方程和湍流方程，分别建立了 RH 钢包内钢液流动的数学模型。上述研究者在建模的过程中将 RH 简化为一个二维模型，同时忽略了真空室和浸渍管，指定上升管和下降管的下端分别为钢液的速度出口和速度入口边界条件，模拟结果如图 1-18 所示。由该图可见，整个钢包内不存在钢液流动的死区。但是在上升管和下降管之间存在"短路流"，即一部分钢液从下降管流出后直接流向上升管。如果 RH 钢包内真存在这种"短路流"，这将不利于钢液在钢包内的充分混合[35]。1989~2004 年间，Tsujino 等[36]、Szatkowski 等[37]、Kato 等[38]和 Ajmani 等[39]采用同样方法计算了 RH 钢包内钢液的三维流动状况，其结果如图 1-19 所示。由该图可见，钢液从下降管流出以后，直接高速冲击钢包底部，然后沿着钢包壁迁回流向上升管，并在钢包中形成了一个较大的回旋区域。研究还发现，钢包中的浸渍管之间并不存在"短路流"，且各种操作参数和尺寸参数对该现象的影响很小。因此，在 Nakanishi 等[34]和 Shirabe 等[40]的研究中，将 RH 钢包不合理地简化为二维结构是造成"短路流"的直接原因。

RH 精炼过程中，上升管内的气/液两相流（氩气-钢液）对整个 RH 内钢液的循环起着决定性作用，而上述研究忽略了浸渍管和真空室，也忽略了气相的存在，模拟结果只能是定性或半定量的。同时，脱气是 RH 精炼装置最重要的功能，而真空室是钢液脱气的主要场所，这也使得上述模型不能用于脱气过程的模拟。1993 年，Wei[41]首次提出将钢包、真空室和浸渍管作为一个整体进行数值模拟的必要性，从而获得更准确和有用的信息。

1994 年，Li 等[42]将真空室、浸渍管和钢包三者视为一个整体进行建模，在

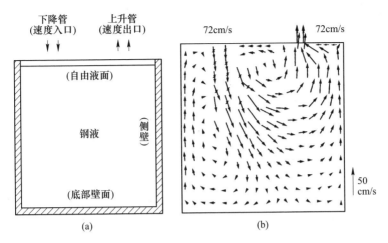

图 1-18　RH 钢包的二维几何模型（a）和 RH 钢包内钢液的流场（b）
（Shirabe 等[40]）

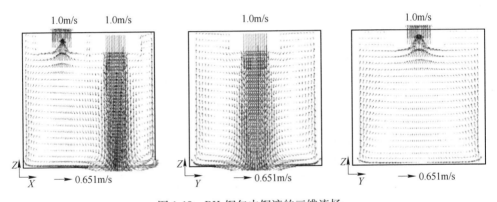

图 1-19　RH 钢包内钢液的三维流场

一系列假设基础上，利用单向流模型模拟了 RH 真空精炼装置内的循环流场和浓度场。由于其模型对含气率和气/液两相区体积的处理采用了 Castillejos[43] 水模型的结果，导致计算结果与真实情况存在一定差异。此后，樊世川等[44] 考虑了气泡在上升过程中由于压力降低而引起的膨胀作用，对含气率的大小分布进行了修正，所得的计算结果有了明显的改善。

　　1997 年，Miki 等[45] 采用了 VOF 的方法对 RH 真空精炼过程中的流动进行了数值模拟。但该模型没考虑气/液两相相对流动时的速度差，同样无法对气/液两相区的结构进行准确地描述。

　　朱苗勇等[46] 和贾斌等[47] 利用 Castillejos[43] 和蔡志鹏等[48] 提出的底吹钢包含气率试验关系式计算了 RH 真空精炼装置内气/液两相区的含气率分布，从而获得包括真空室、钢包、上升管和下降管的整个钢液流场。结果表明，计算所得到的循环流量与水模型试验符合较好，并再次证明了钢包内上升管和下降管之间并不存在短路流。但是该方法将含气率的大小按经验公式事先布置在上升管内，模型无法反映由吹气量改变引起的含气率分布和流场变化。

2000 年，Park 等[49]在 Themelis 等[50]提出的基于动量守恒的侧吹气体的运动轨迹及含气率分布模型基础上，提出了一个均相数学模型。该模型通过描述气体侧吹行为，给出了一个较为符合实际的含气率分布，更加准确地描述了气/液两相区的气相结构。

2005 年，Li 等[51]应用水平滑移速度将氩气导入 RH 真空精炼装置内，并采用了含气率守恒方程计算了 RH 内含气率的分布和气液两相的流动行为。与钢包底吹的含气率试验关系式结果相比，该模型得到的气/液两相区结构更为合理。实际过程中，气相受到钢液阻力会发生速度渐衰的现象，该模型无法准确地描述这一过程。

Wei 等[52]应用相间滑移模型计算了 RH 真空精炼装置内的循环流场。如图 1-20 所示的结果表明：（1）增大吹氩流量和增加浸渍管内径能有效地提高 RH 的循环效率；（2）当吹氩流量增大到一定程度时，钢液的循环流量会达到饱和；（3）上升管的氩气泡存在"贴壁效应"，即气泡贴着上升管壁面上浮，很难到达上升管中心部位。这是由于相间滑移模型无法考虑虚拟质量力导致其结果与真实气泡运动轨迹依旧存在差异。

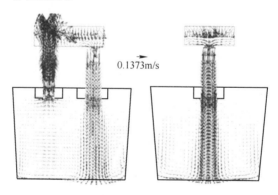

图 1-20　Eulerian 模型计算得到的 RH 内钢液的速度矢量（Wei 等）

2009 年，艾新港[53]采用 k-ε 湍流模型模拟 RH 钢包流动过程，将流动过程视为等温稳态不可压缩湍流流动，计算了 RH 反应器内的钢液整体流动特征，研究了环流速度、浸渍管长度、浸渍管内径对钢水流动的影响规律。

2010 年，Geng 等[54]采用代数滑移模型对 RH 真空精炼装置钢液流场进行了模拟，通过考虑气液两相间曳力和虚拟质量力的相互作用，准确地描述了两相间的相对流动。该模型模拟结果与其水模型试验结果相符，且给出的气液两相区结构较为清晰。Kishan 和 Dash[55]通过运用 VOF+DPM 的耦合模型对 RH 真空精炼装置内钢液的循环流量进行了预测，并研究了不同浸渍管数量及分布对钢液流场的影响。

此后，基于以上大量前人的研究，RH 真空精炼流场模拟的方法逐渐演变成了两大趋势：欧拉-欧拉法和欧拉-拉格朗日法。欧拉-欧拉法将气液两相均视为连续相，通过两相体积分数的分布来描述上升管内气液两相区的结构；欧拉-拉格朗日法将液相视为连续相，而将气相视为离散相，通过追踪离散相的运动轨迹来描述流场。上述研究都没有涉及整个 RH 精炼过程的反应，无法评价最终精炼效果，有关 RH 装置钢包流场三维数学模型的研究还有待深入。

1.3.2.2　RH 精炼过程夹杂物行为的研究

RH 真空过程钢液的脱氧行为主要包括夹杂物的形核、扩散长大、碰撞长大和去除 4 个阶段。一般地，夹杂物的形核和扩散长大持续时间较短，而碰撞长大和上浮去除伴随整个精炼阶段。夹杂物的碰撞长大速率和上浮去除速率最终决定钢液中夹杂物的整体含量和尺寸分布。因而，数值模拟方法研究真空过程夹杂物行为的关键在于夹杂物的碰撞长大和上浮去除这两个阶段。许多数学模型已被用于描述钢液中夹杂物的碰撞和聚集行为，主要包括 DPM、特征参数守恒模型和群体平衡模型（Population Balance Model，PBM）等 3 大类。目前单独针对 RH 真空处理过程钢液中夹杂物行为的数学模型较少，接下来的综述不限于 RH 过程，而是涉及不同的冶金反应器，比如 LF、中间包和结晶器等。

DPM[56~59]模型中，夹杂物被处理为单一粒子，并在 Lagrange 框架下根据受力平衡来追踪其轨迹。这种模型可以准确地计算出单颗夹杂物在流场中的运动轨迹，也包含钢液湍流对其运动的影响。但是该方法很难准确描述夹杂物间的各种碰撞聚合行为。在 DPM 模型中，需要明确定义夹杂物初始释放的位置、数量和尺寸分布，因此，该方法更适合用于中间包和结晶器等有明确入口和出口的连续流反应器，并不适用于 LF 和 RH 等间歇式反应器。

特征参数守恒模型[60~62]中，需要对夹杂物的质量和数量特征参数进行积分，特征参数被假设为服从指数函数分布，即 $f(r_a) = Ae^{-Br_a}$。上述公式中，r_a 是夹杂物的半径，A 和 B 是时间和空间的函数。通过在欧拉框架下求解夹杂物质量和数量的特征守恒方程，并将夹杂物碰撞和去除对特征参数的影响考虑为特征守恒方程的源项，从而得到夹杂物特征参数的变化。Geng 等[63]应用特征参数守恒模型描述了 RH 精炼过程中夹杂物碰撞长大和去除行为，模型预测结果表明：钢液中夹杂物主要被钢包壁面吸附去除，只有少部分夹杂被顶渣吸收，试验结果与真实情况不符，模型设计仍存在一定缺陷。由于不同碰撞和去除机理对精炼过程中夹杂物尺寸分布有着复杂影响。因此，将整个精炼过程中夹杂物特征参数假设为服从指数函数分布是不合理的。为此，Zhang 等[64]采用了分段式的指数函数去描述中间包内夹杂物的初始尺寸分布，结果 10min 后，夹杂物的数量密度已经明显不服从指数函数分布。

上述三大类模型中，PBM 模型在模拟钢液中的夹杂物行为的应用最为广泛，根据是否考虑钢液流动对夹杂物输运的影响，将 PBM 模型进一步分为静态 PBM 模型和基于计算流体动力学（Computational Fluid Dynamics，CFD）的动态 PBM 模型（CFD-PBM 耦合模型）。

静态 PBM 模型[65~67]中，按照尺寸大小将夹杂物离散划分为几个等级，并用 Smoluchowski 方程描述夹杂物的尺寸分布。该模型可以考虑夹杂物间的各种碰撞机理（湍流碰撞、布朗碰撞和斯托克斯碰撞等）和去除机理（壁面黏附、气泡吸附和顶渣吸收等），在此基础上也可以考虑夹杂物的均相形核和 Ostwald 熟化长大过程。由于静态 PBM 模型无法考虑钢液流动对夹杂物输运的影响，夹杂物在空间上被视为均匀分布。同时，静态 PBM 模型计算夹杂物碰撞和去除采用整个反应器内的平均湍动能或湍动能耗散率而非反应器内流动的局部值，这也是静态 PBM 模型计算的不足。

CFD-PBM 模型中，CFD 用于预测氩气和钢液两相的流体动力学和钢液的局部湍流，并计算夹杂物相速度和体积分数等信息，PBM 模型用于求解夹杂物数量浓度的输运方程，整合夹杂物间的各种碰撞和去除模型。PBM 模型的关键在于描述夹杂物行为的群体平衡方程（Population Balance Equation，PBE）的求解。目前，主要求解方法有离散法或分组法（Class Method，CM）、矩量法（Method of Moments，MOM）、标准矩量法（Standard Methodof Moment，SMM）、正交矩量法（Quadrature Method of Moment，QMOM）、分段正交矩量法（Sectional Quadrature Method of Moments，SQMOM）和直接正交矩量法（Direct Quadrature Method of Moments，DQMOM）等，这里不对每种求解方法做详细的介绍。

基于离散法演化出的均匀多尺度群组法（Homogeneous Multiple Size Group，Homogeneous MUSIG）在 LF、中间包和 RH 精炼过程中夹杂物行为模拟上有大量研究，但也存在一定的不足。首先，上述研究基本都是以经验公式作为夹杂物的初始尺寸分布，模拟结果也很少进行试验验证；其次，在大多数研究中，都假设夹杂物的形状为实心球体，这可能会低估夹杂物之间的碰撞频率；此外，有些研究中并没有合理考虑夹杂物的去除途径，这会高估夹杂物之间的碰撞，从而很难对夹杂物尺寸真实分布做出准确预测。事实上，目前 CFD-PBM 耦合模型在夹杂物行为的模拟中除了存在上述不足外，还可能存在更严重的问题。正交矩量法和离散法中的均匀多尺度群组法都假设具有一定尺寸分布的夹杂物相共享一套动量方程，共用相同的速度场。也就是说，在 PBM 和 CFD 耦合计算的时候，PBM 只是将所有尺寸分布的平均直径传递给 CFD，这样虽然能大大减少计算量，但是这种方法不适用于夹杂物颗粒由于不同动量场而发生分离的情况。在精炼过程中，钢液中的大颗粒夹杂物很容易直接去除，而小颗粒夹杂主要通过碰撞聚合去除，很难被直接去除。因此，目前采用的正交矩量法和离散法中的均匀多尺度群组法对模拟钢液中夹杂物的行为是有前提条件的。

根据离散群组的速度是否具有分布性，离散法又可以分为均匀多尺度群组法和非均匀多尺度群组法，两者的比较如图 1-21 所示。在均匀多尺度群组法中，可将整个夹杂物按照尺寸大小离散为 M 个等级，所有等级具有相同的速度，这样只需求解 1 个连续性方程和动量方程以及 M 个群体平衡方程。在非均匀多尺度群组法中，可将整个夹杂物按照尺寸大小离散为 N 个速度小组，每个速度小组又包括 M_n 个等级，每个速度小组具有不同的速度场，而每个小组内的 M_n 个等级具有相同的速度。非均匀多尺度群组法中，将同时求解 N 个连续性方程和动量守恒方程以及 $N \times M_n$ 个群体平衡方程，需要极大的计算量。随着计算机技术的快速发展，非均匀多尺度群组法的不足将逐步得到解决。自从被提出以来，非均匀多尺度群组法在化工等领域得到越来越广泛的应用和认可，然而该方法还没有被用于研究钢液中的夹杂物行为。

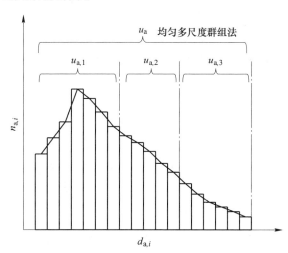

图 1-21 均匀多尺度群组法和非均匀多尺度群组法的比较

在实际的精炼过程中，精炼渣起着吸收非金属夹杂物的重要作用，在模拟夹杂物去除的过程中，Geng 等[63]认为 RH 真空室里面不存在精炼渣，因而达到真空室自由液面的夹杂物无法被去除，Ende 等[3]认为真空室里面存在顶渣。如前所述，目前还缺乏一种能合理描述 RH 原型内空气-氩气-钢液-渣相之间的多相流动的数学模型去反映 RH 真空处理过程钢液中夹杂物的真实运动情况。

1.3.3 多点取样测试（脱碳区域）

神户钢铁公司的 K. Uemura、Y. Kita 和 M. Takahashi 等[68]建立的脱碳反应区

域模型认为，RH 处理时脱碳反应发生在 3 个地点：Ar 气表面、钢液自由表面和钢液内部。该模型认为碳的传质、界面化学反应速率、气相中 CO 的传质是脱碳反应不同阶段的限制性环节，所建立的脱碳模型可参见后文图 3-11。

Kuwabara 脱碳模型认为，当熔池深度的静压力小于表观 p_{CO} 时 CO 气体开始生成，钢液内部脱碳开始；当表观 p_{CO} 降到 2670Pa（约 20Torr）和碳含量降到 15ppm 以下时内部脱碳结束。

图 1-22 为雷洪等[69]通过数值模拟得到的 RH 处理过程中不同脱碳机制的贡献随时间的变化，可分为 3 个阶段：

（1）脱碳初期（前 3s），钢液内部 CO 形核起主要作用，初始条件下碳氧浓度积最高，脱碳速率可达 40mol/s 以上，其次是氩气泡表面脱碳，脱碳速率可达 25mol/s 以上，真空室液面脱碳的贡献最小。脱碳初期，整体脱碳速率在 45~70mol/s。

（2）脱碳中期（3~500s），熔池内部 CO 形核脱碳贡献降低，由 20mol/s 左右逐渐减小至 5mol/s 以下，氩气泡表面脱碳逐渐占据主导地位。脱碳中期钢液整体脱碳速率由 40mol/s 减小到 5mol/s 左右。

（3）脱碳后期，3 种不同的脱碳机制的脱碳速率均降低到 5mol/s 以下，脱碳速率非常缓慢。因此，工业生产过程中对于超低碳钢深度脱碳，提高该阶段的脱碳速率是有效缩短脱碳时间的关键。

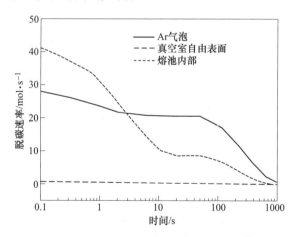

图 1-22　RH 处理中各脱碳机制的贡献

如图 1-23 所示，李朋欢[70]认为 RH 真空不同脱碳部位的脱碳量不同，熔池内部脱碳量占据主导，其次为真空室自由表面和 Ar 气泡表面脱碳；不过经过 15min 之后，3 个脱碳部位的脱碳量趋于一致，并且趋于停滞，当 CO 的表观分压低于 2670Pa 后，内部脱碳消失，以真空室熔池表面脱碳为主。

图 1-24 描述了脱碳速率和真空度随时间的变化规律。由图可以看出，开始

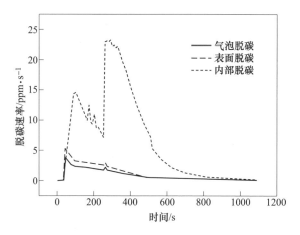

图 1-23　不同脱碳部位的脱碳量

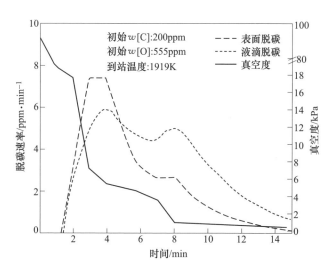

图 1-24　自由表面以及飞溅液滴脱碳速率

真空处理后，RH 炉内真空室压力降低非常快，3min 就达到 6000Pa 左右，在 4000~2000Pa 的范围内持续时间为 4min，达到极限真空度（<67Pa）的时间为 8min。与之相对应的表面脱碳以及飞溅液滴脱碳分别在第 3min 以及第 8min 出现了峰值的变化。因此，RH 快速达到高真空有利于表面脱碳以及飞溅液滴脱碳反应。

通过图 1-25 可以看出，自由表面在整个脱碳过程中所占的比例变化幅度不大，仅在后期稍有增加；而飞溅液滴所占的比例是逐渐增加的，在 9min 以前，由于主要发生内部脱碳反应，其脱碳量所占比例没有超过 40%，9min 以后，飞溅液滴脱碳量占据优势，10min 后其脱碳量比例就超过了 50%，脱碳结束时其脱碳量比例高达 72%。

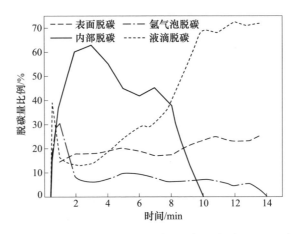

图 1-25　各地点脱碳量比例示意图

由图 1-26 可以明显看出，4 个脱碳地点的脱碳量由大到小排列为钢液内部脱碳、液滴脱碳、表面脱碳和氩泡脱碳。

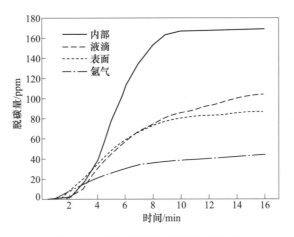

图 1-26　四种脱碳机制脱碳量的比较

从表 1-4 中可以看出，4 个脱碳阶段中，钢液内部脱碳在 0~10min 的时间段内所占的比例最大；在脱碳末期 13min 以后，钢液内部脱碳量为 0 时，表面脱碳和液滴脱碳开始占据主导地位，其总脱碳量比例达到了 85%；氩气泡脱碳量在各脱碳阶段都占有一定的比例，但是其脱碳量是最低的，仅能达到总脱碳量的 11% 左右。

根据 Koji Yamaguchi[13] 的研究结果，当碳的传质是脱碳反应限制性环节时，表观脱碳速率常数可以通过式（1-10）进行表示。

$$k_C = \frac{1}{W[1/Q + (1/ak_C\rho)]} \tag{1-10}$$

表 1-4 四种脱碳机制脱碳量的比较

阶段	脱碳量/ppm					占总脱碳量的比例/%			
	总量	内部	氩泡	表面	液滴	内部	氩泡	表面	液滴
0~4min	128	39	22	35	32	31	17	27	25
4~10min	244	128	17	45	53	53	7	19	22
10~13min	20	2	3	4	11	9	15	20	56
13~16min	12	0	2	3	8	0	15	21	64
总过程	404	169	43	87	104	42	11	22	26

当氧的传质是脱碳反应限制性环节时，表观脱碳速率常数可以通过式（1-11）进行表示。

$$k_C = \frac{M_C}{M_O} \frac{O_L}{C_L} \frac{1}{W[1/Q + (1/ak_0\rho)]} \tag{1-11}$$

式中 k_C——表观脱碳速率常数，s^{-1}；

　　　W——钢水重量，kg；

　　　Q——循环流量，kg/s；

　　　ak_O——碳的体积传质系数，m^3/s；

　　　ρ——钢液密度，kg/m^3；

　　　M_C——碳的摩尔质量，g/mol；

　　　M_O——氧的摩尔质量，g/mol；

　　　O_L——钢液中氧浓度，ppm；

　　　C_L——钢液中碳浓度，ppm。

因此可以根据多点测试结果对不同工艺条件下脱碳反应速率常数变化进行分析，其结果如图 1-27 所示。从图中可以看出，不同提升气体流量模式下，脱碳反应速率变化规律不同。工艺Ⅰ和工艺Ⅱ，脱碳反应过程分为两个阶段：0~8min 快速脱碳阶段和 8min 后的缓慢脱碳反应阶段。在快速脱碳反应阶段中，碳氧浓度较高，脱碳反应速率较快，接近 90% 的脱碳反应发生在第一阶段中，两种工艺在此阶段脱碳反应速率常数比较接近；但在快速脱碳反应阶段之后，钢液中的碳含量已经较低，此时钢液中的碳和氧的传质是脱碳反应的限制性环节，较大地提升气体流量能有效增加钢液中碳氧的传质，从而加快脱碳反应速率，此阶段中工艺Ⅱ脱碳反应速率明显较快。在工艺Ⅲ和工艺Ⅳ中，脱碳反应过程分为 3 个阶段：脱碳停滞期、快速脱碳期及缓慢脱碳期。与工艺Ⅰ和工艺Ⅱ相比，主要区别在于脱碳反应前期存在短暂的停滞期，这主要是由于前期吹入较高的氩气影响了真空压降速率，最终导致前期脱碳反应速率降低，而在快速脱碳期中，同样由于真空压降速率较慢，影响了脱碳反应速率的发生，并且前期吹入氩气流量越大，脱碳反应速率越小。

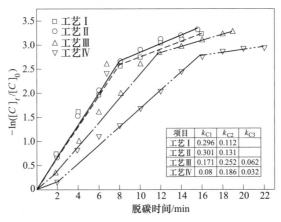

彩色原图

图 1-27　不同工艺条件脱碳反应速率常数变化

同时，可以对多点取样钢样进行夹杂物检测，使用夹杂物自动分析系统扫描一定面积上的夹杂物数量、位置、成分，并使用 SEM-EDS 观察夹杂物形貌，以分析夹杂物去除率。如图 1-28 和图 1-29 所示，随着 RH 精炼过程的进行，钢液中氧化物夹杂物数量呈现递减的趋势，氧化物夹杂尺寸主要分布在 $1 \sim 6 \mu m$，且随着精炼过程的进行，小尺寸的氧化物数量密度显著下降。在 RH 精炼开始时，$1 \sim 6 \mu m$ 氧化物密度为 5.41 个$/ mm^2$，处理 10min 后降至 3.41 个$/ mm^2$，到真空处理结束时降至 2.41 个$/ mm^2$。说明 RH 精炼具有很好地去除夹杂物的能力。

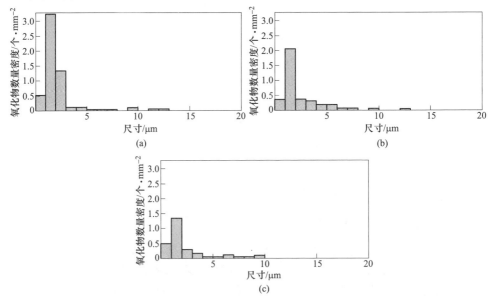

图 1-28　RH 精炼过程中氧化物夹杂物数量密度变化

（a）0min；（b）10min；（c）23min

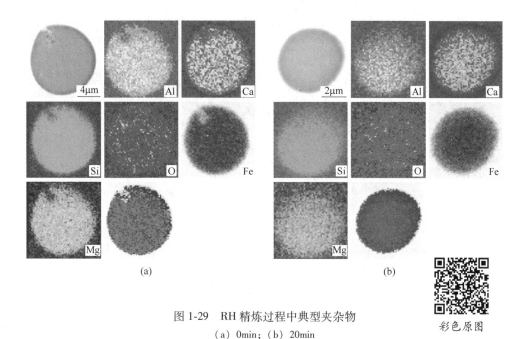

图 1-29　RH 精炼过程中典型夹杂物
(a) 0min；(b) 20min

彩色原图

1.4　本章小结

　　RH 是目前应用最为广泛的二次精炼装备之一，随着其精炼功能的不断完善和发展，RH 已经具备脱碳、脱气、脱硫、脱磷、升温、均匀钢液温度、净化钢液、合金微调整等各种冶金功能。由于其强大的二次冶金功能，RH 几乎可以应用于生产全部钢种，如锻造用钢、模具钢、弹簧钢、轴承钢、工具钢、不锈钢、耐热钢、高强钢等。

　　RH 的冶金效果是通过钢水在真空室与钢包之间的环流来实现的，RH 真空精炼是一个高温状态下的密封反应器，目前尚无有效的方法对其内部钢液的循环过程和氩气的运动轨迹进行精准测量和实时观察。采用物理模拟和数值模拟的方法结合工业多点取样测试来对 RH 真空精炼过程的气/液两相流动以及脱气进程进行表征和研究是目前常用的技术手段。单纯数值模拟和物理模拟等方法在表征 RH 真空过程多相流反应时均存在不足，科研工作者们常将物理模拟和数值模拟两者结合、相互验证，并尽可能地反映出实际过程，从而为工艺的优化和设备的改进提供相关依据。

参 考 文 献

[1] 张鉴. 炉外精炼的理论与实践 [M]. 北京：冶金工业出版社，1999.

[2] Xiao W, Wang M, Bao Y. The research of low-oxygen control and oxygen behavior during RH process in silicon-deoxidization bearing steel [J]. Metals, 2019, 9 (8): 812.

[3] Ende M, Kim Y M, Cho M K, et al. A kinetic model for the Ruhrstahl Heraeus (RH) degassing process [J]. Metallurgical and Materials Transactions B, 2011, 42 (3): 477-489.

[4] 黄会发，魏季和，郁能文，等. RH 精炼技术的发展 [J]. 上海金属，2003，25 (6): 6-10.

[5] 李中金，刘芳，王承宽. 我国钢水二次精炼技术的发展 [J]. 特殊钢，2002 (3): 29-31.

[6] Matsuno H, Kikuchi Y, Arai M, et al. Mechanism of deoxidation with degassing of soluble gas from molten steel [J]. Tetsu-to-Hagane, 2009, 85 (7): 514-518.

[7] Lyons C, Kaushik P. Inclusion characterization of titanium stabilized ultra low carbon steels: Impact of oxygen activity before deoxidation [J]. Steel Research International, 2011, 82 (12): 1394-1403.

[8] Geng D Q, Lei H, He J C. Simulation on flow field and mixing phenomenon in RH degasser with ladle bottom blowing [J]. Ironmaking & Steelmaking, 2013, 39 (6): 431-438.

[9] 艾新港，包燕平，吴华杰，等. RH 精炼循环流量优化的水模型研究 [J]. 特殊钢，2009 (3): 1-3.

[10] Tokio, Katoh, Tetsuo, et al. Mixing of molten steel in a ladle with RH reactor by the water model experiment [J]. Denki Seiko, 1979, 50 (2): 128-137.

[11] 韩杰. RH 真空精炼过程气液两相流动行为及气泡驱动效率的研究 [D]. 沈阳：东北大学，2014.

[12] Hanna R K, Jones T, Blake R I, et al. Water modelling to aid improvement of degasser performance for production of ultralow carbon interstitial free steels [J]. Ironmaking & Steelmaking, 1994, 21: 37-43.

[13] Yamaguchi K, Kishimoto Y, Sakuraya T, et al. Effect of refining conditions for ultra low carbon steel on decarburization reaction in RH degasser [J]. ISIJ International, 1992, 32: 126-135.

[14] 齐凤升. 旋流作用下 RH 精炼工艺中气液两相流动与脱碳行为的模拟研究 [D]. 沈阳：东北大学，2009.

[15] 耿佃桥，雷洪，张兴武，等. RH-PTB 循环流量和混合特性的水模型研究 [J]. 东北大学学报 (自然科学版)，2010，31 (8): 1126-1128.

[16] 徐敏人. RH 真空精炼过程钢液流动特性及混合机制研究 [D]. 重庆：重庆大学，2014.

[17] Seshadri V, Costa S. Cold model studies of RH degassing process [J]. The Iron and Steel Institute of Japan, 1986, 26 (2): 133-138.

[18] 彭一川，李洪利，刘爱华，等. RH 水模型的理论和实验研究 [J]. 钢铁，1994 (12): 15-18.

[19] 迟云广，吕宏禹，王恒辉，等. RH 精炼过程循环流量的物理模拟 [J]. 钢铁研究，2012, 40 (2)：21-24.

[20] 马郁文. 武钢 RH 装置钢液循环速度的测定 [J]. 钢铁研究，1988 (1)：71-80.

[21] 小野清雄，柳田稔，加藤時夫，等. 水モデルによる RH 脱ガス装置の環流量特性 [J]. 電気製鋼，1981, 52 (3)：149-157.

[22] 渡辺秀夫，浅野鋼一，佐伯毅. RH 環流脱ガス法における2，3の解析 [J]. 鉄と鋼，1968, 54 (13)：1327-1342.

[23] 斎藤忠. R&D Kobe Steel Engineering Report，1965, 36：40.

[24] 三輪守. 日本鉄鋼協会第 99 回講演大会概要集その3 [J]. 鉄と鋼鋼，日本鉄钢协会，1980, 66：S129.

[25] 徐匡迪，樊养颐，李维平. RH-IJ 钢包中的环流特性与搅拌效率 [J]. 特殊钢，1982 (5)：30-37.

[26] 森幸治. 日本鉄鋼協会第 113 回講演大会講演概要集 [J]. 鉄と鋼，1987, 73：S176.

[27] 田中英雄，榊原路晤，林順一. RH 真空脱ガス法の環流量特性（熱技術特集）[J]. 製鉄研究，1978 (293)：12427-12432.

[28] Kuwabara T, Umezawa K, Mori K, et al. Investigation of decarburization behavior in RH-reactor and its operation improvement. [J]. Transactions of the Iron and Steel Institute of Japan, 1988, 28 (4)：305-314.

[29] 郁能文. 多功能 RH 精炼过程的数学和物理模拟 [D]. 上海：上海大学，2001.

[30] 李怡宏. RH 快速脱碳技术及环流反应器内流体行为研究 [D]. 北京：北京科技大学，2015.

[31] 舒宏富，宋超，张晓峰，等. RH-MFB 真空精炼过程中循环流量的物理模拟研究 [J]. 材料与冶金学报，2004 (2)：107-112.

[32] 杜成武，朱苗勇，潘时松，等. RH-PTB 真空精炼装置内粉剂混合特性的水模型研究 [J]. 特殊钢，2005 (5)：16-18.

[33] 蒋兴元，魏季和，温丽娟，等. 150t RH 装置内钢液的流动和混合特性及吹气管直径的影响 [J]. 上海金属，2007, 29 (2)：34-39.

[34] Nakanishi K, Szekely J, Chang C W. Experimental and theoretical investigation of mixing phenomena in the RH-vacuum process [J]. Ironmaking & Steelmaking, 1975, 2 (2)：115-124.

[35] Kolmogorov A N. The local structure of turbulence in incompressible viscous fluid for very large reynolds numbers [C]. Proceedings of the Royal Society A Mathematical, 1991, 434 (1890)：9-13.

[36] Tsujino R, Nakashima J, Hirai M, et al. Numerical analysis of molten steel flow in ladle of RH process [J]. ISIJ International, 1989, 29 (7)：589-595.

[37] Szatkowski M, Tsai M C. Turbulent flow and mixing phenomena in RH ladles：Effects of a clogged down-leg smorkel [J]. Iron & Steelmaker, 1991, (4)：65-71.

[38] Yoshiei K, Hakaru N, Tetsuya F, et al. Fluid flow in ladle and its effect on decarburization rate in RH degasser [J]. Tetsu-to-Hagane, 1991, 77 (10)：1664-1671.

[39] Ajmani S K, Dash S K, Chandra S, et al. Mixing evaluation in the RH process using mathe-

matical modelling [J]. Transactions of the Iron & Steel Institute of Japan, 2007, 44（1）: 82-90.

[40] Shirabe K, Szekely J. A mathematical model of fluid flow and inclusion coalescence in the RH vacuum degassing system [J]. Transactions of the Iron & Steel Institute of Japan, 2006, 23 （6）: 465-474.

[41] Wei J H. A speech at Seminar on Reaction Engineering and Non-ferrous Metallurgy [C]. CSM: Zhengzhou, 1993.

[42] Li B, He J. Numerical simulation on circulating flow and mixing of molten steel in RH degassing system employed a coupled domain-splitting and coordinate-interlocking technique [C]. Steel-making Conference Proceeding 1994. Iron and Steel Society of AIME, 1994.

[43] Castillejos A H, Brimacombe J K. Physical characteristics of gas jets injected vertically upward into liquid metal [J]. Metallurgical Transactions B, 1989, 20（5）: 595-601.

[44] 樊世川, 李宝宽, 赫冀成. 多管真空循环脱气系统循环流动模型 [J]. 金属学报, 2001 （10）: 1100-1106.

[45] Miki Y, Shimada Y, Thomas B, et al. Model of inclusion removal during RH degassing of steel [J]. Iron & Steelmaker, 1997, 24（8）: 31-38.

[46] 朱苗勇, 沙骏, 黄宗泽. RH 真空精炼装置内钢液流动行为的数值模拟 [J]. 金属学报, 2000, 36（11）: 1175-1178.

[47] 贾斌, 陈义胜. RH 真空室熔池和钢包内钢液整体流场的数学模拟 [J]. 钢铁研究学报, 2000, 12（B09）: 27-32.

[48] 蔡志鹏, 魏伟胜. 底吹过程喷射区含气率分布及气-液上升速度模型 [J]. 钢铁, 1988 （7）: 19-24.

[49] Park Y G, Doo W C, Yi K W, et al. Numerical calculation of circulation flow rate in the degassing rheinstahl-heraeus process [J]. Transactions of the Iron & Steel Institute of Japan, 2007, 40（8）: 749-755.

[50] Themelis J N. Gas-liquid momentum transfer in a copper converter [J]. Trans. Metall. Soc. AIME, 1969, 245: 2425-2433.

[51] 李宝宽, 霍慧芳, 栾叶君, 等. RH 真空精炼系统气液两相循环流动的均相流模型 [J]. 金属学报, 2005, 41（1）: 60.

[52] Wei J E, Hu H A. Mathematical modelling of molten steel flow process in a whole RH degasser during the vacuum circulation refining process : Application of the model and results [J]. Chinese Journal of Process Engineering, 2006, 77（2）: 66-71.

[53] 艾新港, 包燕平, 吴华杰, 等. RH 精炼循环流量优化的水模型研究 [J]. 特殊钢, 2009 （3）: 1-3.

[54] Geng D Q, Lei H, He JC, et al. Numerical simulation of the multiphase flow in the Rheinsahl-Heraeus（RH）system [J]. Metallurgical and Materials Transactions B, 2010, 41（1）: 234-247.

[55] Kishan P A, Dash S K. Prediction of circulation flow rate in the RH degasser using discrete phase particle modeling [J]. Transactions of the Iron & Steel Institute of Japan, 2009, 49

(4): 495-504.

[56] López-Ramirez S, Palafox-Ramos J, Morales R D, et al. Modeling study of the influence of turbulence inhibitors on the molten steel flow, tracer dispersion, and inclusion trajectories in tundishes [J]. Metallurgical & Materials Transactions B, 2001, 32 (4): 615-627.

[57] Yuan Q, Thomas B G, Vanka S P. Study of transient flow and particle transport in continuous steel caster molds: Part I. Fluid flow [J]. Metallurgical & Materials Transactions B, 2004, 35 (4): 685-702.

[58] Bouris D, Bergeles G. Investigation of inclusion re-entrainment from the steel-slag interface [J]. Metallurgical & Materials Transactions B, 1998, 29 (3): 641-649.

[59] Miki Y, Thomas B G. Modeling of inclusion removal in a tundish [J]. Metallurgical & Materials Transactions B, 1999, 30 (4): 639-654.

[60] Zhu M Y, Zheng S G, Huang Z Z, et al. Numerical simulation of nonmetallic inclusions behaviour in gas-stirred ladles [J]. Steel Research International, 2005, 76 (10): 718-722.

[61] Lei H, Wang L, Wu Z, et al. Collision and coalescence of alumina particles in the vertical bending continuous caster [J]. ISIJ International, 2002, 42 (7): 717-725.

[62] Geng D Q, Lei H, He J C. Numerical simulation for collision and growth of inclusions in ladles stirred with different porous plug configurations [J]. ISIJ International, 2010, 50 (11): 1597-1605.

[63] Geng D Q, Lei H, He J C. Simulation on flow field and mixing phenomenon in RH degasser with ladle bottom blowing [J]. Ironmaking & Steelmaking, 2013, 39 (6): 431-438.

[64] Zhang L, Taniguchi S, Cai K. Fluid flow and inclusion removal in continuous casting tundish [J]. Metallurgical & Materials Transactions B, 2000, 31 (2): 253-266.

[65] Hirokazu T, Yoshiei K, Kenichi S, et al. Agglomeration and flotation of alumina clusters in molten steel [J]. ISIJ International, 2007, 39 (5): 426-434.

[66] Zhang J, Lee H G. Numerical modeling of nucleation and growth of inclusions in molten steel based on mean processing parameters [J]. ISIJ International, 2007, 44 (10): 1629-1638.

[67] Kang S C, Kim K, Park J, et al. Improvement of decarburization capacity of RH degasser by revamping at Kwangyang Works [C]. POSCO: 83rd Steelmaking Conference, 2000.

[68] Takahashi M, Matsumoto H, Saito T. Mechanism of decarburization in RH degasser [J]. ISIJ International, 1995, 35 (12): 1452-1458.

[69] 耿佃桥, 雷洪, 赫冀成. RH 精炼装置流场对混合、脱碳、夹杂物行为的影响 [J]. 过程工程学报, 2011, 11 (6): 919-925.

[70] 李朋欢. IF 钢冶炼关键技术及碳, 氧和夹杂物行为研究 [D]. 北京: 北京科技大学, 2011.

2 RH 真空过程钢液的流动及传热行为

<<<<<<<<<<<<<<<<<<<<<<<<<<<<<<<<<<<<<<<<<<<<<<<<<<

RH 具有脱气、脱碳、脱氧、去夹杂、均匀成分、均匀温度等功能,其冶金反应主要在真空室中进行,真空过程钢液的流动及传热行为对于促进化学反应进程及改善冶金功能有重要影响。RH 真空反应器是高温"黑箱",真空室内钢液的真实流动行为很难直接观察,多借助物理和数值模拟方法对"黑箱"内流体流动和传热行为进行表征,围绕此方面的基础理论研究仍然不够系统,如气/液/夹杂物之间真空过程多相反应动力学及粒子碰撞、聚集、长大、去除行为仍没有统一的模型能准确解析。

美国国家钢铁公司 Midwest 厂低碳铝镇静钢汽车板表面缺陷研究结果表明[1],冷轧板表面缺陷中有5%缺陷来源于中间包渣,30%缺陷来源于结晶器保护渣,25%缺陷来源于脱氧产物 Al_2O_3,其他的是非单一来源的复合夹杂。铝镇静钢中85%的内生小颗粒夹杂物($<20\mu m$)可被钢包软吹、RH 真空精炼过程气体搅拌去除;因此,真空循环搅拌对于去除钢中小颗粒夹杂物,提升钢液洁净度有着显著效果。RH 精炼环节碰撞/聚合形成的大颗粒夹杂物($30\sim300\mu m$)在后工序中一般均能得到有效去除,而连铸工序二次氧化产物、卷渣、耐火材料剥落等偶发性大颗粒夹杂物对铸坯的危害更大。因此,冶金反应器内钢液流动行为对洁净钢生产至关重要。

2.1 RH 过程钢液流动及传热模型

2.1.1 RH 反应器流动模型

2.1.1.1 气升式环流反应器流动特性

气升式反应器内气液两相流的流动决定了反应器内的流体形态。两相流动过程中,液相作为连续相是主要的传递载体,气相则为分散相,两相流动形态呈无限拓扑关系。不同工艺操作条件下,气液两相流流动特性有着明显的差异性。

A 停留时间分布

RH 真空循环过程中,气体在钢液中的停留时间和钢液在真空室中的停留时间直接影响钢液中元素的扩散和传质,进而影响 RH 的脱碳、脱气等冶金效果。流体在 RH 反应器各区域中的停留时间分布各不相同,如图 2-1 和图 2-2 所示。

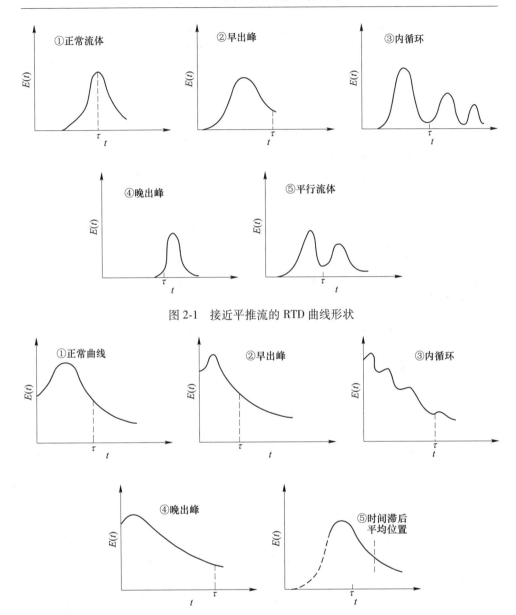

图 2-1　接近平推流的 RTD 曲线形状

图 2-2　接近全混流的 RTD 曲线形状

RH 整个系统总的停留时间分布密度函数可表示为式（2-1）。

$$E(t) = E_{up}(t) * E_{mid}(t) * E_{ladel}(t) \tag{2-1}$$

式中　$E_{up}(t)$——上升管及上升管出口上方区域内停留时间分布密度函数；

　　　$E_{mid}(t)$——真空室和下降管内停留时间分布密度函数；

　　　$E_{ladel}(t)$——钢包内停留时间分布密度函数。

符号"＊"表示卷积，定义为：

$$E_i(t) * E_j(t) = \int_0^t E_i(a) E_j(t-a) \, da = \int_0^t E_j(a) E_i(t-a) \, da \qquad (2\text{-}2)$$

B　流体的流动阻力

RH 环流反应器系统内，钢包内流体从上升管流经真空室再从下降管流回钢包内，构成环流运动。反应器内流体动能主要耗散在以下几个方面：（1）流体流动过程中与管壁间的摩擦阻力；（2）分散相间的摩擦力；（3）上升管入口和下降管出口处截面积突然增大和缩小等装置结构因素导致的阻力。因此，RH 环流装置中上升管中的气体速度是反应流动特点和规律的重要参数。

2.1.1.2　停留时间分布曲线

反应器内钢液流动行为较为复杂，钢液流动形态往往是非理想的连续流，反应器内的流动状况大致为：平推流、全混流和介于两者之间的非理想流动。

接近平推流的停留时间分布曲线如图 2-1 所示，接近全混流的停留时间分布曲线如图 2-2 所示。

图中曲线①~⑤的意义分别为：

曲线①：曲线的峰值和位置符合预期效果；

曲线②：早出峰，说明反应器内可能存在短路流现象；

曲线③：出现几个递降的峰形，说明反应器内可能存在循环流动；

曲线④：晚出峰，可能是示踪剂在反应器内被吸附减少所致；

曲线⑤：反应器内存在两股平行的流体造成时间推迟等。

2.1.1.3　RH 流动模型的应用——反应器内流体混合行为

从化学反应器角度看，物料的充分混合是提升反应速率和促进反应进行的必要前提。RH 真空处理过程中，真空室内钢液量少且气泡的搅动强度高，钢液混合几乎瞬间完成。目前，围绕钢液混合行为的研究多集中在钢包内，真空室内钢液的流动和混合行为研究较少，真空过程钢液的混合行为对钢液的脱碳速率以及合金化元素的快速混匀至关重要。反应器内的流动现象均属于非理想流动，即流体流动行为介于平推流和全混流之间，反应器内存在的沟流或死区等均会使流动偏离理想流动。若钢包内存在较大的死区，钢液的有效混合体积受限，从而影响钢液内元素的反应速率。因此，摸清真空过程钢液的混合过程，并分析其相对于理想流动的偏离程度，从而判断钢液的有效混合程度。

A　流体混合过程分析

RH 真空过程中，钢液从钢包流入真空室，再流回钢包，构成钢液的循环流动。钢包内大部分钢液流动处于活跃状态，试验中钢液一般经过两个循环即能达到混匀状态，如图 2-3（a）所示，钢包内钢液的流动状态和钢液内物质浓度分布共同影响着钢液的混匀时间。将整个混匀过程划分为 3 个区域：区域 I 从开始循环到物质浓度达到峰值结束，该区域内钢液的流动行为是混合快慢的关键，浓度梯度引起的扩散作用较小，钢液流速由下降管出口动能决定，较快的出口速度，可产生较大的钢液混合速率 k_1；区域 II 从浓度到达峰值后开始到一次循环后结束，该区域内钢液速度经耗散有所降低，高浓度液体开始向周围低浓度液体扩散，钢液的混合方式由流动行为和扩散作用共同决定，混合速率表示为 k_2；区域 III 从第二次循环开始到钢液混匀结束，该区域钢液接近混匀，浓度梯度较小，扩散作用已不明显，主要靠流速缩短高浓度区域与低浓度区域间的距离，但由于浓度差较小，流动方式对混匀的改善效果有限，混合速率 k_3 较小。图 2-3（b）为 RH 处理过程中钢包内钢液的流场图，流场图中钢液的流动行为和扩散状态与图 2-3（a）分析的流场的 3 个区域的流体特征一致。

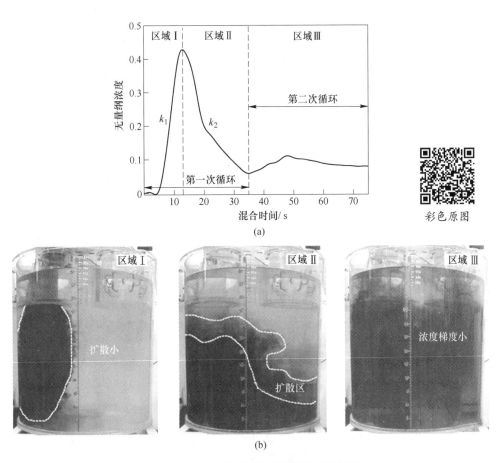

图 2-3　钢包内钢液流动特性曲线及流场图

从图 2-3 的停留时间分布曲线来看，曲线较不对称，后部有拖尾，说明反应器内钢液的返混程度较大。可用方差来评价试验条件下 RH 内流体对理想流体的偏离程度。一般，全混流时方差 $\sigma_\theta^2 = 1$；平推流时 $\sigma_\theta^2 = 0$；非理想流体 $0 \leqslant \sigma_\theta^2 \leqslant 1^{[2]}$。

以 300t RH 原型为例，根据其实际生产过程中的提升气体流量（Q_g）制度和压降（p_v）制度，见表 2-1，可将该过程分为 4 个阶段：阶段 1 是低真空度配合中等气量；阶段 2 是较高真空度配合中大气量；阶段 3 是高真空度配合大气量；阶段 4 是极限真空度配合低气量。阶段 4 为纯循环阶段，起到混匀钢液及均匀合金成分，促进夹杂物碰撞长大及上浮的作用。作者采用表 2-2 试验方案模拟分析了上述 4 个阶段钢液的流动行为及特性，评价钢液在实际真空处理过程中的流动状态。表中真空室内钢液的液面高度是浸渍管插入深度 450mm 时的计算值。

表 2-1　RH 精炼过程中提升气体流量制度和压降制度的变化

脱碳时间/min	Q_g/m³·h⁻¹	p_v/kPa	真空室液面高度 h/mm
0~2	160	>20	0
2~4	180	20~5.5	0~170
4~18	220	5.5~0.02	170~250
18~破空	150	<0.02	250

表 2-2　分阶段模拟 RH 精炼过程的试验方案

试验方案	Q_{gm}/m³·h⁻¹	h_m/mm
阶段 1（P1）	1.99	0
阶段 2（P2）	2.24	20
阶段 3（P3）	2.74	40
阶段 4（P4）	1.87	40

为了使试验简便，模型真空室液面高度 h_m 选取间隔相等的整数值，这些高度值均包含在表 2-1 中的实际液面高度范围内。模型提升气体流量 Q_{gm} 根据相似原理及相似比由实际提升气体流量 Q_g 推导确定。如表 2-2 所示，阶段 1 时，真空室内液面高度为 0cm，此时钢液还未进入真空室开始循环流动，因此，未对阶段 1 模拟，研究重点针对阶段 2~阶段 4 进行方差分析。

对于按等时间间隔抽取的试验数据，方差可表示为：

$$\sigma_t^2 = \frac{\sum t^2 E(t)}{\sum E(t)} - \bar{t}^2 \tag{2-3}$$

$$\sigma_\theta^2 = \sigma_t^2 / \bar{t}^2 \tag{2-4}$$

式中　t——测定时间，s；

$E(t)$——停留时间分布密度函数；

$\bar{t}$——理论平均停留时间，s；

σ_θ^2——无量纲方差。

为了对真空室（包括浸渍管）和钢包内钢液的流动情况进行分析，分别在真空室出口（下降管处）和钢包出口（上升管处）设置了电极探头，以测试钢液在真空室和钢包内的停留时间，如图 2-4 所示。钢液在真空室和钢包内的理论平均停留时间 $\bar{t}$ 通过式（2-5）计算得到。

$$\bar{t} = \frac{V}{Q} \tag{2-5}$$

式中　V——钢液的总体积，m^3；

　　　Q——钢液循环流量，m^3/h。

彩色原图

图 2-4　真空室（包括浸渍管）和钢包停留时间测试设备

根据式（2-3）和式（2-4）计算得到的真空室和钢包内钢液实际流动与理想流动偏离程度 $\sigma_{\theta V}^2$ 和 $\sigma_{\theta L}^2$ 分别列于表 2-3。

表 2-3　不同流动状态下停留时间分布的方差

试验方案	$\bar{t}_V/s$	$\sigma_{\theta V}^2$	$\bar{t}_L/s$	$\sigma_{\theta L}^2$
P2	4.6	0.868	82.718	0.689
P3	4.2	0.771	58.077	0.443
P4	4.9	0.861	67.429	0.612

由表 2-3 可知，真空室内钢液的停留时间平均为 4.6s，钢液的流动状态均较接近全混流，但与理想的全混流仍有一定差距。说明真空室内看似搅动剧烈，但仍存在沟流和（或）死区等现象，尤其在大气量和高真空液位下的流动形态偏离理想流动形态较大。RH 脱碳反应主要在真空室内进行，钢液流动形态对脱碳

效果影响非常大，而钢液在钢包内的混合效果介于平推流和全混流之间，明显弱于真空室内钢液混匀效果。钢包内钢液的流动情况非常复杂，当钢液循环流速较快（P3，大气量和较高的液面高度共同促进了循环流速的快速增加）时，钢液流动状态偏离平推流和全混流的程度均较大，说明钢包内存在较多的死区和局部环流现象。因此，若从改善钢液的流动状态出发，循环流速并非越快越好。

B　流体混匀程度分析

为了摸清钢包内钢液的混合情况，可以采用水模拟的流场显示和数值模拟的流场显示来得到钢液内部的混匀情况，上述研究方法均具有一定优缺点。水模型流场显示时，示踪剂虽然具有较好的跟随性，但示踪剂本身具有扩散性，并不能保证它的扩散与钢液的扩散一致，易导致对流场判断的偏差；数值模拟过程，钢液的物性参数设置及网格划分差异都会导致计算的偏差。因此，本节希望利用钢包内多个点的浓度测试，通过计算实测浓度与理论浓度的偏差情况来判定其混合及混匀程度。

RH 钢液混匀时间测定的试验过程中采用 40mL 饱和 KCl 溶液作为示踪剂，192L 水模拟 300t 钢液，用电导率仪对水中 KCl 浓度的变化进行监测。若将 40mL 饱和 KCl 溶液加入 192L 水中配成 KCl 水溶液，其理论计算得到的浓度为 0.00143mol/L，见表 2-4，由 0.0001~0.01mol/L KCl 浓度与其对应的标准电导率值呈线性关系，可以推得该理论浓度下的电导率值为 0.222mS/cm。

表 2-4　不同 KCl 浓度下的标准电导率值　　　　　　　　（mS/cm）

温度 20℃	KCl 溶液的浓度/mol·L⁻¹				完全溶解的理论浓度/mol·L⁻¹
	1mol/L	0.1mol/L	0.01mol/L	0.001mol/L	0.00143mol/L
电导率值	101.700	11.644	1.274	0.132	0.222

实际上，在混匀效果最好的情况下，混匀后的稳定电导率值仍与理论值有一定的差距，但实际值与理论值的差距大小可反映钢液的混匀状态或元素的分布状态，差距越大说明元素分布越不均匀，这种现象的产生可能是由 RH 内存在较大的死区使钢液不能完全充分地混合所引起。

为了研究钢包内不同位置钢液的混合程度，对不同位置和不同液面高度钢包内的浓度进行了测量。真实的 300t 钢包在模型中的液位高度为 650mm，浓度测试点深度分别为钢包液面以下 40mm、180mm、320mm、460mm 及 600mm，电导率仪位置采集点有 11 个，分别为 A、B、C、D、E、F、G、H、I、J、K，如图 2-5 所示，对不同位置和深度进行混匀浓度的正交试验。

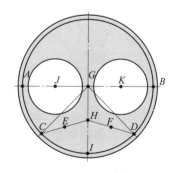

图 2-5　电导率采集位置示意图

a　横截面混合程度分析

将各点混匀后的稳定浓度与理论浓度进行差值比较，并以直观的图像形式表示，混合程度从好到坏依次用蓝色、绿色和红色表示。

5 个高度下各横截面上钢液的混合程度如图 2-6 所示。

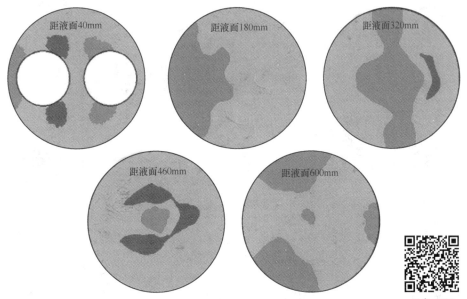

彩色原图

图 2-6　不同深度横截面混合程度示意图

图 2-6 显示了钢包内不同深度处钢液的混合情况。可以看出，距钢液面 40mm 处（即靠近钢液表面处），下降管与钢包壁之间的区域易产生死区，这与绝大多数的数值模拟结果一致；同时，在上升管靠近中心处也易形成死区，主要由于钢流动能大部分耗散在钢包内部的返混和回流上，钢液到达上升管表面的动能降低，且上升管对其周围的钢液有向上的抽吸力，上升管表面尤其是靠近中心处钢液活跃性较差。上述试验证明了该方法可以较准确地反映钢包内钢液的混合程度。

钢包内距液面 180mm 和 320mm 处红色区域面积较大，说明钢液的混合程度较差，即在距液面 180~320mm 的范围内钢液达到完全混匀较困难。距钢液面 460mm 处钢液的混合效果最好，整个截面内钢液基本混合均匀，且有部分区域达到完全混匀。距钢液面 600mm 处，即钢包底部正对下降管和远离下降管处均在靠近钢包壁的区域易产生死区。

b　纵截面混合程度分析

除了对不同深度横截面位置钢液的混合程度进行分析外，分别对钢包中心截面、距中心 1/3 处和 2/3 处的 3 个纵向截面也进行了分析，具体如图 2-7 所示。

图 2-8 为钢包内不同位置处纵向截面钢液的混合情况示意图。可以看出，钢液越靠近钢包壁，整体的混匀效果越好；上升管下方区域钢液的混匀程度相对较

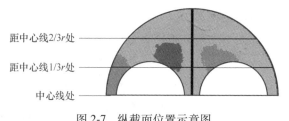

距中心线2/3r处

距中心线1/3r处

中心线处

图 2-7　纵截面位置示意图

彩色原图

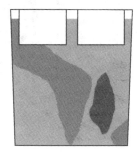
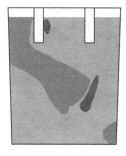

图 2-8　不同位置纵截面混合程度示意图

彩色原图

高，而下降管下方区域钢液混匀程度较差。虽然下降管下方钢液的速度快，但这部分钢液是钢包内其他钢液更新和交换的主要流股，与钢包内其他部分的钢液的浓度差相差最大，正是因为这个原因，这部分钢液在钢包内大部分钢液接近混匀的情况下，仍然保持着与周围钢液一定的浓度差，其混匀效果较其他位置差。

c　混合程度变化趋势分析

在固定操作条件（真空室液面高度一定）下，钢包内钢液的混匀情况如图2-6 和图 2-8 所示。当操作条件改变，即真空室液面高度改变时，钢液混合程度发生相应变化，图 2-9 所示为真空室液面高度对钢液混匀程度的影响。随真空室液面高度的增加，理论浓度和实际混匀浓度的差距增大，当实际液面高度大于

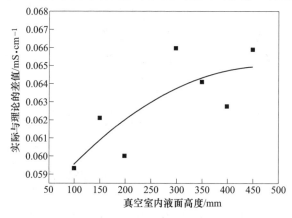

图 2-9　真空室液面高度对混匀程度的影响

350mm 后，差值变化幅度逐渐减缓。产生该现象的主要原因是随真空室液面高度的增加，流速加快，钢包上角部等区域的容积利用率降低；钢液的混合区域缩小，导致混匀后浓度偏高；当高度大于 350mm 后，真空室内钢液的流动形态逐渐趋于稳定，钢包内混合区域较固定，所以实际与理论的差值变化减缓。因此，真空室内钢液高度的增加会对环流反应器的混匀效果有一定的降低，且较高的真空室液面高度可能限制了 RH 处理结束后的极限碳含量。

2.1.2 RH 反应器传热模型

2.1.2.1 RH 传热模型

图 2-10 为 RH 精炼传热模型示意图。可以看出，RH 精炼过程中的热量传递主要通过以下 3 种途径完成：

（1）化学反应区。

1）C-O 反应：t 时刻钢包内温度为 T_{1t} 的钢液，以循环流量 Q 在氩气泡的作用下通过上升管进入真空室，发生如下脱碳反应，每千克碳燃烧生成 CO 的热焓（ΔH_{CO}）为 9195.3kJ/kg。

$$[C] + [O] =\!=\!= CO \qquad (2-6)$$

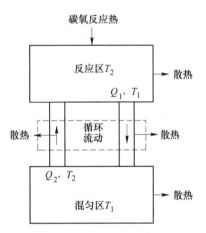

图 2-10　RH 精炼传热模型示意图

2）合金氧化反应：RH 精炼过程中加入铝粒、钙线、硅钙线等合金，用于化学升温、脱氧及合金化。其中铝的化学升温和脱氧过程所发生的主要化学反应式如式（2-7）所示，反应热焓（$\Delta H_{Al_2O_3}$）为 -1218.8kJ/mol。

$$2[Al] + 3[O] =\!=\!= (Al_2O_3) \qquad (2-7)$$

同时，钢液以辐射和对流方式向真空室壁传热，综合作用的结果使真空室内的钢液温度变为 T_{2t}。

（2）钢液混匀区。温度为 T_{2t} 的钢液经下降管流入钢包并在钢包内混匀，待钢液温度变为 $T_{1t}+\Delta T$ 后重新流入真空室。周而复始，引起钢液温度不断变化。

（3）散热区。在钢液循环流动过程中，钢液与钢包、真空室和上升管壁的耐火材料间通过对流和热传导方式散热。

2.1.2.2 RH 传热模型的应用

本节结合在某钢厂 300t RH 进行的两种不同化学升温工艺进行对比。工艺 I：铝加入分为两个步骤，在脱碳反应开始 6min 后第一次加铝化学升温，在脱碳结束时第二次加铝终脱氧。工艺 II：提高 RH 脱碳结束时氧浓度，并在脱碳结束时一次加铝进行升温及终脱氧。在试验过程中，为了保证试验结果的一致性，两组化学升温工艺升温温度都控制在 10℃。

图 2-11 为超低碳 IF 钢不同化学升温工艺与正常操作工艺下 RH 精炼过程中温度变化规律。化学升温炉次出钢温度比正常工艺低 10℃。当真空开始 6min，工艺 I 加入 88kg 铝粒进行铝氧升温，正常工艺和工艺 I 脱碳结束时温度都控制在 1590℃，并在脱碳终点加铝终脱氧。工艺 II 脱碳结束温度为 1580℃，在脱碳终点进行一次加铝终脱氧。工艺 I、工艺 II 真空处理结束温度分别为 1586℃ 和 1587℃，说明两种升温工艺能得到接近的升温效果。

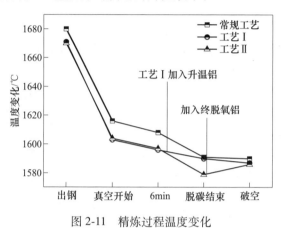

图 2-11 精炼过程温度变化

2.2 RH 真空过程钢液流动行为

2.2.1 真空室内钢液的流场特征

两相流流型会影响流体流动特性和两相传质，研究气液两相流行为有助于揭示流体流动机理和解析流动特性。本节旨在通过研究真空室内气液两相流流动的本质解决 RH 精炼过程中的核心问题——有效提高 RH 真空室内钢液脱碳速率。

2.2.1.1 流型分析

为了研究流型特征，在相似比为 1/6 的 300t RH 水模型中采用高速摄像仪记录在不同吹气量和液位深度下模拟钢液在真空处理过程流体流型的转变条件以及喷溅行为。

随着真空室内压力不断降低，RH 真空室内液面高度不断升高，钢液的流动形态也随之发生变化。图 2-12 清晰呈现了在 RH 运行过程中压力不断降低和气量变化时，真空室内钢液流动形态的变化过程。图 2-12（a）和（b）均可看出，当

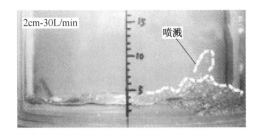

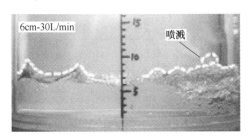
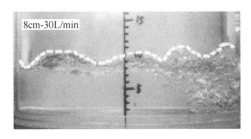

(a) 提升气体流量为30L/min时流型随液面高度的变化

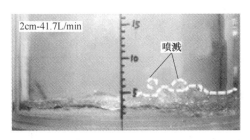
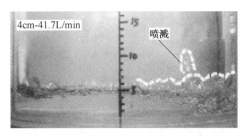
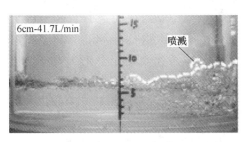
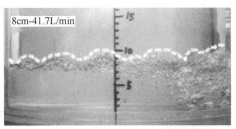

(b) 提升气体流量为41.7L/min时流型随液面高度的变化

图 2-12 不同提升气体流量时流型随液面高度的变化

彩色原图

真空室液面高度较低时，上升管出口气泡剧烈涌动，气泡较集中形成气柱，此时钢液量少容易产生喷溅，如图中液面高度为 20~40mm 时喷溅较剧烈；当液面高度逐渐升高，喷溅的剧烈程度降低，液面高度由 40mm 升高至 60~80mm 时，喷溅区缩小，气柱开始发散；当真空室液面高度大于 80mm 后，由于真空室内钢液量增多，相同气体流量下阻力增加，钢液喷溅现象消失，气泡在随钢液运动的过程中分裂成多股小气泡，部分弥散于表面附近；相同高度下，随着氩气吹入量的增加液面波动有加剧的趋势。

图 2-13 阐述了上述反应的机理，示意了真空室内流体的 3 种流型，分别为：（1）沸腾流动（见图 2-13（a））时，钢液在上升管出口上方波动剧烈，并伴随有液滴飞溅而出，在下降管出口处有漩涡流形成；（2）过渡流动（见图 2-13（b））时，上升管出口上方剧烈波动减缓，而真空室内钢液的波动加剧，飞溅液滴减少；（3）波动流动（见图 2-13（c））时，真空室钢液表面波动剧烈，但已无明显喷溅液滴。

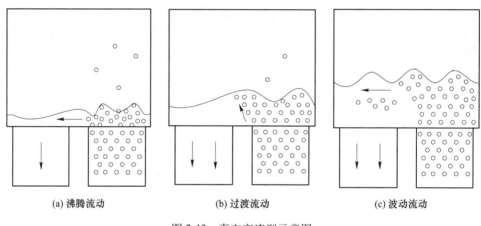

(a) 沸腾流动　　　　　　(b) 过渡流动　　　　　　(c) 波动流动

图 2-13　真空室流型示意图

真空室内流体流型确定后，为了更好地控制流型，需要明确流型之间的转变或过渡的临界条件。从图 2-12 可清晰地看出，当真空室液面高度小于 40mm 时，喷溅区域较大，属于沸腾流动模式；当真空室液面高度大于 80mm 时，真空室内自由表面波动剧烈，属于波动流动模式；当真空室液面高度处于 40~80mm 时，真空室流体的流动形式处于过渡流动模式。

为了准确确定流型转变的临界值，通过含气率随真空室液面高度的变化进行分析。沿真空室轴向在下降管上方（通道 1）和真空室中心（通道 2）分别布置波高仪传感器进行真空室内通气后液面高度的测量。将通道 1 和通道 2 波高测量值的平均值作为通气前和通气后真空室液面高度的差值，再根据式（2-8）可得到平均含气率随真空室液面高度的变化情况，具体如图 2-14 所示。

$$\beta = 1 - \frac{H_{\mathrm{L}}}{H_{\mathrm{M}}} \tag{2-8}$$

由图 2-14 可知，随着液面高度的增加，不同提升气体流量下的平均含气率均有不同程度降低，但在不同真空室液面高度范围内，含气率的降低速率有差别，这主要由气升式环流反应器内流型的变化所引起。真空室内的 3 种流型，在

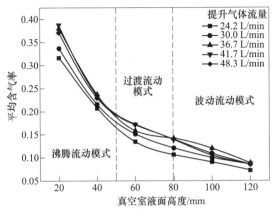

彩色原图

图 2-14 平均含气率随真空室液面高度的变化情况

真空室内液位低时，流体的循环速度较小，相同吹气量下，单位液体内积累的气体较多，所以此时含气率较高，加上此刻由于大量气泡的存在，两相流的密度较小，流体表面张力较低，易产生喷溅。因此，真空室液面较低时为沸腾流动模式；真空室液面高度较高时，流体循环速度较快，单位体积内积累的气体较少，含气率较低且液面高度增加对加速流体循环有限，所以波动流动模式下含气率降低速率较慢。上述结果可以看出：沸腾流动模式与过渡流动模式的临界为真空室液面高度 50mm，过渡流动模式与波动流动模式的临界为真空室液面高度 80mm。

2.2.1.2 真空室流体流型评估

为了确定真空室内有利于元素传质和钢液脱碳的流动形式，从流型对流体在真空室内的停留时间的影响和对脱碳反应面积的影响两个方面进行评估。

A 真空室停留时间

真空室内钢液的脱碳反应经历 CO 形核、长大和 CO 气泡排出，确保钢液在真空室内具有合理的停留时间是促进钢液真空过程高效脱碳的重要前提。图 2-15 为 CO 气泡形核长大过程。气泡从产生到形核，再从 CO 核心长大到一定尺寸需要一定孕育时间（t_1+t_2）。钢液在真空室内的停留时间须大于 t_1+t_2 才能充分完成脱碳过程。假设真空室压力为 10kPa 时 CO 可自发形核，其 CO 形核数为 6.20×10^9，考虑到 CO 长大为 5mm 时可认为其完成排出，即需在 CO 核周围累积接近 5.10×10^{20} 个 CO 分子。若以某厂 1 号 RH 的实际生产情况为例（2min 可脱碳 50ppm），按实际脱碳所需时间估算，则真空室内上述 CO 分子将钢液内碳含量降低 1.34ppm 所需时间为 3.2s。因此，钢液至少需在真空室停留 3.2s 以上才能满足上述脱碳任务，停留时间越长，越有利于钢液的深脱碳，但停留时间太长，真空室内钢液和钢包内钢液之间混匀效率降低同样也会影响钢液整体脱碳速率，应

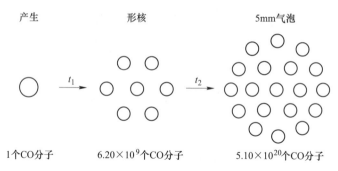

图 2-15　CO 气泡形核长大示意图

及时更新真空室内钢液。这里并未包括碳氧元素和 CO 分子传递的时间，这些主要由钢液的流动状态决定。

　　鉴于钢液在真空室内的停留时间对钢液脱碳效果的重要性，根据真空室内钢液的停留效果来评价 3 种流动形式。通过高速摄像机对钢液流动行为的观察和钢液真空室停留时间的测定分析，获得真空室内钢液的流动行为产生的停留效果，如图 2-16 所示。

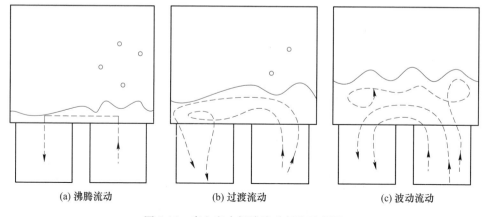

图 2-16　真空室内钢液流动行为示意图

　　当钢液处于沸腾流动形态时，钢液循环速度快，钢液从上升管进入后直接流入下降管，在真空室停留的时间较短且真空室内每次循环的钢液处理量少，容易引起喷溅严重；在沸腾流型下，处理相同钢液量需要更多次循环，因此该流型不利于 RH 整体快速获得极低碳含量。当钢液处于过渡流动形态时，钢液的流动轨迹延长，钢液在真空室内停留时间增加，同时真空室钢液处理量增多，且钢液循环速率加快有利于快速脱碳，较少的喷溅液滴既增加了脱碳场所又减少了结冷钢的几率，该流动形式较为理想。当钢液处于波动流动形态时，真空室液面高度已增大至高位值，真空室内钢液量多，真空室内钢液供应量出现过剩，部分钢液直接由下降管流出形成短路流，部分钢液在真空室内产生内循环，此种流型同样会对真空室内钢液的深度脱碳有影响（该内容也将在下节详细叙述）；所以，尽管真空室内液面在此条件下处于高位，但只有部分钢液发生充分碳氧反应，内循环和短路流的钢液脱碳则不充分，钢液整体循环速率降低，脱碳效果较过渡流动形态差。

B 脱碳反应面积

不同脱碳反应机制下，脱碳反应面积的计算方法不同。例如，脱碳反应为真空室自由表面脱碳时，计算自由表面的表面积即可代替脱碳反应面积。对于脱碳反应机制，前人已经做了大量研究：Takahashi[3]认为 CO 气泡对脱碳的贡献最大；而 Kitamura[4]认为脱碳反应有 90%发生在真空室自由表面，8%发生在 CO 气泡，还有 2%发生在吹入的惰性气体产生的气泡上。实际上，很难区分脱碳反应发生的场所及每个场所的脱碳贡献率。但可以认为脱碳反应发生的区域越大，即脱碳反应界面面积越大，脱碳反应速率越快[5]。

脱碳反应区域即脱碳反应深度，由式（2-9）可计算获得，从式中可以看出脱碳反应发生的区域深度与碳氧含量和真空室压力有关，生产过程中碳氧含量和真空室压力均随着脱碳时间的增加而降低，根据实际情况，脱碳反应区域深度的变化情况如图 2-17 所示。

$$h = 1.45[0.872K^{\ominus}[\%C][\%O] - p_V/(1.013 \times 10^5)] \tag{2-9}$$

式中　　h——脱碳反应深度，m；

　　　　$K^{\ominus}$——标准平衡常数；

　　　[%C]——钢液中碳含量；

　　　[%O]——钢液中氧含量；

　　　p_V——真空室压力，Pa。

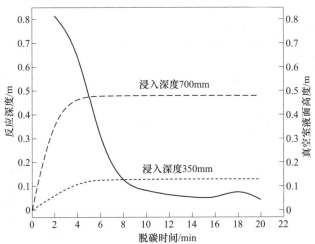

图 2-17　脱碳反应深度与生产过程中真空室液面高度变化[6]

　　由图 2-17 可知，随着脱碳反应进行，脱碳反应深度由原来的 0.8m 降低至 0.1m 以下，而真空室液面高度由 0m 增加至 0.1m、0.3m 或者更高，极限真空室液面高度随着浸渍管长度和浸入深度的变化而变化。随着真空室内液面高度的增加，真空室内钢液的流动形式也随之变化。当脱碳反应深度大于真空室液面高度时，脱碳反应发生在整个真空室内，当脱碳反应深度小于真空室液面高度时，脱碳反应发生在真空室内的部分区域。哪种钢液的流动形式更能增大脱碳反应面积呢？

　　以某厂 1 号 RH 为例进行分析，其实际浸渍管长度为 1650mm。实际生产过程中，当浸入深度从 350mm 变化到 700mm 时，极限真空室液面高度从 120mm 提高到 480mm，而全区域脱碳的时间从脱碳开始后的 8min 内缩短为 4min 内，如图 2-17 所示。在相似比 1∶6 的实验室模型中，图 2-17 中所示的液面高度变化相当于模型真空室液面高度从 20mm 变化到 80mm，由图 2-14 可知，钢液的流动形态由 20mm 的沸腾流动形式逐渐过渡为 80mm 的波动流动形式。20mm 和 40mm 时，虽然较多的喷溅液滴有利于快速脱碳，真空室内钢液发生全区域脱碳，但真空室液面高度较低，即脱碳反应区域深度较小，且液滴的脱碳表面积远小于全区域脱碳表面积，且为了减少喷溅，低液面时不适宜采用大的氩气吹入量，因此沸腾流动形式仍限制了脱碳反应面积；60mm 处于过渡流动形式时，喷溅液滴有所减少且钢液仍处于全区域脱碳阶段，真空室钢液体积与沸腾流动形式相比至少增加了 50%；在此液面高度下适量增大 Ar 气吹入量可为碳氧反应增加更多反应面积；当真空室高度升高至 80mm 时，真空室内钢液已处于部分区域脱碳，钢液主要沿真空室表面流动，如图 2-18 所示[6]，虽无喷溅发生但脱碳区域减少，也可以通过增加 Ar 气泡来增大脱碳面积，但碳氧在 Ar 气泡界面上的反应还受到碳氧元素传质的限制，因此，波动形式下真空室钢液脱碳的利用率较低，脱碳速率小于过渡流动形式。

　　综上所述，保持真空室液面高度在脱碳时间内尽量低于或等于脱碳反应深度，并保持钢液处于过渡流动形态有利于钢液快速脱碳。

2.2.1.3　RH 循环过程中流型图谱优化

　　以某厂 RH 的实际生产过程为例，选择利于高效快速脱碳的流型转变图谱。图 2-19 展示了该厂 1 号 RH 实际生产过程中不同工艺参数下钢液面高度随着真空室压力和脱碳时间的变化。从图中可知，真空室内钢液面高度随真空室内压力的降低而升高（见图 2-19（a）），当浸渍管浸入深度增加至 650mm（见图 2-19（b）），浸渍管长度减小至 1450mm（见图 2-19（c）），则钢液能够快速进入真空室内，在相同脱碳时间内，真空室内钢液面有更高的高度。从图 2-19（a）（b）和（c）的对比可以看出，三者在 RH 生产过程中，不同脱碳时间段内，真空室内钢液流动形态不同。

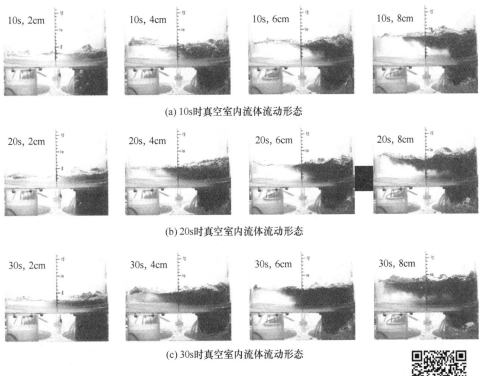

(a) 10s时真空室内流体流动形态

(b) 20s时真空室内流体流动形态

(c) 30s时真空室内流体流动形态

图 2-18 真空室内流体流动行为[6]

彩色原图

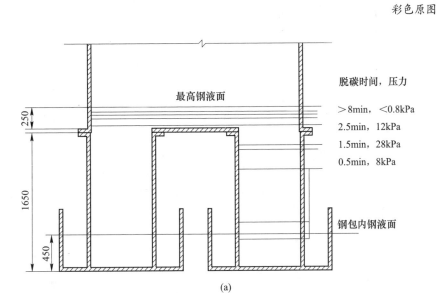

(a)

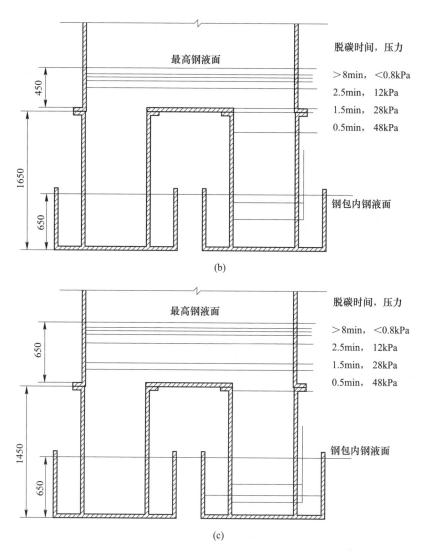

图 2-19 钢液面高度随着真空室压力和脱碳时间的变化情况（图中单位为 mm）

实验室冷态模拟试验已证明，该真空室结构下，当模型真空室内液面高度小于 50mm 时，钢液处于沸腾流动形态；当模型真空室内液面高度处于 50~80mm 时，钢液处于过渡流动形态，此时脱碳面积较大，喷溅较小，是实现快速脱碳较为理想的流动形态；当模型真空室液面高度大于 80mm 后，钢液处于波动流动形态，脱碳区域趋于真空室钢液表面，钢液循环速率降低，脱碳速率较过渡流动形态有所下降。

将上述试验现象还原到实际 RH 脱气过程中，可获得整个脱碳时间内真空室内钢液流动形态图谱。某厂 1 号 RH 实际生产情况，如图 2-19（a）所示，开始脱碳反应后的前 2min，真空室内无钢液，氩气泡提供的界面是主要的脱碳场所，喷溅的液滴也为碳氧反应提供了反应场所；2min 后，钢液才进入真空室内开始循环脱碳，直到脱碳结束，真空室内钢液最高高度为 250mm（相当于模型真空室液面高度 40mm 左右），整个脱碳过程中，真空室内钢液一直处于沸腾流动形态，不利于提高脱碳速率。

因此，利于 RH 快速脱碳的流动形态应为随着脱碳时间的增加钢液由沸腾流动形态快速转变为过渡流动形态，使钢液在到达极限真空前尽量处于过渡流动形态，并将真空室最高液面高度控制在过渡流动形态与波动流动形态的临界点附近，其可通过调节浸渍管长度和浸入深度来实现。就该厂 1 号 RH 而言，需要增加浸渍管浸入深度至 650mm 或缩短浸渍管长度至 1450mm，使钢液在 1.5min 内进入真空室，3min 后真空室内钢液转变为过渡流动形态，直至脱碳结束基本处于该流动形态下。

2.2.2 钢包内钢液的流场特征

本节通过对 RH 进行流场显示研究了提升气体流量、浸渍管浸入深度和真空室压力对钢包内流体流动形态的影响。试验时，在 RH 真空室上升管侧离液面一定高度加入 50mL 饱和的高锰酸钾溶液，受真空室负压抽吸作用，溶液喷射到下降管侧，然后随循环液流进入钢包。

2.2.2.1 提升气体流量对流场的影响

图 2-20 为浸渍管浸入深度为 450mm、真空压力为 67Pa 时，提升气体流量在 2000NL/min、2500NL/min、3000NL/min、3500NL/min 的流场形态对比图。从图中可以看出，提升气体流量越大，液流从下降管冲击到钢包的速度越快，冲击深度也越深。

在 5s 时，提升气体流量在 3500NL/min 下的液流已经冲击到钢包底部，而其他提升气体流量下的液流还处于下降过程中。从 10s 时的对比图可以看出，由于流速太小，提升气体流量在 2000NL/min、2500NL/min 时，一部分液流未能冲击到钢包，便受上升管的抽吸作用，在钢包中部向上升管扩散移动，还有一部分缓慢冲击到钢包底部；而提升气体流量在 3000NL/min、3500NL/min 时，绝大部分流体直接冲击到钢包底部，沿底部平铺流向上升管一侧。由于高锰酸钾溶液扩散较快，随着冲入到钢包中时间的延长，少部分流体自由扩散到钢包中部。从 15s 和 20s 的流场显示图中可以看出，提升气体流量在 2000NL/min 和 2500NL/min 时，冲击到钢包底部的液流速度很小，基本是缓慢扩散后向上升管运动。而提升气体流量在 3000NL/min 和 3500NL/min 时，冲击到钢包底部的液流速度还比较大，沿底部平铺向钢包右侧流动，碰到钢包壁时沿壁面向上运动。

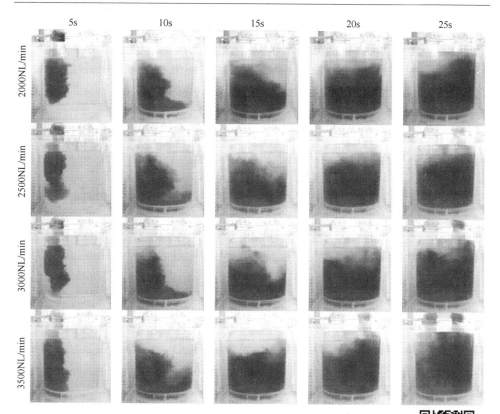

图 2-20　不同提升气体流量下钢包正面流场显示

彩色原图

由图 2-21 钢包侧面流场显示也可以看出，提升气体流量在 3000NL/min 和 3500NL/min 时，示踪剂液流还带有一定速度流进上升管，而提升气体流量在 2000NL/min 和 2500NL/min 时，流体基本是慢慢扩散流进上升管。运动至上升管处，部分液流进入上升管，还有部分液流仍有一定的速度，形成回流向钢包左侧及上层液面运动。提升气体流量在 3500NL/min 下的回流比较明显，在 3000NL/min 下，只有微小回流。从 25s 的流场显示图中可以看出，提升气体流量在 2000NL/min 下的示踪剂刚好到达上升管处，还未上升到真空室，提升气体流量在 2500NL/min 下的示踪剂刚好到达真空室，这两种情况下，钢包下降管侧上层区域均存在较大死区。提升气体流量在 3000NL/min 和 3500NL/min 时，示踪剂已经到达真空室或开始从下降管流出，循环周期较短，由于有回流作用，钢包下降管侧上层区域的死区比例较小。

根据流场显示可以看出，在浸渍管浸入深度为 450mm、真空室压力为 67Pa 下，提升气体流量应该保持在 3000NL/min 以上，这样下降管液流能获得较大的流速，冲击到钢包底部后沿壁面上升并形成回流，不仅循环周期短，而且还能促进混匀，减小死区比例。

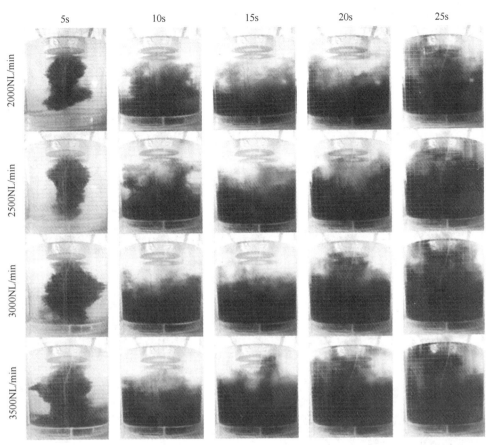

图 2-21 不同提升气体流量下钢包侧面流场显示

彩色原图

2.2.2.2 浸渍管浸入深度对流场的影响

图 2-22 为提升气流量在 2500NL/min、真空室压力为 67Pa 时，不同浸渍管浸入深度下钢包正面的流场形态对比图。随着浸渍管浸入深度的增大，循环流量也不断增加并趋于饱和，从下降管流出的液流速度也不断增加并趋于饱和，并且由于浸渍管浸入深度增加，液流冲击到钢包底部的行程缩短，这些因素都增加了流体流向钢包底部后的动能，使它更易沿钢包壁向上运动。从图中第 20s 的流场对比图中可以看出，浸渍管浸入深度在 300mm 和 400mm 时，示踪剂液流基本是慢慢扩散到上升管处，一部分被抽吸到真空室内，一部分扩散到钢包右侧表层。而当浸渍管浸入深度在 500mm 以上时，带示踪剂的液流沿包壁上升到上升管处时，除了一部分被抽吸到真空室内，一部分扩散到钢包右侧表层外，还有一部分形成回流，向钢包下降管侧表层运动，增加了混匀程度。因此，在极限真空时，提升

气体流量为 2500NL/min 时，浸渍管浸入深度应该保持在 500mm 以上，有较短的循环周期和较好的混匀程度。

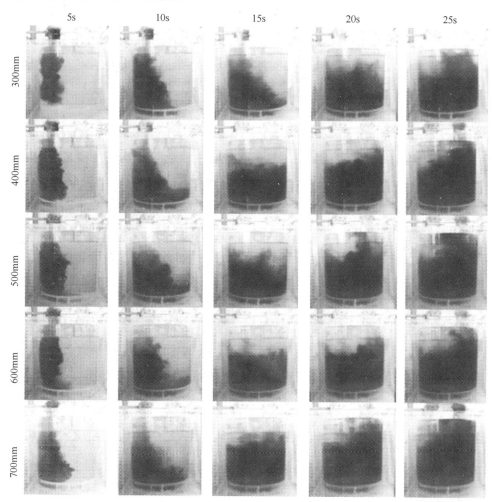

图 2-22　不同浸渍管浸入深度下钢包正面流场显示

彩色原图

2.2.2.3　真空室压力对流场的影响

图 2-23 为提升气体流量为 2500NL/min、浸渍管浸入深度为 450mm 时，不同真空室压力下 RH 钢包的正面流场显示图。可以看出，下降管的液流速度随真空室压力减小而增大，但相差不大。从 10~25s 的图中可以看出，真空室压力在 67Pa 和 5kPa 下时，液流在冲击到钢包底部后，一部分液流直接在钢包中部便开始向上升管处扩散；一部分液流沿底部流向钢包右侧壁面，沿壁面上升一段距离后也以扩散为主向上升管处运动。而真空室压力在 10kPa 下的液流未能冲击到钢

包底部就基本没了速度，在上升管的抽吸下以扩散为主运动，这样绝大部分液流都被抽吸进上升管进行二次循环，每次环流过程的混合程度减小。

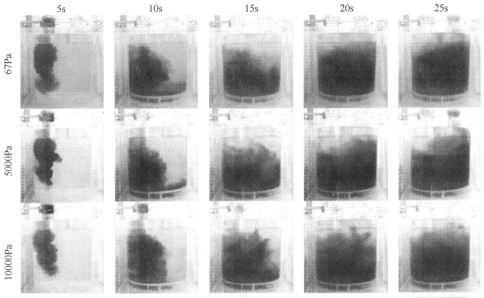

图 2-23　不同真空室压力下钢包正面流场显示

彩色原图

2.2.3　RH 气液两相流流型

研究表明，上升管内气液两相流流型很大程度上决定了气升式环流反应器内流体的流动行为和流动特性。本节着重对上升管内气液两相流流型进行了探讨，利用高速摄像机对不同吹气量和不同真空室液面高度下气液两相流流动行为的变化进行了记录和分析[7]。

2.2.3.1　流型分析

图 2-24 为 RH 反应器的上升管内气液两相流三种流型的典型图像，结果是在变化真空室液面高度和吹气量从 60m³/h 变化到 210m³/h 时获得。根据气泡形状、气泡尺寸和分布可将三种流型描述如下：第一种为气泡流（见图 2-24（a）），上升管内分布着不同尺寸的气泡，小气泡居多，大气泡形状不规则，均表现为几个小气泡黏附在一起向上运动，气泡尺寸变化范围较窄；第二种为混状流（见图 2-24（b）），气泡尺寸较大且形状不规则，大气泡居多，一些细小的气泡分散在大气泡周围；随着吹气量和表观气速的增大，大气泡周围将出现许多更小的气泡且含气率将增大，此时流型称为搅混流，该流型下气泡尺寸变化范围较宽；第三种为介于气泡流和混状流之间的过渡流（见图 2-24（c）），其气泡尺寸也介于气

泡流和混状流的气泡尺寸之间，且大气泡周围开始出现较小气泡。

(a) 气泡流

(b) 混状流(搅混流)

(c) 过渡流

图 2-24　上升管内气液两相流的不同流型图[8]

彩色原图

　　上述三种流型产生的原因和形成条件概括为：低气量条件下，气泡表观速度低从而反应器内流体循环流速小于平均气泡流滑移速度，气泡间的相互作用较少，气泡尺寸较小；随着气量的增加，两相流中含气率逐渐增大，气泡对流体的驱动力增大，反应器内流体的循环流速开始接近或大于气泡平均流滑移速度，气泡间碰撞聚合的几率增大，气泡尺寸开始变大；当气量继续增大至高气量时，反应器内流体的循环流速远大于气泡流滑移速度，气泡间相互作用增大，气泡凝聚合并明显，且流体流动速度相对较大，大的湍动能会搅拌并撕碎大气泡，所以大气泡周围分散有细小气泡。

2.2.3.2　流型临界转变条件

为了辨别不同的气液两相流流型，需明确气液两相流流型的转变条件。在气泡流区，气泡间的相互作用较小，含气率将随表观气速的增加而增加；当流型进入过渡区和混状流区后，气泡间相互作用增大，小气泡聚合形成大气泡，含气率随表观气速的增加趋势逐渐平缓[7]。因此，可利用含气率随表观气速变化的不同变化速率来判别流型的转变条件。

图 2-25 为模拟真空室不同液面高度下，含气率随表观气速的变化规律，即为流型判别图。由图可知，当模型表观气速从 1.5×10^{-2} m/s 增大至 3.25×10^{-2} m/s 时，含气率的增加速率较快，处于气泡流区；当气速大于 3.25×10^{-2} m/s 后，含气率增加速率开始变小，开始进入过渡流区；当气速增大至 5.25×10^{-2} m/s 后，含气率达到最大并基本趋于稳定，处于混状流区；不同真空室液面高度下，含气率随表观气速的变化规律相似。因此，当气速为 3.25×10^{-2} m/s 时，气液两相流流型由气泡流转变为过渡流；当气速为 5.25×10^{-2} m/s 时，两相流流型由过渡流转变为混状流。将模型表观气速转换为原型表观气速，则气泡流与过渡流的临界转变点为气速 7.50×10^{-2} m/s；过渡流与混状流的临界转变点为气速 1.20×10^{-1} m/s。

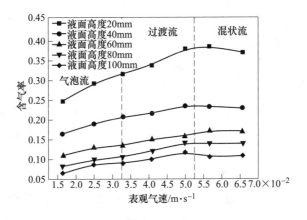

彩色原图

图 2-25　含气率随表观气速的变化情况

2.2.3.3　两相流流型评估

A　含气率径向分布

反应器内平均含气率表示气体在流体中所占比例，不能反映气泡在反应器内是否均匀分布。若相同体积的气泡在径向均匀分布，可以提高钢液的饱和含气率值，增加气泡与液体接触的表面积，最终提高了上升管的容积利用率并加速传质效率。本节首先对含气率的径向分布进行讨论分析。

含气率径向分布可由式（2-10）计算获得：

$$\beta_d = 2\left[1 - \left(\frac{d}{D}\right)^2\right]\beta \tag{2-10}$$

式中　β_d——直径 d 处的含气率；

　　　D——反应器直径，这里为上升管内径，模型值为 125mm；

　　　β——反应器平均含气率。

图 2-26 显示了不同真空室液面高度下上升管内含气率径向分布随表观气速的变化规律。真空室液面高度为 20mm 时，由上升管含气率径向分布可看出，在气泡流区时，上升管中心含气率与边部含气率的平均差值为 0.51；过渡流区时，含气率平均差值增大为 0.58；混状流区时，含气率平均差值已增加为 0.67，与过渡流状态相比，分布不均匀性增加了 15.5%；上升管边部含气率随表观气速的增加变化非常小，平均含气率为 0.052，说明大部分气泡均集中在距中心 105mm 范围内，靠近上升管壁附近的 20mm 范围内气泡相对较少，含气率小于 0.2。当真空室液面高度增加为 40mm 和 60mm 时，上升管内含气率显著降低，最大值由液面高度 20mm 时的 0.73 降低为液面高度为 60mm 时的 0.27，降低了 63%；真空室液面高度为 60mm 时，上升管内含气率径向分布较高度为 20mm 时更均匀，其含气率最大差值为 0.24，但液面高度 60mm 时靠近上升管壁附近 20mm 的范围内气泡非常少，所以随着真空室液面高度的增加，虽然含气率径向分布相对均匀，但整体含气率较小，且上升管壁附近 20mm 的范围内气泡越来越少。

因此，综合上升管含气率大小及含气率径向分布的均匀性考虑，当真空室液面高度为 40~60mm 且上升管流型处于过渡流时，上升管含气率较高且含气率径向分布较均匀。

B　下降管表观液速的变化

液相循环速度在一定程度上决定了气升式环流反应器中液相的混合和扩散速率。在含气率相近的情况下，较快的液相循环速度更能加快液相传质速率。

图 2-27 为不同模型真空室液面高度下，下降管表观液速随表观气速的变化

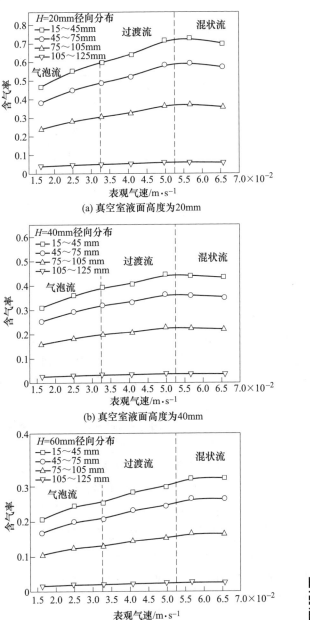

图 2-26　上升管内含气率径向分布随表观气速的变化

彩色原图

情况。在气泡流区时，表观液速随真空室液面高度变化的最大差值为 0.055m/s；过渡流区时，表观液速随真空室液面高度的变化明显增大，达到 0.080m/s，与气泡流状态相比，差距增加了 45.5%；混状流区时，表观液速的最大差值约为

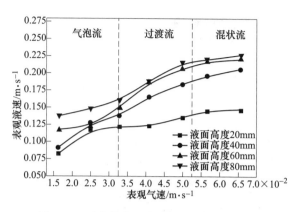

彩色原图

图2-27　下降管表观液速随表观气速的变化

0.080m/s，与过渡流区的液速接近。当流型处于过渡流区时，真空室液面高度为40～60mm的表观液速比真空室高度为20mm的表观液速平均增加0.054m/s，增加了44%左右，而真空室液面高度为60mm的表观液速与真空室高度为80mm的表观液速相近。

因此，当真空室液面高度为40～60mm且上升管流型处于过渡流时，不仅上升管含气率较高，含气率径向分布较均匀，而且此时下降管表观液速即反应器内循环液速较高，更有利于流体在反应器内的传质速率，加快反应速率。

2.3　RH真空过程钢液的传热行为

作为转炉和连铸间的重要工序环节，RH过程温度控制是炼钢工艺匹配的保障。学者针对不同RH工艺模式开发了RH过程温度预报模型，预测RH过程钢水实时温度，提高温度控制稳定性[9]。

RH真空循环过程中热损失较大，钢液温度下降明显，为了弥补处理时的温降，需要RH处理的钢液，其转炉出钢温度往往比其他精炼处理工艺要高20～30℃。RH真空处理周期越长，温降越大，而过程温度控制难度越高。因此，RH的高效化也是过程温度协调控制的重要一环。

2.3.1　RH过程钢液温度影响因素剖析

图2-28总结了RH处理超低碳钢过程中钢液温度的影响因素，可以概括为两方面：操作性因素和非操作性因素[10~12]。操作性因素主要有脱碳过程、吹氩处理过程、强制吹氧过程、加铝过程、炭粉预脱氧过程、合金化过程、废钢调温过程和纯循环时间等；非操作因素主要有真空室状态和环境温度等。

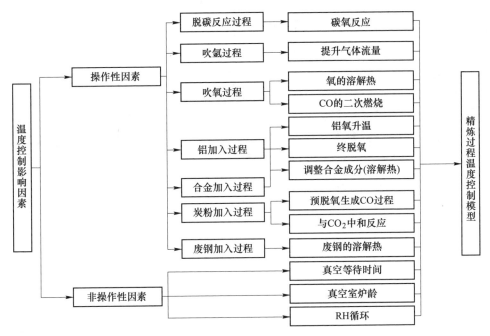

图 2-28 精炼过程钢液温度影响因素

2.3.1.1 脱碳对钢液温度的影响

脱碳反应中，影响钢液温度的主要因素有：

$$[C] + [O] \rightleftharpoons CO, \quad \Delta H_1 = -110.53 \text{kJ/mol} \quad (2\text{-}11)$$

$$CO + [O] \rightleftharpoons CO_2, \quad \Delta H_2 = -282.544 \text{kJ/mol} \quad (2\text{-}12)$$

其中，反应（2-11）为钢液中的活度氧与碳反应生成 CO 产生的热量，反应（2-12）为反应过程中生成的 CO 的二次燃烧生成 CO_2。根据某钢厂实际生产结果表明，RH 自然脱碳反应过程中，大约有 15% 的 CO 变成 CO_2。通过式（2-13）和式（2-14）可以计算出脱碳反应过程中产生的热量，因此，脱碳反应过程引起的钢液温度变化可由式（2-15）计算得到。

$$Q_{脱碳} = \Delta[C]\Delta H_1 + 0.15\Delta[C]\Delta H_2 \quad (2\text{-}13)$$

$$\Delta[C] = W_{steel}([C]_0 - [C]_t) \times 10^3 / M_C \quad (2\text{-}14)$$

式中　$Q_{脱碳}$——脱碳反应过程产生的热量，kJ；

　　　$\Delta[C]$——RH 真空脱碳的摩尔质量，mol。

$$T_{脱碳} = Q_{脱碳} / (W_{steel} c_{p钢液}) \quad (2\text{-}15)$$

式中　$T_{脱碳}$——脱碳反应的热效应引起的钢液温度变化，℃；

　　　$c_{p钢液}$——钢液的比热容，kJ/(kg·℃)。

2.3.1.2　吹氩对钢水温度的影响

RH 真空处理过程中，上升管中吹入氩气与钢液混合会带走部分热量，造成温度损失和钢液温度下降。

以某钢厂为例，RH 真空处理超低碳钢时，其提升气体流量前 5min 为 140N·m^3/h，5min 到 RH 脱碳结束 2min 为 180N·m^3/h，脱碳结束 2min 后到 RH 真空处理结束为 110N·m^3/h。假设在吹氩过程中，氩气初始温度为 25℃，从真空室中排出的氩气温度与钢液相同，为 1600℃，可以利用式（2-16）计算吹氩过程中的热量损失。

$$Q_{Ar} = \rho_{Ar} c_{pAr} V_{Ar} (T_{steel} - T_{Ar0}) \tag{2-16}$$

式中　Q_{Ar}——氩气吸热量，kJ；

c_{pAr}——氩气的比热容，kJ/（kg·℃）；

V_{Ar}——吹氩总量，N·m^3；

ρ_{Ar}——氩气的密度，kg/m^3；

T_{steel}——钢液温度，℃；

T_{Ar0}——氩气初始温度，℃。

假设脱碳时间为 18min，吹氩总量 V_{Ar} = 5×2.3+13×3.0+（t-18）×1.8Nm³，根据上述热效应可以计算吹氩过程引起的钢液温度变化 T_{Ar}，如式（2-17）所示。

$$T_{Ar} = Q_{Ar} / (W_{steel} c_{p钢液}) \tag{2-17}$$

2.3.1.3　吹氧对钢水温度影响

RH 真空处理过程，钢液吹氧主要有以下两方面作用：强制脱碳及加铝升温。在不考虑其他反应的条件下，吹入氧气产生的热效应主要是氧气溶解到钢液中产生的溶解热，氧气的溶解热计算由式（2-18）所示。

$$\frac{1}{2}\{O_2\}_{25℃} \xrightarrow{\hspace{1.5cm}} [O]_{1600℃}，\Delta H_3 = -90.22kJ/mol \tag{2-18}$$

生产过程中吹入氧气产生的热量为：

$$Q_{[O]} = \frac{\varepsilon_0 V_0 \rho_0 \times 10^3}{M_0} \times \Delta H_3 \tag{2-19}$$

式中　$Q_{[O]}$——吹氧溶解产生的热量，kJ；

V_0——吹入氧气量，m^3；

ε_0——氧的吸收率。

在强制脱碳过程中，吹入的氧气对反应过程的影响还包括脱碳过程中 CO 的二次燃烧，产生的热量补充。在之前的分析中得到了脱碳过程对钢液温度的影响，而在强制脱碳过程中，二次燃烧额外产生的热量可以根据式（2-20）进行计算。

$$Q_{二次} = \alpha \cdot \frac{\varepsilon_o V_0 \rho_0 \times 10^3}{M_0} \cdot \Delta H_2 \tag{2-20}$$

式中　$Q_{二次}$——二次燃烧反应产生的总热量，kJ；

　　　α——参与二次燃烧的氧气的比率；

　　　ρ_0——氧气密度，1.43kg/m³；

　　　M_0——氧的摩尔质量。

吹氧过程中钢液引起的温度变化为：

$$T_0 = (Q_{[O]} + Q_{二次})/(W_{steel} c_{p钢液}) \tag{2-21}$$

2.3.1.4　铝粒及合金加入对钢液温度影响

在合金加入钢液的过程，会经历升温、相变、溶解和与钢液中元素反应的过程。整个反应过程的热效应 Q_{alloy} 可以通过式（2-22）得到。

$$Q_{alloy} = Q_{ai} - Q_{afi} - Q_{aoi} \tag{2-22}$$

i 元素的熔化热 Q_{ai} 可由式（2-23）计算：

$$Q_{ai} = c_s(T_f - T_o)fm_i + c_l(T_{steel} - T_f)fm_i + \Delta H_{mi} m_i \times 10^3 f/M_i \tag{2-23}$$

式中　T_f——i 元素的液相线温度，℃；

　　　T_o——i 元素的入炉温度，℃；

　　　T_{steel}——钢液温度，℃；

　　　ΔH_{mi}——i 元素的熔化潜热，kJ/mol；

　　　c_s——i 元素的固相比热容，kJ/(kg·℃)；

　　　c_l——i 元素的液相比热容，kJ/(kg·℃)；

　　　m_i——i 元素的加入量，kg；

　　　M_i——i 元素的摩尔质量，g/mol；

　　　f——i 元素的收得率，%。

i 元素溶解于钢液的溶解热 Q_{afi} 可根据式（2-24）计算：

$$Q_{afi} = \Delta H_{mfi} m_i \times 10^3 f/M_i \tag{2-24}$$

式中　ΔH_{mfi}——i 元素的溶解焓，kJ/mol。

i 元素的氧化反应热 Q_{aoi} 可根据式（2-25）计算：

$$Q_{aoi} = \Delta H_{moi} m_{Al} f \times 10^3/M_{Al} \tag{2-25}$$

式中　ΔH_{moi}——i 元素的氧化反应热，kJ/mol。

RH真空脱碳过程铝加入有两种情况：前期加铝升温、脱碳末期终脱氧合金化。前期加铝升温的铝消耗基本全部和钢液中的氧反应生成 Al_2O_3。终脱氧的铝一部分用于脱氧，另一部分转变为酸溶铝。根据铝氧平衡可以推测，加铝终脱氧后，钢液中的活度氧降至 3ppm 以下，超低碳钢计算相关的热力学系数见表2-5。

$$m_{\text{Al-de-O}} = M_{\text{steel}} w_{[\text{O}]} \times 2M_{\text{Al}}/3M_{\text{O}} \tag{2-26}$$

理论脱氧耗铝量为式（2-26），铝脱氧过程的氧化反应热 Q_{moAl} 由式（2-27）计算得到：

$$Q_{\text{moAl}} = \frac{\Delta H_{\text{moAl}} M_{\text{steel}} w_{[\text{O}]}}{M_{\text{O}}} \times 10^3 \tag{2-27}$$

表 2-5　超低碳钢计算相关的热力学参数

元素	T_{fi} /℃	c_{si} /kJ·(kg·℃)$^{-1}$	c_{li} /kJ·(kg·℃)$^{-1}$	ΔH_{mi} /kJ·mol^{-1}	ΔH_{fi} /kJ·mol^{-1}	ΔH_{Oi} /kJ·mol^{-1}
C	升华	9.864	10.932	1155	22.6	-129.44
Al	660	24.759	9.48	10.71	-52.386	-612.5
Mn	1244	26.30	45.23	12.91	18.78	-520.07
Ti	1668	5.28	2.62	14.15	3.5~5.7	-347.7

实际生产过程，铝加入后再加入钛铁和锰铁进行合金化，由于合金化过程钢液中活度氧含量极低，基本在 3ppm 以下，可以忽略钛合金及锰合金加入之后的氧化反应，对于合金加入过程引起的温度变化为：

$$T_{\text{alloy}} = (Q_{\text{ai}} + Q_{\text{afi}} + Q_{\text{aoi}})/(W_{\text{steel}} c_{p\text{钢液}}) \tag{2-28}$$

2.3.1.5　炭粉加入对钢液温度影响

炭粉加入钢液的热效应包括炭粉的熔解热效应和反应热效应，炭粉熔解过程的热效应与铝粒及合金加入过程类似。炭粉的氧化反应放热可根据式（2-29）计算，参与溶解反应的炭粉放热可根据式（2-30）计算。

$$Q_{\text{mC}} = \Delta H_{\text{CO}} m_{\text{C1}} 10^3/M_{\text{C}} \tag{2-29}$$

$$Q_{\text{m中}} = \Delta H_{\text{中}} m_{\text{C2}} \times 10^3/M_{\text{C}} \tag{2-30}$$

式中　m_{C1}——参与氧化反应的炭粉质量，kg；

m_{C2}——参与中和反应的炭粉质量，kg。

炭粉加入引起钢液温度变化可由式（2-31）计算。

$$T_{\text{c}} = (Q_{\text{mC}} + Q_{\text{m中}})/(W_{\text{steel}} c_{p\text{钢液}}) \tag{2-31}$$

2.3.1.6　废钢加入对温度的影响

超低碳钢生产过程中，RH 加入废钢是一种针对高温钢液控制温度的方式，但对废钢质量有要求，所加废钢一般为超低碳废钢。因此，废钢加入之后不会和真空室内钢液进行化学反应，废钢加入产生的热效应通过式（2-32）计算：

$$T_{scrap} = \frac{m_{scrap} T_{scrap}^0}{m_{steel} + m_{scrap}} \tag{2-32}$$

式中　T_{scrap}——废钢加入后钢液温度，℃；

　　　m_{steel}——钢液质量，kg；

　　　m_{scrap}——废钢质量，kg；

　　　T_{scrap}^0——废钢初始温度，℃。

2.3.1.7　RH 纯循环对钢液温度影响

RH 精炼处理过程，钢液合金化后会保持一定的纯循环时间从而达到均匀成分和去除夹杂物的目的。纯循环时间太短不利于夹杂物上浮，纯循环时间太长则容易造成温降过大。实际生产过程中，RH 真空室状态、钢包状态、工序时间匹配、耐火材料热传导与热辐射等都会影响纯循环过程中钢液温降。

真空室对钢液温度影响主要表现为：（1）真空室耐火材料蓄热造成的热量损失，主要与真空室空位时间有关；（2）真空室耐火材料内壁结瘤物随着处理过程内壁温度升高而脱落导致钢液降温，主要与真空室工作炉龄和维护状态有关。根据某钢厂实际生产统计，在整个精炼阶段，真空室因素造成的温降如式（2-33）所示。真空室等待时间温降见表 2-6，真空室炉龄温降见表 2-7。

$$T_{真空} = T_\beta + T_\gamma \tag{2-33}$$

式中　$T_{真空}$——真空室状态导致温降，℃；

　　　T_β——真空空位时间造成的温降，℃；

　　　T_γ——真空室结瘤温降，℃。

表 2-6　真空室等待时间温降

真空室等待时间	≤40min	40~80min	>80min
T_β/℃	3.7	4.9	6.5

表 2-7　真空室炉龄温降

真空室炉龄/炉	≤15	15~30	>30
T_γ/℃	1.6	1.9	2.4

根据该钢厂现场生产数据，300t 钢包纯循环一次温降 $T_{单次循环温降}$ 大约 1.2℃，每循环一次所用时间 2.3min，钢液循环次数 n，则循环温降如式（2-34）所示。

$$T_{循环温降} = n T_{单次循环温降} \tag{2-34}$$

所以由于非操作因素引起的温降为：

$$T_非 = T_{真空} + T_{循环温降} \tag{2-35}$$

2.3.2　基于 300t RH 温度预测模型

2.3.2.1　RH-TOP 精炼终点钢液温度的预报模型

采用多元回归方法对首钢迁钢 210t RH 精炼过程温降规律进行研究。RH 设备主要工艺参数为：钢包容量 210t，浸渍管内径 0.65m，真空度为 67Pa 时抽气能力为 750kg/h，提升气体流量为 1200~2000L/min，钢液最大循环流量为 140t/min。RH 实际生产过程中，根据炉后碳成分和到站温度判断是否吹氧并计算吹氧量。脱碳结束后，根据实测温度加入冷却废钢、合金调整钢液温度和成分。整个钢液精炼过程中，可认为钢包内钢液温度是均匀的[13]。

A　工艺数据分析

影响 RH 过程温降的主要因素包括钢液初始温度、钢液处理时间、废钢加入量、加铝量、真空室烘烤温度和吹氧量等。分别以 500 炉数据作为样本，对未吹氧和吹氧两种工艺下 RH 精炼数据进行分析。为了数据的可靠性，对工艺数据进行筛选确定每组影响因素的合理取值范围，见表 2-8 和表 2-9。

表 2-8　RH 处理过程钢液温降影响因素数值范围（未吹氧）

范围	精炼开始钢液温度/℃	精炼处理时间/min	废钢加入量/kg·t⁻¹	加铝量/kg	真空室烘烤温度/℃
最大值	1670	65	15	400	1100
最小值	1620	35	0	200	990
平均值	1643	45	6	276	1036
极差	50	30	15	200	110

表 2-9　RH 处理过程钢液温降影响因素数值范围（吹氧）

范围	精炼开始钢液温度/℃	精炼处理时间/min	废钢加入量/kg·t⁻¹	加铝量/kg	真空室烘烤温度/℃	吹氧量/m³
最大值	1670	65	15	400	1100	100
最小值	1620	35	0	200	990	20
平均值	1639	47	4	277	1031	51
极差	50	30	15	200	110	80

未吹氧条件下 500 炉工艺数据中：（1）精炼开始温度在 1620~1670℃ 的频率为 97.52%；（2）精炼处理时间在 35~65min 的频率为 97.72%；（3）废钢加入量在 0~15kg/t 的频率为 93.60%；（4）加铝量在 200~400kg 的频率为 95.25%；（5）真空室烘烤温度在 990~1100℃ 的频率为 90.08%。

吹氧条件下 500 炉工艺数据中：（1）精炼开始温度在 1620~1670℃ 的频率为 95.87%；（2）精炼处理时间在 35~65min 的频率为 98.16%；（3）废钢加入量在 0~15kg/t 的频率为 98.16%；（4）加铝量在 200~400kg 的频率为 98.62%；（5）真空室烘烤温度在 990~1100℃ 的频率为 93.55%；（6）吹氧量在 20~100m³ 的频率为 96.31%。

根据上述统计结果，多元回归模型中各参数的取值范围控制在上述范围内。

B 多元回归建模

对未吹氧和吹氧工艺条件下 RH 工艺数据分别进行多元回归处理，得到钢液温度随各因素变化的回归模型如式（2-36）和式（2-37）所示。

$$T_2 = T_1 - \Delta T$$
$$= T_1 - (0.697T_1 + 0.388X_1 + 0.062X_2 - 0.032X_3 - 0.030X_4 - 1070.2)$$

$$(2\text{-}36)$$

（相关系数 $R = 0.917$，回归方程的显著性检验 $F = 496.42$）

$$T_2 = T_1 - \Delta T$$
$$= T_1 - (0.651T_1 + 0.440X_1 + 0.096X_2 - 0.019X_3 - 0.049X_4 - 0.029X_5 - 1004.4)$$

$$(2\text{-}37)$$

（相关系数 $R = 0.893$，回归方程的显著性检验 $F = 132.46$）

式中　T_2——RH 精炼终点钢液温度，℃；

　　　ΔT——精炼过程钢液温降，℃；

　　　T_1——精炼开始钢液温度，℃；

　　　X_1——废钢加入量，kg/t；

　　　X_2——精炼处理时间，min；

　　　X_3——真空室烘烤温度，℃；

　　　X_4——加铝量，kg；

　　　X_5——吹氧量，m³。

上述两个模型都通过方程显著性检验，均显示出很好的相关性。其中，未吹氧工艺条件下温度预报模型适用于 IF 钢的 RH 自然脱碳工艺，吹氧工艺条件下钢液温度预报模型适用于 RH 强制脱碳工艺。

C 模型验证与分析

从炼钢生产实际数据库中，随机抽取 200 组未吹氧和吹氧工艺条件下 RH 精炼数据去验证模型准确性。结果表明，未吹氧条件下预测温度与实际温度之间的误差在 ±5℃ 的命中率为 83%，在 ±10℃ 的命中率为 99%；而吹氧条件下，在 ±5℃ 的命中率为 79%，在 ±10℃ 的命中率为 96%。RH 精炼终点温度与过程温降的预测结果如图 2-29 和图 2-30 所示。

以上结果表明，吹氧工艺条件下钢液温度预报模型的相关系数及显著性检验均小于未吹氧工艺，说明吹氧工艺条件下预测温度与实际温度之间的误差相对较大。

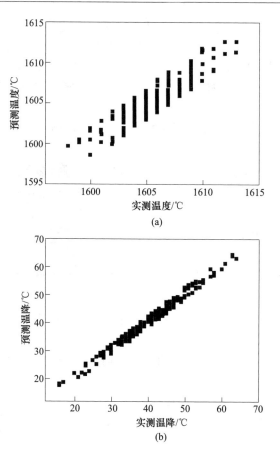

图 2-29　未吹氧条件下 RH 精炼终点钢液预测温度与温降情况
（a）实测温度与预测温度对比；（b）实测温降与预测温降对比

模型计算的命中率受实际生产中复杂因素的综合影响，预报误差主要来源有：（1）温度数据测量的准确性：钢包内钢液温度并不均匀，现场测温点的温度不能完全代表钢包内均匀温度；（2）加入合金种类：RH 精炼过程加入合金种类较多，对钢液温度的综合影响较复杂，为了简化模型，仅考虑对 RH 精炼终点温度影响最大加铝量作为模型的参数之一，也会影响模型的精度；（3）钢包热状态：统计结果表明，转炉出钢钢液与钢包之间的传热一直在进行，但钢包材质影响较小，为了简化模型，未考虑这一因素；（4）转炉出钢量：转炉标准出钢量 210t，现场实际操作中出钢量有波动，这一因素也会影响预测精度；（5）其他因素影响：真空槽等待时间、真空槽体状态、人为因素导致的测温不成功等也会影响预测精度[14]。

2.3.2.2　基于 300t RH 的温度预测模型

RH 终点温度与进站钢液条件、工艺操作因素、过程非工艺操作因素等均密

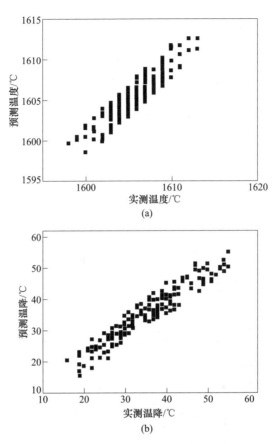

图 2-30 吹氧条件下 RH 精炼终点钢液预测温度与温降情况
(a) 实测温度与预测温度对比; (b) 实测温降与预测温降对比

切相关,实现 RH 处理过程碳、氧、温度的协调控制是精确预测 RH 温度的重要依据,如图 2-31 所示。本部分是基于对 RH 精炼过程中脱碳过程、吹氩过程、吹氧、合金加入、真空室及钢包状态等条件综合考虑建立 RH 温度预测模型对 RH 终点钢液温度进行实时预报,如式 (2-38) 和式 (2-39) 所示。

$$T_{de\text{-}C} = T_0 - T_{脱碳} - T_{吹氧} - T_{吹氩} - T_{循环温降} - T_{炭粉} - T_{废钢} - T_{非} - T_{升温}$$

(2-38)

$$T_{end} = T_0 - T_{脱碳} - T_{吹氧} - T_{吹氩} - T_{循环温降} - T_{炭粉} - T_{废钢} - T_{非} - T_{升温} - T_{合金}$$

(2-39)

为了直观表述 RH 脱碳过程中温度变化,在温度预测模型及现场试验数据的基础上,利用 VB 语言编写了温度预测模型,其软件模型界面如图 2-32 所示。在温度预测模型中,输入项包括 RH 进站温度、初始钢液重量、进站碳含量、终点碳含量、吹氧量、废钢加入量、炭粉加入量、脱碳终点氧含量、升温铝加入量、

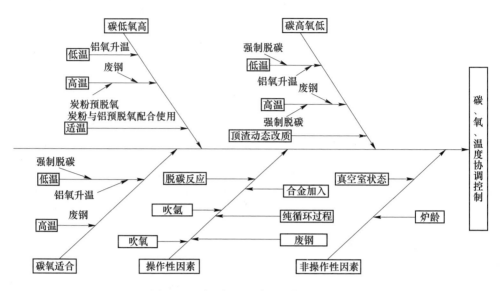

图 2-31　碳、氧、温度协调控制鱼骨图

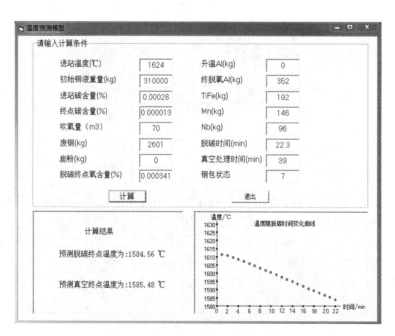

图 2-32　RH 处理过程温度预测模型

终脱氧铝加入量、合金（Ti、Fe、Mn、Nb）加入量、脱碳时间、真空处理时间、钢包状态等；输出项包括脱碳终点温度、真空处理结束终点温度及温度随脱碳时间变化曲线。

图 2-33 给出了 RH 脱碳终点和 RH 处理结束模型预测温度和实测温度的对比。从图中看出，脱碳终点误差控制在 5℃ 以内的比例达到 90%，而 RH 处理结束终点误差控制在 5℃ 以内的比例超过 87%。该温度模型能比较准确地表示脱碳反应过程温度变化。

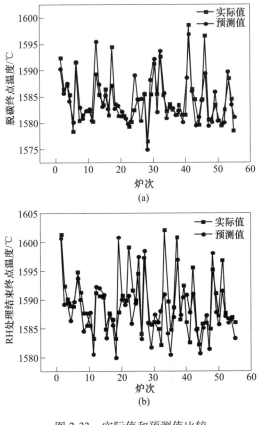

图 2-33　实际值和预测值比较
（a）脱碳终点；（b）RH 处理结束

彩色原图

2.3.2.3　基于云模型的 RH 精炼终点温度预测

通常情况下，大多数的温度预测模型都基于准确的数据和尽可能多的影响因素[15,16]，然而 RH 生产过程中很多数据具有一定的模糊属性，并不十分准确。另一方面，数据信息反馈具有一定滞后性，增加了模型预测的难度。本部分通过建立具有模糊属性的云模型来解决 RH 精炼环节中数据的模糊问题，并对 RH 终点温度进行预测。

A　云模型的预测方法

云模型是基于随机数学和模糊数学，用来表示某个定性概念与其定量表示之间的不确定性转换模型。（1）云模型定义：设 U 是一个精确数值表示的论域，U 对应的定性概念 A，对于论域中的任意元素 x，都存在一个有稳定倾向的随机数 $\mu_A(x)$，即为 x 对概念 A 的隶属度，x 在论域上的分布称为云模型，x 称为云滴。云模型具有以下性质：论域 U 可以是一维也可以是多维；定义中随机数是概率意义下的实现，确定度是模糊集下的隶属度，同时又具有概率意义的分布，体现了模糊性和随机性之间的关联；对于任意 $x \in U$，x 到区间 $[0, 1]$ 上的映射是一对多的变换，x 对 A 的隶属度是一个概率分布，而不是一个固定的数值；云由云滴组成且云滴之间无次序性，一个云滴是定性概念在数量上的一次实现，云滴越多，越能反映这个定性概念的整体特征；云滴出现的概率大，云滴的确定度大，则云滴对概念的贡献大。

云模型数字特征：期望（E_x）是在数域空间最能代表定性概念 A 的点，即最典型的样本；熵（E_n）是反应定性概念 A 的模糊性，这种模型性体现在 3 个方面：数域空间可以被 A 接受的云滴范围大小即模糊程度，表示云滴出现的随机性，体现模糊性和随机性的关联性；超熵（H_e）是不确定性的度量，反映云滴的离散程度。图 2-34 给出了一维正态分布的云模型示意图可以使云模型的描述更具体，对于数据的隶属度方面正态模型具有普遍的适用性。

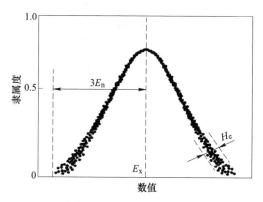

图 2-34　一维正态云模型

$$\begin{cases} E_x = \dfrac{1}{N} \sum_{i=1}^{N} x_i \\ E_n = \sqrt{\dfrac{\pi}{2}} \cdot \dfrac{1}{N} \sum_{i=1}^{N} |x_i - E_x| \\ H_e = k \end{cases} \tag{2-40}$$

$$\mu(x) = \exp[-(x - E_x)^2 / (2 \times E_n'^2)] \tag{2-41}$$

在 RH 精炼终点温度预测中可以利用式（2-40）和式（2-41）进行计算相应的参数。式中，$x_i = [x_1, x_2, \cdots, x_n]$ 是属于 RH 的影响因素；$E_n' \sim N(E_n, H_e^2)$；k 是常数。

　　云模型包含了正向云和逆向云，如图 2-35 所示。正向云发生器的基本过程是输入 3 个数字特征和数据量，进行数据预测；逆向云则是根据数据推导出 3 个基本的特征值。

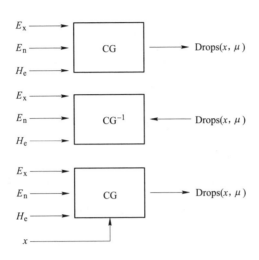

图 2-35　云发生器

　　在 RH 精炼过程终点温度预测中，借助统计和数据挖掘的方法对影响终点温度的钢液的初始温度，废钢加入量和冶炼时间因素进行处理，并提取相应的数字特征和规则，具体过程如图 2-36 所示。根据数字特征获得初始温度，废钢加入量和冶炼时间因素下的正态分布数据，将不同影响因素间的数据进行综合，即可获得云模型预测 RH 终点温度的数字特征，从而进行预测。

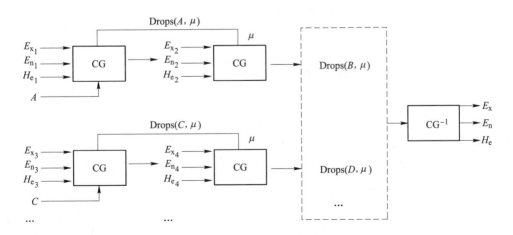

图 2-36　数据处理过程

B　RH数据整理与结果预测

收集和整理了300炉的IF钢RH精炼过程的温度数据，其中的200炉数据作为试验数据，另外的100炉数据作为检验数据。表2-10和表2-11列出了部分试验数据的处理结果。

表2-10　影响因素数据

项　目	初始温度/℃	废钢/kg·t^{-1}	冶炼周期/min	终点温度/℃
最高	1670	20	52	1609
最低	1610	0	25	1579
期望	1640	10	38.5	1594
波动范围	60	20	27	30

表2-11　处理后的数据

终点温度影响规则	特征	影　响　因　素		
		初始温度/℃	废钢/kg·t^{-1}	冶炼时间/min
1	E_x	1617.72	823.45	38.22
	E_n	4.4	4.6	4.3
	H_e	2.3	2.56	1.8
2	E_x	1619.6	1187.37	39.68
	E_n	5.1	4.8	5.2
	H_e	2.6	2.8	2.3
3	E_x	1622.34	710.31	38.03
	E_n	4.2	4.1	4.7
	H_e	1.6	1.8	1.4
4	E_x	1630.44	519.66	37.6
	E_n	4.3	4.21	4.12
	H_e	1.4	1.9	1.87
5	E_x	1632.66	786.66	42
	E_n	3.5	4.6	4.4
	H_e	1.58	1.1	1.65

最终的预测结果如图2-37~图2-40所示。在±5℃误差范围内云模型的预测精度为73.66%，BP神经网络的预测模型为64.67%；在±10℃误差范围内云模型的预测精度为93.32%，而BP神经网络的预测精度为89.33%。

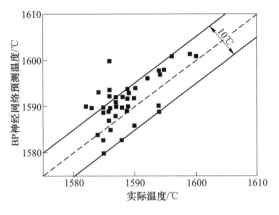

图 2-37 云模型预测结果

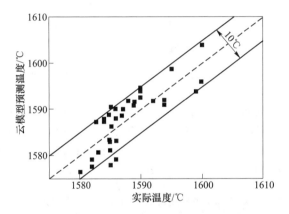

图 2-38 BP 神经网络预测结果

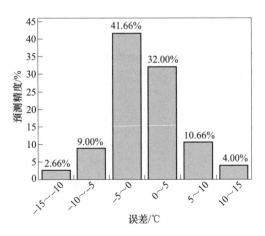

图 2-39 云模型预测精度

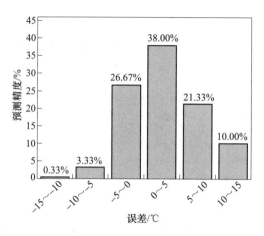

图 2-40　BP 神经网络预测精度

预测结果表明云模型的预测精度比 BP 神经网络预测精度稍高，然而云模型预测的数据更集中，数据间的差异较小，不易产生偏差较大或较小的数据。云模型比 BP 神经网络具有更好的泛化能力且避免了大量的学习过程。云模型对数据处理过程要求不高，在不同的规则下进行数据分析即可。在本研究中，误差的主要来源如下：（1）冶炼材料的添加过程中忽略了其他物料的加入，如氧气的吹入量；（2）人为因素对冶炼过程产生的影响，导致试验数据误差较大，如物料添加时间滞后，取样和分析不及时。在前期的研究中采用了多元线性回归分析法对 RH 精炼终点温度进行预测，结果见表 2-12。

表 2-12　多元线性回归和云模型预测对比

误差范围/℃	多元线性回归/%	云模型/%
−5~5	79	73.66
−10~10	95	93.32

考虑钢液初始温度、废钢加入量、冶炼时间、钢液量、真空室烘烤温度、铝合金加入量和吹氧量的基础上对 RH 终点温度进行了预测，多元线性回归模型在 ±5℃ 误差范围内的预测精度为 79%，比云模型高了 5.34%；在 ±10℃ 误差范围内的预测精度为 95%，比云模型稍高。云模型在较少的变量下仍然具有较高的预测精度。

2.4　本章小结

RH 精炼过程中钢液流动行为和温度变化对真空室内各种化学反应过程有显著影响，本章对真空过程钢液流动及传热行为进行了分析，总结如下：

（1）真空室内流体存在3种基本流动形式：沸腾流动形式、波动流动形式和介于两者间的过渡流动形式。沸腾流动形式下，真空室内钢液处理量少，喷溅现象较严重，结冷钢的几率较大；波动流动形式时，真空室内钢液处理量过多，钢液循环速率下降，脱碳反应趋于真空室钢液表面，脱碳反应面积受限；过渡流动形式时，真空室内钢液处理量增多，脱碳反应区域发生在整个真空室钢液内，喷溅较少，是RH快速脱碳较为理想的流动形态。

（2）根据气泡形状、气泡尺寸和分布可将上升管内气液两相流分为3种形态。第一种为气泡流，主要以小气泡为主，气泡尺寸变化范围较窄；第二种为混状流，气泡尺寸较大且形状不规则，大气泡居多；第三种为过渡流，气泡特征介于气泡流和过渡流之间。可以通过上升管内两相流的含气率以及表观流速来定量评价其形态转变的临界条件，过渡流型对于促进钢液混匀和加速脱碳效果更好。

（3）RH真空循环过程中热损失较大，钢液温度下降明显。RH真空过程钢液温降的主要影响因素包括脱碳过程、吹氩处理过程、强制吹氧过程、加铝过程、炭粉预脱氧过程、合金化过程、废钢调温过程、纯循环时间、钢包和真空室状态等。根据RH工艺特点的不同，确定不同影响因素对温度的影响规律和贡献大小，可以实现对RH处理过程温度的实时预测。

参 考 文 献

[1] 潘秀兰，梁慧智，王艳红，等. 国内外连铸中间包冶金技术 [J]. 世界钢铁，2009，9（6）：9-16.

[2] 吴元欣，丁一刚，刘生鹏. 化学反应工程 [M]. 北京：化学工业出版社，2010.

[3] 松野英寿，村井剛，石井俊夫. RHにおける極低炭素化・極低窒素化促進技術 [J]. 鉄と鋼，1999，85（3）：216-220.

[4] Kitamura S，Aoki H，Miyamoto K，et al. Development of a novel degassing process consisting with single large immersion snorkel and a bottom bubbling ladle [J]. ISIJ International，2000，40（5）：455-459.

[5] 申小维. 首钢京唐RH精炼工艺及夹杂物行为研究 [D]. 北京：北京科技大学，2013.

[6] 李怡宏. RH快速脱碳技术及环流反应器内流体行为研究 [D]. 北京：北京科技大学，2011.

[7] 王铁峰. 气液（浆）反应器流体力学行为的实验研究和数值模拟 [D]. 北京：清华大学，2004.

[8] 徐佳亮. RH循环反应器真空室内气液两相流行为的研究 [D]. 北京：北京科技大学，2016.

[9] 陈为本，付中华，吴令. RH温度预报模型建模方法研究 [J]. 工业加热，2017，46（6）：32-34.

[10] 高帅. 稀土型 IF 钢 RH 高效化冶炼关键技术研究 [D]. 北京：北京科技大学，2019.

[11] 刘浏，杨强，张春霞. RH 精炼钢水温度预报模型 [J]. 钢铁研究学报，2000（2）：15-20.

[12] Feng K, He D, Xu A, et al. End temperature prediction of molten steel in RH based on case-based reasoning with optimized case base [J]. Journal of Iron & Steel Research International, 2015, 22: 68-74.

[13] Wang Y N, Bao Y P, Cui H, et al. Final temperature prediction model of molten steel in RH-TOP refining process for IF steel production [J]. Journal of Iron & Steel Research International, 2012, 19 (3): 1-5.

[14] 魏付豪，刘建华，张游游，等. RH 精炼终点预报模型 [J]. 炼钢，2016，32（6）：38-44.

[15] 史雪梅，李德毅，孟海军. 隶属云和隶属云发生器 [J]. 计算机研究与发展，1995（6）：15-20.

[16] Wang Y C, Jing H W, Zhang Q, et al. A normal cloud model-based study of grading prediction of rockburst intensity in deep underground engineering [J]. Rock & Soil Mechanics, 2015, 36 (4): 1189-1194.

3 RH 高效脱碳控制技术

RH 是冶炼超低碳钢的核心设备，钢液在 RH 中的高效脱碳是超低碳钢冶炼的关键技术之一。大型 RH 应具备 15min 内将碳含量降低在 15ppm 以下的能力，RH 工艺的稳定性不仅影响脱碳效果及脱碳后钢液洁净度控制，很多企业大型RH 设备的脱碳能力远没有发挥到最大化。本章结合实际生产案例对 RH 在生产超低碳钢过程的高效脱碳进行详细描述，为冶金工作者提供一定的指导和借鉴。

3.1 RH 脱碳反应机理

图 3-1 所示为 RH 脱碳机理示意图。通常认为在 RH 精炼过程的脱碳反应主要发生在以下 3 个位置：（1）真空室内钢液的自由液面（见表面脱碳）；（2）Ar 气泡提供的反应界面（气泡脱碳）；（3）真空室内部碳氧反应形成的 CO 界面（内部脱碳）。

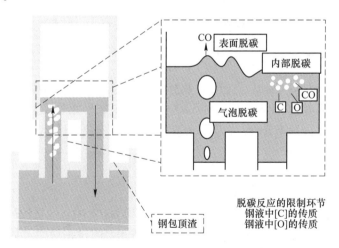

图 3-1　RH 脱碳机理示意图

RH 真空室内的脱碳主要依靠碳氧反应，真空过程随着一氧化碳分压的降低，碳氧反应不断进行，从而使得钢液中的碳元素被逐步去除。一般认为碳氧反应由如下步骤组成：（1）［C］、［O］元素在钢液中传质到达反应界面；（2）在反应界面形成 CO 气泡；（3）CO 气泡上浮去除。

碳氧反应主要发生在 Ar 气泡界面、CO 气泡表面和真空室内钢液自由表面（包括喷溅液滴），可以用式（3-1）来表示。

$$S_{\mathrm{T}} = S_{\mathrm{gas}} + S_{[\mathrm{C}]+[\mathrm{O}]} + S_{\mathrm{surface}} \qquad (3-1)$$

式中　S_{T}——碳氧反应总界面面积，m^2；

　　　S_{gas}——吹入的提升气体产生的气泡脱碳的面积，m^2；

$S_{[\mathrm{C}]+[\mathrm{O}]}$——碳氧反应产生的 CO 气泡表面积，$\mathrm{m}^2$；

　　S_{surface}——真空室自由表面及喷溅液滴面积之和，m^2。

Ar 气泡为 CO 形成提供了异相形核点并降低了 CO 的形成压力，而真空室自由表面和喷溅液滴则大大降低了 CO 气泡的形成压力。这三种反应机制往往同时发生，在脱碳的不同阶段对脱碳反应的贡献不同。

3.1.1　RH 脱碳的热力学机理

真空精炼过程中，钢液内部发生碳氧反应生成 CO，如式（3-2）所示。由式（3-3）可知，该反应的平衡常数受真空室内 CO 分压影响，在抽真空过程中 CO 分压逐渐降低，反应常数小于平衡常数 K，促进碳氧反应向右进行。

$$[\mathrm{C}] + [\mathrm{O}] \Longrightarrow CO(g) \qquad (3-2)$$

$$K = \frac{p_{\mathrm{CO}}}{a_{\mathrm{C}} a_{\mathrm{O}}} = \frac{p_{\mathrm{CO}}}{f_{\mathrm{C}}[\%\mathrm{C}] f_{\mathrm{O}}[\%\mathrm{O}]} \qquad (3-3)$$

当钢液中碳和氧浓度均较小时，f_{C} 和 f_{O} 可以看作 1，则有：

$$K = \frac{p_{\mathrm{CO}}}{[\%\mathrm{C}][\%\mathrm{O}]} \qquad (3-4)$$

由式（3-4）可以看出，在反应平衡状态下，当真空室内钢液表面的 CO 分压降低时，碳氧积也相应减小，不同真空压力下碳氧平衡曲线如图 3-2 所示。

当钢液中氧含量降低时，由碳氧反应化学计量关系可知，其碳量可由式（3-5）计算得到。

$$\Delta[\mathrm{C}] = \frac{12\Delta[\mathrm{O}]}{16} = 0.75\Delta[\mathrm{O}] \qquad (3-5)$$

真空处理前在大气条件下，钢液的碳氧积约为 2.5×10^{-3}，假设初始含碳量为 $[\mathrm{C}]_0$，其初始含氧量就为 $[\mathrm{O}]_0 = 2.5 \times 10^{-3} / [\mathrm{C}]_0$。假设钢液的过氧化接近平衡，钢液完全脱碳后剩余自由氧相对于初始氧含量可以忽略不计，即 $\Delta[\mathrm{O}] = [\mathrm{O}]_0$，则最大脱碳量可以表示为如下形式：

$$\Delta[\mathrm{C}] = 0.75[\mathrm{O}]_0 = \frac{0.75 \times 2.5 \times 10^{-3}}{[\mathrm{C}]_0} = \frac{1.875 \times 10^{-3}}{[\mathrm{C}]_0} \qquad (3-6)$$

由式（3-6）可知，为了获得大的脱碳量，需要将初始碳含量控制在较低水平。RH 真空精炼脱碳量和最终含碳量与初始含碳量的关系如图 3-3 所示。随着

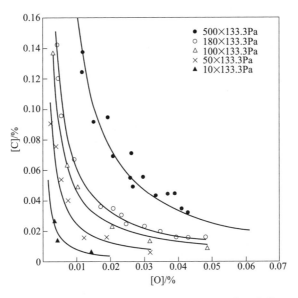

图 3-2 1600℃不同 p_{CO} 分压下的碳氧平衡等压曲线

初始含碳量的增加，脱碳量先增加后减少，当初始含碳量在 0.04% 附近时有最大脱碳量。实际生产中因为受到脱碳速率及钢液温度等限制，钢液中碳不能完全脱除，图 3-4 为真空脱碳量与脱氧量的关系。可以看出，初始碳含量较低时有较大的脱碳量；当初始氧含量较低时，有较大的脱氧量。

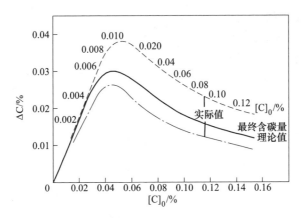

图 3-3 RH 脱碳量与原始碳含量的关系

3.1.2 RH 脱碳的动力学机理

RH 真空脱碳过程中，钢液中碳可用式（3-7）表示。RH 脱碳反应后期，钢

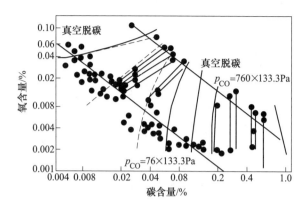

图 3-4　RH 脱碳量与脱氧量的关系

液中碳含量较低，碳在钢液中的传质是反应限制性环节。

$$[C]_t = [C]_0 \exp(-k't) \tag{3-7}$$

式中　$[C]_t$——t 时刻钢液碳含量，%；

　　　$[C]_0$——初始碳含量，%；

　　　k'——表观脱碳速率常数，min^{-1}。

$$k' = \frac{Q\rho ak}{W(Q + \rho ak)} \tag{3-8}$$

式中　Q——钢液循环流量，t/min；

　　　ρ——钢液密度，$\mathrm{g/cm}^3$；

　　　W——钢液质量，t；

　　　k——传质系数，cm/min；

　　　a——反应界面积，cm^2；

　　　ak——体积传质系数，$\mathrm{cm}^3/\mathrm{min}$。

$$Q = k'G^{1/3}d^{4/3}\left(\ln\frac{p_0}{p_V}\right)^{1/3} \tag{3-9}$$

$$ak = k'A_V^{0.32}Q^{1.17}C_V^{1.48} \tag{3-10}$$

式中　G——提升气体流量，$\mathrm{m}^3/\mathrm{min}$；

　　　d——浸渍管内径，m；

　　　p_0——标准大气压，Pa；

　　　p_V——真空室压力，Pa；

　　　A_V——真空室液面的横截面积，mm^2；

　　　C_V——真空室内钢液的碳含量，%。

由式（3-9）可以看出，RH 循环流量与提升气体流量、浸渍管内径、真空室压力都有关系。当提升气体流量和浸渍管内径较大，真空室压力较小时，循环流量较大。由式（3-10）可知，循环流量增大，体积传质系数也增大，碳元素在钢液中的传质增大，促进脱碳反应的进行。

3.1.3　RH 脱碳界面反应机理

3.1.3.1　CO 气泡形成机制

气泡形核分为均相形核和异相形核。假设 RH 反应器内 CO 气泡以均相形核生成，则其形核临界半径 r^* 为式（3-12）~式（3-16），其中各元素成分按表 3-1 中的平均成分计入。表 3-1 为 RH 进站钢液化学成分的平均及最大和最小含量。钢液平均温度为 1629℃；各元素相互作用系数 e_i^j 见表 3-2。

$$e_i^j{}_{(1902K)} = (2538/T - 0.355)e_i^j{}_{(1873K)} = 0.979e_i^j{}_{(1873K)} \tag{3-11}$$

$$r^* = -\frac{2\sigma V_{CO}}{RT(\ln K - \ln K^{\ominus})} \tag{3-12}$$

$$K = \frac{p_{CO}}{a_{[C]}a_{[O]}} = \frac{p_{CO}}{w_{[C]}w_{[O]}f_C f_O} \tag{3-13}$$

$$\lg f_C = e_C^C w_{[C]} + e_C^O w_{[O]} + e_C^{Al} w_{[Al]} + e_C^{Si} w_{[Si]} \tag{3-14}$$

$$\lg f_O = e_O^O w_{[O]} + e_O^C w_{[C]} + e_O^{Al} w_{[Al]} + e_O^{Si} w_{[Si]} \tag{3-15}$$

$$V_{CO} = \frac{1902}{273} \times 22.4 \times 10^{-3} = 0.156 m^3/mol \tag{3-16}$$

表 3-1　RH 进站钢液主要化学成分　　　　　　（%）

化学成分	C	Si	O
平均值	0.0285	0.014	0.0579
最小值	0.0181	0.0002	0.0410
最大值	0.0498	0.0078	0.0964

表 3-2　钢液中元素相互作用系数 e_i^j（1873K）

i	j			
	C	O	Al	Si
C	0.14	−0.34	0.043	0.08
O	−0.45	−0.20	−3.9	−0.131

图 3-5 为气泡均相形核的临界半径随外界压力的变化情况，这里外界压力即为真空室压力。从图中可以看出，现有 RH 进站钢液条件下，气泡临界半径呈双曲线形式变化。当真空室压力大于 55kPa，气泡形核的临界半径呈负值，说明在外压大于 55kPa 的情况下，由于碳含量较低，碳氧反应很难进行；当真空室压力低于

55kPa 时，CO 开始形核，但其形核的临界半径高达 1.69mm；随着真空室压力的继续降低，在 30~55kPa 之间，气泡的临界尺寸呈指数降低；小于 30kPa 后，气泡临界尺寸降低缓慢；在极限真空 0.1kPa 时，气泡形核的临界尺寸为 4.68μm。

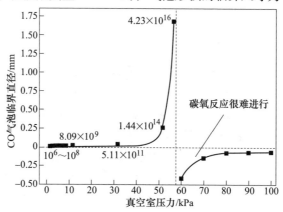

图 3-5　CO 气泡临界半径及分子数与真空室压力的关系

根据气体状态方程可知 CO 形核的临界半径在 0.01 ~ 0.26mm，甚至更高（1.69mm）时，要想稳定形核，形核半径需大于临界半径，则形核需要在 CO 分子周围瞬时积累 CO 分子 $4.95×10^8$ ~ $4.23×10^{16}$ 个，而这些数量的分子很难依靠局部浓度的起伏完成，因此真空室压力在 3~55kPa 时，CO 很难在钢液内部自发形核。当真空室压力小于 1kPa 后，临界半径小于 7.5μm，CO 可能会在钢液内部自发形核，如图 3-6 所示。

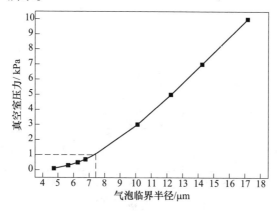

图 3-6　CO 气泡临界半径及分子数与真空室压力的关系（<10kPa）

异相形核不同于均相形核，钢液内已有现成的形核点，形核能的降低使碳氧反应更容易进行，形核位置一般发生在耐火材料表面不为钢液所润湿的微孔内和气泡表面。

综上所述，当真空室压力大于 1kPa 时，CO 气泡的形核多为异相形核机制，为了更利于脱碳反应，可提高提升气体流量靠大量氩气泡为 CO 的形核点，但需与真空室内压降制度相配合。

3.1.3.2 Ar 气泡反应界面

Ar 气泡与钢液接触界面是碳氧反应发生的主要场所之一。在脱碳过程中，氩气由吹气孔直接吹入钢液，使钢液平均含气率增加，反应器内气液传质的比表面积 a 可由含气率 β 和气泡平均直径 D_b 确定，如式（3-17）所示。

$$a = \frac{6\beta}{D_b} \tag{3-17}$$

根据不同液面高度和不同表观气速下平均含气率的变化，可得到气液传质比表面积随真空室液面高度和表观气速变化的规律，如图 3-7 所示。随着表观气速的增加，气液传质的比表面积逐渐减小，当表观气速大于 0.05m/s 后，比表面积降幅较大；且随着真空室液面高度的升高，气液传质比表面积也大幅度减小，当真空室液面高度大于 60mm 后，气液传质比表面积降幅减小。产生上述现象主要由于随着真空室液面高度的增加，表观液速增加，流体带动气泡加速上浮，气泡碰撞几率增大，气泡尺寸增大，气液传质的比表面积减小。

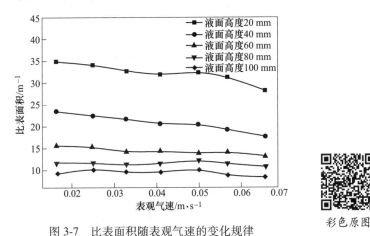

图 3-7 比表面积随表观气速的变化规律

彩色原图

比表面积仅是决定气液间的传质速率的一部分，碳氧元素的扩散速率同样决定了气液间的传质速率，如式（3-18）所示。

$$k_L a = 0.6 D_L^{0.5} \beta^{1.1} A \tag{3-18}$$

式中　$k_L a$——传质系数；

　　　D_L——扩散系数；

　　　A——给定反应器内流体的物性参数乘积。

当表观气速大于 0.05m/s（对应实际气体吹入量为 180m³/h）后，表观液速的增加速度非常缓慢，最大增加 11.9%，最小增加 5.1%；但气液间传质的比表面积降低速度较快，最大降低 19.6%，最小降低 12.6%；即当表观气速大于 0.05m/s 后，在相同浓度梯度下，通过增加氩气吹入量来加快传质速率和脱碳速率的效果不明显，但对增加真空室自由表面积有效。

3.1.3.3 真空室自由表面

图 3-8 具体显示了随脱碳反应的进行，真空室压力变化引起的实际真空室液面高度的变化与脱碳反应深度的关系。从图 3-8 可以看出，脱碳初期，真空室液位较低，反应深度明显大于真空室液面高度，此时脱碳反应发生在真空室内的整个区域内；随着真空室内压力的降低，真空室液面高度逐渐升高，反应深度随碳氧含量的降低而降低，反应深度逐渐小于真空室液面高度。此时，脱碳反应发生逐渐趋近于真空室表面，真空室表面积和体积传质系数对脱碳反应速率影响较大。

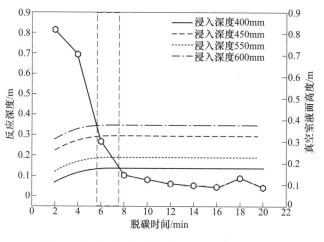

图 3-8 脱碳反应深度与真空室液面高度的关系   彩色原图

浸入深度对脱碳的影响最终反映在真空室液面高度上，浸入深度越深，真空室液面高度越高，如图 3-8 所示。当浸渍管浸入深度为 400mm 时，真空室液面高度最高为 0.177m，在 RH 处理前 8min，真空室内整个区域都存在脱碳反应，大于 8min 后钢液局部脱碳；当浸渍管浸入深度由 400mm 增加至 600mm 时，真空室液面最高高度达到 0.377m，真空室内全区域脱碳发生在 RH 处理前 6min，大于 6min 后钢液局部脱碳。钢液内部脱碳时，钢液反应表面积对脱碳速率的影响至关重要。因此，当脱碳时间大于 8min 后，钢液的主要脱碳区域为真空室自由表面，此时应通过增大气体流量增大反应表面积。

3.1.3.4 碳氧反应主要影响因素及转变条件

钢液真空脱气原理以质量作用定律和气体溶解定律为基础[1]。通过这些定律的应用可对 RH 脱碳过程进行热力学和动力学分析。

碳氧积反映了钢液中的平衡碳氧浓度，可定性判定反应进行的程度和反应终点碳氧含量水平，其表达式如式（3-19）所示。

$$w_{[C]}w_{[O]} = mp_{CO}/p^{\ominus} \tag{3-19}$$

$$k_L a = 0.6D_L^{0.5}\beta^{1.1}A \tag{3-20}$$

RH 平均进站温度为 1629℃，RH 出站温度要求为 1590~1600℃。因此认为 RH 过程中温度范围为 1590~1629℃，则 RH 内的 m 值为 0.0020~0.0021。由式（3-19）可知碳氧积 $w_{[C]}w_{[O]}$ 将随 p_{CO} 的降低而降低，其使低真空度下碳氧反应生成极低碳含量可行。碳氧反应形成 CO 时，只有当 CO 的析出压力 p_{CO} 至少等于外界压力时，才能形成一氧化碳气泡并长大排除。

$$p_{CO} \geq p_{气氛} + \rho_{钢}gh + 2\sigma/r \tag{3-21}$$

$$r = 3.45\left(\frac{\sigma}{\rho}\right)^{0.5}\left(\frac{Q_g}{A}\right)^{0.44} \tag{3-22}$$

将式（3-21）和式（3-22）代入式（3-19）经变形可得钢液平衡碳含量 $w_{[C]}$：

$$
\begin{aligned}
w_{[C]} &= \frac{0.0021(p_V + 52.34/Q_g^{0.44}) \times 10^{-5} + 0.00147h}{w_{[O]}} \\
&= \frac{2.10 \times 10^{-8}p_V + 1.10 \times 10^{-5}Q_g^{-0.44} + 1.47 \times 10^{-3}h}{w_{[O]}}
\end{aligned} \tag{3-23}
$$

从式（3-23）可知，RH 结束碳含量的高低由真空室压力、吹入气体量和真空室液面高度决定。真空室压力越低，吹入气体量越大，熔池深度越低，RH 结束碳含量越低。

上述关系式可以看出，若 CO 在钢液表面形成（$h{\rightarrow}0$），气泡表面半径越大（$2\sigma/r{\rightarrow}0$），则 CO 析出压接近真空室压力为最低，越有利于降低钢液中碳含量。因此，表面脱碳比例越大，$w_{[C]}$ 降低程度越大。因此，热力学上在深真空大气量下有利于获得极低 RH 结束碳含量。

图 3-9 为 RH 脱碳过程中不同条件下碳氧积的变化。实测数据显示，RH 真空度在 50kPa 左右就已开始碳氧反应。以 50kPa 时气泡生成高度为高度变量 h 的零点，采用独立变量法绘出真空室压力、吹气量和距真空室表面高度变化时，碳氧含量的变化情况。图中上部区域是真空室压力对碳氧积的影响，下部区域是反应深度对碳氧积的影响，下部实线是吹入的气体量对碳氧积的影响。从图中可知，对平衡碳含量的影响：真空度>反应深度>吹气量。生产过程中，随着真空

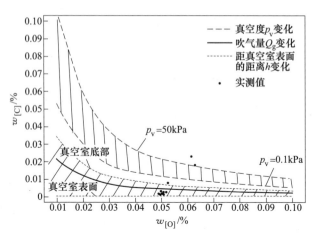

彩色原图

图 3-9　RH 脱碳过程中 $w_{[C]}-w_{[O]}$ 关系

度的降低，真空度越来越接近极限值，真空室液面高度增加，即反应深度增加，主要影响因素由真空度逐渐转变为反应深度的影响。吹气量对降低碳含量影响较小，但吹入的气体将碳含量控制在较低范围内，而不受真空室压力的影响产生较大变化。图中黑色圆点为一炉钢液在 RH 精炼过程中，脱碳开始后每隔 2min 获得的碳氧含量变化的实测值。反应从真空室压力 50kPa 开始，随着真空室压力的降低，碳含量逐渐降低，脱碳在 6min 之前，真空室压力为脱碳速率的主要影响因素；6min 后逐渐转变为反应深度为主要影响因素，8min 之后反应深度和气量共同影响了 RH 结束碳含量，反应深度的影响更大，但气量可增大自由表面，间接降低反应深度。

因此，要想提高脱碳反应速率，脱碳前 6min 应加快真空压降速度，脱碳后 6min 应通过增加吹气量或增大真空室横截面积的方法降低 RH 结束碳含量，6min 后也可通过减小浸渍管插入深度并配合增加吹气量，在保证循环流量的前提下降低反应深度。

3.2　RH 脱碳工艺模式

3.2.1　RH 自然脱碳控制

RH 自然脱碳是真空过程利用钢液中溶解氧进行钢液脱碳的工艺过程。RH 真空脱碳反应不同阶段其限制性环节不同，在脱碳反应前期，钢液中碳和氧扩散均不是反应的限制性环节，扩大反应界面是提高脱碳速率的关键；脱碳反应中后期，碳氧反应速率主要受钢液内碳和氧的传质所控制。Kang 等根据浦项光阳厂的生产试验提出了碳氧反应传质限制性环节的评估方法：$w_{[C]}/w_{[O]} \leqslant 0.75$ 时碳的传质为限制性环节；$w_{[C]}/w_{[O]} = 0.75 \sim 1.1$ 时，钢中氧的传质为限制性环节[2]。Suzuki 等[3]认为 $w_{[C]}/w_{[O]} \geq 0.52$ 时，氧的传质是限制性环节，反之碳的传质为限制性环节。Yamaguchi 等[4]则认为 $w_{[C]}/w_{[O]}$ 的临界值位于 0.52~0.75，大于临界值则氧传质为限制性环节，反之碳的传质为限制环节。一般情况下，当钢液中碳的传质为限制性环节时采用自然脱碳法，氧的传质为限制性环节时采用强制脱碳法。

3.2.1.1 RH 自然脱碳的数学模型描述

RH 精炼过程发生在密闭容器内，增加了人们的认知困难，很多重要参数无法在线获得，有必要通过数学模型来了解脱碳的影响因素。日本学者 RH 静态模型做了大量研究，建立了不同脱碳反应模型，主要包括质量平衡模型和脱碳反应区域模型。

A 质量平衡模型

日本川崎钢铁公司最早于 1983 年提出了质量平衡模型，1992 年 K. Yamaguchi 等[4]进一步提出了考虑碳、氧传质的质量平衡模型，得到广泛的应用，其模型假设为：（1）钢包和真空室内的钢液完全混合；（2）脱碳反应只在真空室内进行；（3）气液界面的碳、氧浓度和真空室内 CO 分压保持平衡；（4）脱碳反应的限制性环节是碳、氧的传质。但上述模型没有考虑氧化膜形成对脱碳反应的抑制作用，从图 3-10 可以看出对碳含量低于 50~10ppm 阶段脱碳行为并没有充分数据和研究。

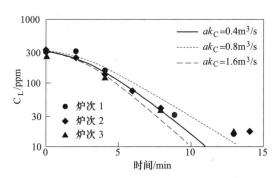

图 3-10 钢包计算和实际碳浓度变化比较

B 脱碳反应区域模型

日本神户钢铁公司[5]建立了考虑脱碳反应区域的脱碳模型。模型的主要内容如下：认为 RH 处理时脱碳反应发生在 3 个地点，Ar 气泡表面、CO 表面和自由表面。实际 RH 处理过程中 [O] 远高于 [C]，该模型认为碳的传质、界面化学反应速率、气相中 CO 的传质是脱碳反应的限制性环节，此模型能较好地计算自然脱碳条件下真空室脱碳反应机理。

日本新日铁[6]研究人员提出的RH脱碳反应区域模型，如图3-11所示，模型假设与求解过程描述如下：（1）在熔池一定深度的静压力小于表观p_{CO}，认为CO气体可以生成；（2）表观p_{CO}降到2670Pa和碳含量降到15ppm以下时内部脱碳结束；（3）真空室内钢液完全混合，并将钢包划分为混匀区和滞止区；（4）每个区域之间的混匀速率由实测的混匀时间确定，根据抽气速率和气体的生成速率来计算真空室压力；（5）Ar气泡表面脱碳，k_C和k_O由渗透理论确定；（6）气泡的停留时间由循环流量和上升管横截面积计算得到，进而确定钢液上升速率。熔池表面脱碳，k_C和k_O取固定值0.015m/s，对于界面面积A，引入表征自由表面有效反应面积的参数Π。

$$\Pi = \mu \times (\pi d^2/4 + 6.5 \times S) \times (p_0/p)^{2/3} \tag{3-24}$$

式中　　d——真空室内径，m；

　　　　S——气泡的有效面积，m^2；

　　　　p_0——标准大气压，Pa；

　　　　p——真空室压力，Pa。

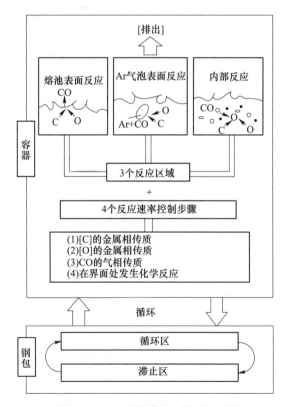

图3-11　新日铁脱碳反应模型示意图

本部分在川崎质量平衡模型的基础上引入脱碳区域模型,更全面地描述 RH 真空反应器内的脱碳过程。模型假设如下[4~6]:(1)RH 脱碳反应发生在真空室钢液自由表面、提升气体 Ar 气泡表面和熔池内部 CO 气泡脱碳,总的脱碳为三者之和;(2)钢包和真空室钢液完全混匀;(3)脱碳速率受到钢液侧碳和氧传质的控制;(4)碳和氧在反应界面达到局部平衡;(5)Ar 气泡为球形,在上浮过程只长大不聚合,将 Ar 气入口至真空室钢液面高度范围内的脱碳视为一维过程;(6)钢液和钢包顶渣之间存在反应 [Fe]+[O]==[FeO],且达到平衡。

钢包和真空室内钢液的碳、氧质量平衡如下:

$$W_L \frac{dC_L}{dt} = Q(C_V - C_L) \tag{3-25}$$

$$W_L \frac{dO_L}{dt} = Q(O_V - O_L) - \frac{W_L}{T_{OL}}(O_L - O_{LQ}) \tag{3-26}$$

$$W_V \frac{dC_V}{dt} = Q(C_L - C_V) - (\Delta C_{ArBubble} + \Delta C_{Bathsurface} + \Delta C_{InnerSite}) \tag{3-27}$$

根据碳氧化学反应,对于任何脱碳部位的脱碳量与降氧量均满足化学计量关系 $\Delta C/\Delta O = M_C/M_O$。因此,上式可以表示为式(3-28)。

$$W_V \frac{dO_V}{dt} = Q(O_L - O_V) - \frac{M_O}{M_C}(\Delta C_{ArBubble} + \Delta C_{Bathsurface} + \Delta C_{InnerSite}) \tag{3-28}$$

a Ar 气泡脱碳过程描述

钢液中 Ar 气泡在上浮过程中,Ar 气泡中 CO 气体的生成速率,如式(3-29)所示:

$$\frac{dn_{CO}}{dt} = A_{ArBubble} K C_{ArBubble} \frac{\rho}{M_C}(C_V - C_{E,ArBubble}) \tag{3-29}$$

$$C_{E,ArBubble} = \frac{(\alpha C_V - O_V) + (\alpha C_V - O_V)^2 + 4\alpha p CO_{Ar}(10^{5.997-1160/T})^{1/2}}{2\alpha} \tag{3-30}$$

假设供 Ar 速率为 $G_{Ar}(m^3/s)$,则瞬间产生的 Ar 气泡的摩尔数为:

$$n_0 = G_{Ar}/273/R \tag{3-31}$$

产生的 Ar 气泡的个数为:

$$N = G_{Ar}/(\pi d_0^3/6) \tag{3-32}$$

Ar 气泡的体积为:

$$V = nRT/(p_V + \rho g x) \tag{3-33}$$

$$n = n_0 + n_{CO,r} \tag{3-34}$$

式中 n——某时刻 Ar 气泡的摩尔数,mol;

$n_{CO,r}$——该时刻时 Ar 气泡中 CO 气体的摩尔数,mol;

x——该时刻气泡熔池表面的距离,m。

气泡的直径和表面积分别为：$d_B = (6V/\pi)^{1/3}$，$A_B = \pi d_B^2$。

气泡内气相总压及 CO 分压分别为：$p_{Ar} = p_V + \rho g x$，$p_{CO_{Ar}} = p_{Ar} n_{CO,r}/n$。

Ar 气泡脱离喷嘴至脱离熔池表面所需要的时间为：$\tau = \int_0^H \dfrac{dh}{u_B}$。

Ar 气泡垂直上浮的速度为 u_B，可由下式求得：

$$u_B = u_V + u_F；u_V = (0.5 g d_B)^{0.5}；u_F = W_e/(\pi r_S^2)；W_e = Q/(60\rho)$$

此阶段中 Ar 气泡总共吸入的 CO 气体摩尔量为 $\sum n_{CO,r} = \int_0^\tau \dfrac{dn_{CO}}{dt} dt$，则 Ar 气泡表面的脱碳速率可用下式表示：

$$\Delta C_{ArBubble} = M_C \sum n_{CO,r}/\tau \tag{3-35}$$

b　钢液自由表面脱碳过程描述

钢液自由表面的脱碳速率如下式所示：

$$\Delta C_{BathSurface} = (A_{BathSurface}\rho) k C_{BathSurface}(C_V - C_{E,BathSurface}) \tag{3-36}$$

其中，$C_{E,BathSurface}$ 可由式表示：

$$C_{E,BathSurface} = \frac{(\alpha C_V - O_V) + (\alpha C_V - O_V)^2 + 4\alpha p CO_{Surface}(10^{5.997 - 1160/T})^{1/2}}{2\alpha} \tag{3-37}$$

$k C_{BathSurface} = 0.0015$；$\alpha = 4/3/(D_0/D_C)^{0.5}$。

c　熔池内部脱碳描述

钢液内部并不存在诸如熔池自由表面和 Ar 气泡表面等反应界面，脱碳反应是通过 CO 气泡形成实现的。当熔池某一深度的钢液静压低于表观 CO 分压的时候，在钢液内部会自发形核生产 CO 气泡，形成 CO 沸腾区。当表观 CO 分压降低到 2670Pa 或者钢液碳含量低于 15ppm 时，认为钢液内部脱碳停止。

钢液内部 CO 的形成与过饱和度成比例，则真空室钢液内部的脱碳速率可由下式表示：

$$-\frac{d[\%C]}{dt} = K_V(K_{CO}[\%C][\%O] - p_V) \tag{3-38}$$

随着真空室中脱碳反应的不断进行，钢液中碳和氧的含量不断降低，真空室中 CO 气泡形成区域的深度不断缩小，对应反应容器容积系数不断降低。CO 形成区域的深度 H_{CO} 与钢液碳、氧以及真空度有关，如下式所示：

$$H_{CO} = (K_{CO}[\%C][\%O] - p_V)/\rho g \tag{3-39}$$

这里给出某一深度 h_0 下的基准容积系数 K_0。$h_0 = 0.15m$ 时基准容积系数 $K_0 = 3 \times 10^{-7}$，不同深度时的容积系数 K_V 可由下式确定。

$$K_V = K_0 H_{CO}/h_0 \tag{3-40}$$

因此，真空室钢液内部的脱碳速率为：

$$\Delta C_{\text{BathSurface}} = 10^4 K_{\text{V}} (101325 K_{\text{CO}} C_{\text{V}} O_{\text{V}} \times 10^{-8} - p_{\text{V}}) \tag{3-41}$$

d 顶渣传氧模型描述

顶渣传氧对 RH 脱碳影响的关键是 FeO 活度的计算，其值对钢液氧含量有着重要影响。B. Kleimt 为了简化模型，认为 FeO 的活度等同于其摩尔分数。这里采用正规溶液模型计算渣中 FeO 的活度，模型认为生产 IF 钢的钢包顶渣为 CaO-MnO-MgO-FeO-SiO$_2$-P$_2$O$_5$-Al$_2$O$_3$ 七元渣系。在计算过程中，假设炉渣中所有的铁以 FeO 的形式存在，炉渣中的 Fe$_2$O$_3$ 含量很少，可以忽略。

顶渣 FeO 的活度计算：

$$\begin{aligned}
RT\ln\gamma_{\text{FeO(R.S.)}} = {} & 7110x_{\text{MnO}}^2 - 31380x_{\text{CaO}}^2 + 33470x_{\text{MgO}}^2 - \\
& 41840x_{\text{SiO}_2}^2 - 31380x_{\text{PO}_{2.5}}^2 - 41000x_{\text{AlO}_{1.5}}^2 + \\
& 67780x_{\text{MnO}}x_{\text{CaO}} - 21340x_{\text{MnO}}x_{\text{MgO}} + \\
& 40580x_{\text{MnO}}x_{\text{SiO}_2} + 60670x_{\text{MnO}}x_{\text{PO}_{2.5}} + \\
& 49790x_{\text{MnO}}x_{\text{AlO}_{1.5}} + 102510x_{\text{CaO}}x_{\text{MgO}} + \\
& 60670x_{\text{CaO}}x_{\text{SiO}_2} + 188280x_{\text{CaO}}x_{\text{PO}_{2.5}} + \\
& 82430x_{\text{CaO}}x_{\text{AlO}_{1.5}} + 58570x_{\text{MgO}}x_{\text{SiO}_2} + \\
& 39750x_{\text{MgO}}x_{\text{PO}_{2.5}} + 63600x_{\text{MgO}}x_{\text{AlO}_{1.5}} - \\
& 156900x_{\text{SiO}_2}x_{\text{PO}_{2.5}} + 44770x_{\text{SiO}_2}x_{\text{AlO}_{1.5}} + \\
& 189120x_{\text{PO}_{2.5}}x_{\text{AlO}_{1.5}} (\text{J})
\end{aligned} \tag{3-42}$$

其中，$a_{\text{FeO(R.S.)}} = \gamma_{\text{FeO}}x_{\text{FeO}}$；$a_{\text{Fe}_t\text{O}} = a_{\text{FeO(R.S.)}}\exp(-0.239 + 1567/T)$；$O_{\text{LQ}} = K_0 a_{\text{FeO}}$。

钢包顶渣与钢液之间的传氧速率可以用式（3-43）描述。

$$RO_{\text{slag}} = \frac{1}{T_{\text{OL}}}(O_{\text{LQ}} - O_{\text{L}}) \tag{3-43}$$

钢包顶渣中 FeO 含量的变化情况可由下式表示：

$$-\frac{\text{d}(\text{FeO})}{\text{d}t} = \frac{M_{\text{FeO}}}{M_{\text{O}}}\frac{W_{\text{L}}}{W_{\text{slag}}}RO_{\text{topslag}} \times 10^{-4} \tag{3-44}$$

3.2.1.2 RH 自然脱碳案例分析

以某厂 IF 钢 RH 自然脱碳过程为例进行详细分析。某钢厂 IF 钢冶炼工艺流程为：铁水预处理→300t 转炉→RH 精炼→连铸，IF 钢目标化学成分见表 3-3。其中，RH 工序控制如图 3-12 所示。真空开始后，各级真空泵开始工作，当达到极限真空度之后根据钢液温度确定是否需要加入废钢降温或加入铝升温；在 RH 脱碳结束后，根据脱碳终点氧浓度加 Al 进行终脱氧，并进行合金化，经过纯循环后，RH 处理结束。

表 3-3　IF 钢目标化学成分　　　　　　　　（wt. %）

钢种	C	Si	Mn	S	P	Al_s	Ti	N
IF	≤0.0025	≤0.03	0.08~0.15	≤0.010	≤0.015	0.030~0.055	0.035~0.045	≤0.0040

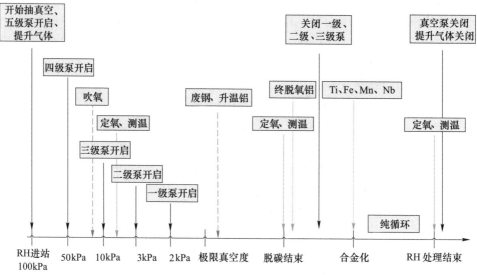

图 3-12　IF 钢 RH 工序流程控制

　　图 3-13 显示了某厂 RH 精炼进站钢液中碳含量和溶解氧的关系。从图中可以看出，大部分的炉次中 RH 进站碳含量控制在 0.015%~0.03% 的范围内。在 A 区域，80% 的炉次满足自然脱碳的需求；B 区域的炉次需要采用强制脱碳。在目标区域的炉次脱碳终点溶解氧能控制在 200~300ppm。

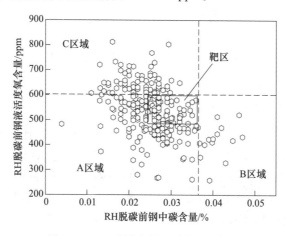

图 3-13　RH 进站条件下碳氧变化关系

为了进一步研究 RH 处理过程中［C］含量变化，对 IF 钢 RH 脱碳过程进行密集取样，并观察真空度和 CO 浓度变化，其碳含量及 CO 浓度变化如图 3-14 所示。从图 3-14 中可以看出，当脱碳反应进行到 4~6min 时，CO 反应曲线达到峰值，说明此时脱碳反应最为剧烈；当脱碳反应进行到 10min 时，钢液中碳含量已经降至 50ppm 以下，18min 时钢液中碳含量降低到 11ppm，此时钢液中 CO 浓度为 3%，随着脱碳时间的延续，钢液中碳含量不再降低。

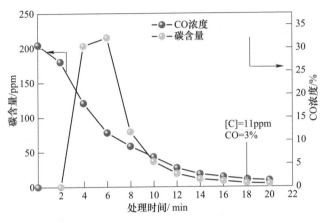

图 3-14　RH 脱碳过程 CO 浓度和碳含量变化过程

彩色原图

超低钢脱碳反应过程中，一般认为脱碳反应为一级反应。图 3-15 为自然脱碳过程中碳含量和 $-\ln([C]_t/[C]_0)$ 的变化情况。从图中可以看出，该钢厂脱碳过程主要分为三个阶段：第一阶段为脱碳停滞期，在前 2min 内钢液碳含量虽然有一定程度的降低，但是降低幅度不明显，其主要原因是在此阶段中压降速率较慢影响脱碳反应进程；第二阶段为快速脱碳阶段，此时 CO 气泡饱和蒸气压很高，其主要脱碳反应发生在钢液内部，并且 CO 去除速率越快，脱碳反应进行越

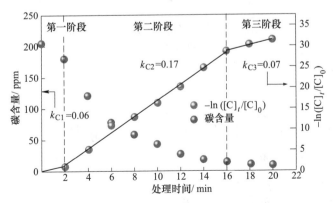

图 3-15　RH 脱碳过程中碳含量和 $-\ln([C]_t/[C]_0)$ 的变化　彩色原图

快，因此，提高钢液的压降速率有助于提高快速脱碳阶段的反应速率；第三阶段为缓慢脱碳期，此阶段钢液的自由表面是脱碳反应的限制性环节，为了增大钢液的反应面积，应该通过增加钢液的循环流量来加快钢液的传质。

3.2.2　RH 强制脱碳控制

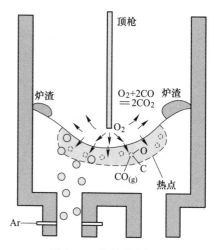

为提高 RH 脱碳速率以便缩短真空处理时间，减轻转炉炼钢负荷、降低铁损以提高金属收得率，提高转炉终点碳含量以减轻钢液过氧化和降低出钢温度，促进了 RH 用氧技术的发展。各种 RH 吹氧工艺[7,8]机理如图 3-16 所示，强制脱碳工艺的主要代表是 RH-OB、RH-KTB 和 RH-MFB。

3.2.2.1　RH 强制脱碳法数学模型描述

RH 强制脱碳的原理仍然是基本的碳氧反应：$[C]+[O]=CO(g)$。以 RH-MFB 强制脱碳为例，其数学模型假设如下：

图 3-16　强制脱碳机理

（1）RH 脱碳反应主要发生在真空室内；

（2）钢液混合均匀，气液界面的碳氧浓度和一氧化碳分压保持平衡；

（3）脱碳速率由碳氧的传质速率控制。

钢包和真空室钢液内的碳氧质量平衡关系如下：

$$m_t\left(\frac{dw[C]_L}{dt}\right) = Q(w_{[C]_V} - w_{[C]_L}) \tag{3-45}$$

$$m_t\left(\frac{dw[O]_L}{dt}\right) = Q(w_{[O]_V} - w_{[O]_L}) \tag{3-46}$$

$$\Delta[C] = \Delta[C]_{Ar} + \Delta[C]_{in} + \Delta[C]_{face} + \Delta[C]_{spl} \tag{3-47}$$

$$m\left(\frac{dw_{[C]_V}}{dt}\right) = Q(w_{[C]_L} - w_{[C]_V}) - (\Delta[C]_{Ar} + \Delta[C]_{in} + \Delta[C]_{face} + \Delta[C]_{spl})$$

$$\tag{3-48}$$

$$m\left(\frac{dw_{[O]_V}}{dt}\right) = Q(w_{[O]_L} - w_{[O]_V}) - \frac{M_O}{M_C}\Delta[C] \tag{4-49}$$

式中　　m_t——钢液的总质量，t；

　　　　m——真空室内钢液总质量；

　　　　M——原子的摩尔质量，g/mol；

　　　　Q——真空室内钢液的循环流量，t/min；

$\Delta[C]_{Ar}$，$\Delta[C]_{in}$，$\Delta[C]_{face}$，$\Delta[C]_{spl}$——分别为氩气泡表面、钢液内部、真空室自由表面、飞溅液滴表面单位时间内脱碳量，t/min；

$\Delta[C]$——真空室内总的脱碳量，t/min；

下标 L，V——分别代表钢包和真空室。

对于强制脱碳，MFB 吹氧的结果是使得钢液中的氧含量增加，则吹入到钢液中氧的总质量如下：

$$Q_0 = 1.429 \times 10^{-3} \beta F_{O_2} T_0 \tag{3-50}$$

式中　Q_0——吹入钢液中总的氧质量，t；

　　　β——氧枪吹入钢液的氧气吸收率，%，一般 $\beta \approx 60\%$；

　　　F_{O_2}——氧枪内氧气流速，m^3/min；

　　　T_0——吹氧时间，min。

3.2.2.2　RH 强制脱碳案例

对某厂 RH 强制脱碳过程进行研究，方案见表 3-4。不同吹氧条件下真空压力变化如图 3-17 所示，当开始吹氧时机为 1.5min 时，真空压力为 50kPa，开始吹氧后真空压力上升而后又继续下降，并在 6.4min 时达到极限真空；当开始吹氧

表 3-4　强制脱碳 RH 进站信息

开始吹氧时间	进站碳含量 /ppm	进站氧含量 /ppm	进站温度 /℃	吹氧量 /m³	吹氧时真空度 /kPa
1min	365	416	1621	30	50
2.5min	400	382	1638	110	10
5min	233	445	1633	120	0.1

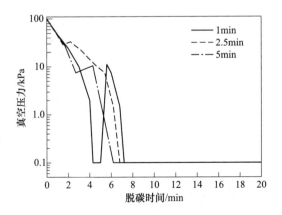

图 3-17　不同吹氧条件下真空压力变化

时机为 2.5min 时，开吹真空压力为 10kPa，极限真空度时间为 6min；而对于第三组试验，开始吹氧时，已经达到极限真空度，开始吹氧后，真空压力又迅速上升到 10kPa 后再次进行抽真空，在 7.5min 时达到极限真空度。

对上述 3 个不同吹氧时间点碳含量变化及 CO 曲线变化进行分析，从图 3-18 中可以看出，当吹氧时机为真空开始后 1min 时，脱碳规律呈现两段式，第一段快速脱碳阶段，脱碳速率 k_C 为 0.23，并在 16min 时碳含量降至 10ppm，在 16min 后，随着循环时间的增加，碳含量略有下降，但从 16min 到 21min，碳含量下降 2ppm，下降速率缓慢。当吹氧时机为真空开始后 2.5min 时，脱碳规律同样呈现两段式，在第一阶段的快速脱碳阶段，脱碳速率 k_C 为 0.31，并在 15min 时钢液中碳含量降至 8ppm；在真空开始 5min 时进行吹氧，吹氧后碳氧反应出现 2min 停滞，对钢液中碳含量分析可以看出，在真空开始 5min 时，钢液中碳含量已经达到 0.005%，随着脱碳反应的进行，钢中碳含量继续降低，并在 17.5min 时，钢中碳含量降至 11ppm，脱碳反应结束。

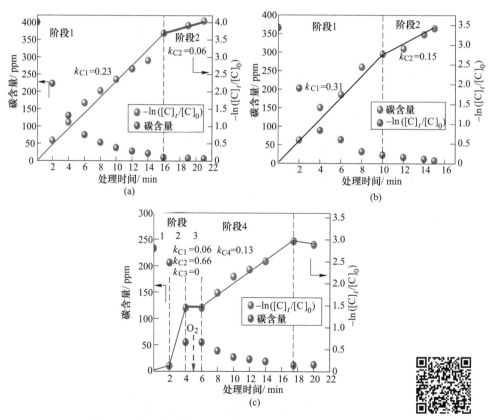

图 3-18　RH 强制脱碳过程中碳含量和 $-\ln([C]_t/[C]_0)$ 的变化　彩色原图

(a) 1min；(b) 2.5min；(c) 3min

3.2.3 RH 喷粉脱碳技术

RH 高效脱碳主要从两方面考虑：（1）增大环流量；（2）提高体积传质系数。增大环流量的方法有增加浸渍管内径、降低真空室压力等，但钢中的碳含量降低至 20ppm 后存在脱碳停滞的现象，增加循环流量后脱碳效果并不明显[9]。因此，当钢液处于极低碳时，从体积传质系数方面提高碳和氧在钢液中的传质系数已经比较困难，更适合的方式是通过增加反应界面。有学者提出了气泡法增加反应界面[10]，其原理是通过向钢液中增加氢气，由于氢的扩散能力极强，真空过程中，钢液中的氢能快速析出形成大量微气泡，这些气泡极大地增加了碳氧反应界面；微气泡上浮过程还对钢液起到清洗净化的作用。该法原理简单，但操作难度很大，也容易导致钢中增氢。

鞍钢[11]提出了 RH-AS 技术，即在 RH 上升管或者下降管中将钢液净化剂（碳酸盐粉剂）喷吹进钢液中，在钢液中产生大量微气泡从而促进脱碳反应进行，原理如图 3-19 所示。鞍钢集团进行 RH-AS 技术的工业试验，为探究 RH-AS 技术的脱碳能力采用两种试验方案：（1）待 RH 处理 10min 后将钢液中的活度氧控制在 50ppm以下，喷吹吨钢 0.5~1.5kg/t 碳酸钙粉剂 5~10min；（2）RH 脱碳开始后同时喷吹碳酸钙粉剂 5~8min，粉剂吨钢喷入量为 0.5~15kg/t，在脱碳处理 7min 和 10min 时进行取样。RH 钢包渣层厚度都在 90~100mm，渣中的 FeO 控制在 15% 以下。

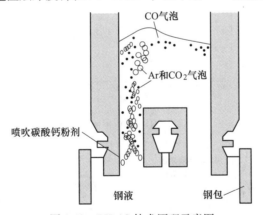

图 3-19 RH-AS 技术原理示意图

图 3-20 为 RH-AS 脱碳过程和对比罐次的碳含量变化情况。采用喷粉脱碳技术后碳含量低于 30ppm 的试验罐次比例为 86.67%，而对比罐次的比例为13.33%；喷粉脱碳后平均碳含量为 25.53ppm，对比罐次为 48.47ppm。图 3-21为对应的脱氧结果，喷粉脱碳技术的试验罐次氧含量稍低于对比罐次。综上所述，喷粉脱碳技术的脱碳效率更高。图 3-22 为铸坯中全氧含量的对比结果。采用 RH-AS 技术处理了 15 罐钢液连铸后铸坯的平均全氧含量为 10.02ppm，对比罐次的全氧含量为 15.23ppm，采用喷粉技术后铸坯中的全氧含量降低明显。

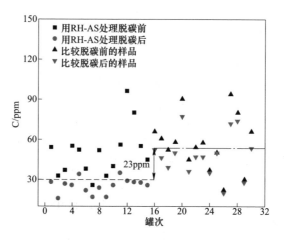

图 3-20　RH-AS 技术脱碳结果

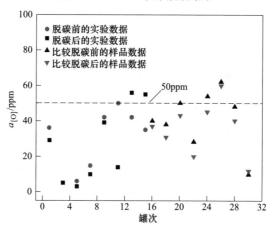

图 3-21　RH-AS 技术脱氧结果

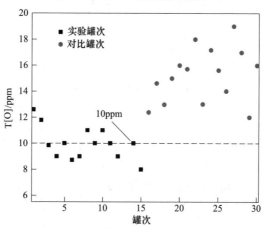

图 3-22　铸坯中全氧含量的对比

3.3 RH 高效脱碳影响因素及控制

围绕提高 RH 脱碳速率的基础研究方面，如提高 RH 的循环流量和钢液传质系数、RH 真空室和浸渍管内径、抽气能力和钢液初始条件等，国内外已经开展过许多工作。随着 RH 装备不断大型化，RH 技术参数均有极大提升，几个代表性企业的 RH 装备主要技术参数见表 3-5[12~19]。在装备能力相近条件下，不同企业 RH 的脱碳能力相差极大（见图 3-23），精炼周期差距大，主要源于工艺；从工艺角度考虑，RH 的高效快速脱碳还与钢液初始成分、压降速率控制、循环流量控制、强制脱碳控制等相关。

表 3-5 国内外 RH 主要技术参数

项 目	容量 /t	浸渍管直径 /mm	提升气体流量 /L·min^{-1}	真空泵能力 /kg·h^{-1}
宝钢 1 号 RH[12]	300	500	1000~1400	950
宝钢 2 号 RH	300	750	750~4000	1100
首钢京唐[13]	300	750	4000	1250
宝钢 4 号 RH	300	750	4000	1500
武钢三炼钢 2 号 RH[14]	250	750	5800	1200
新日铁君津 2 号 RH[18]	300	750	4000	1000
JFE 水岛厂 4 号 RH[19]	250	750	5000	1000

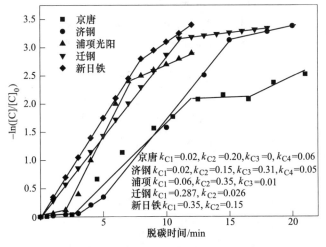

京唐 $k_{C1}=0.02$, $k_{C2}=0.20$, $k_{C3}=0$, $k_{C4}=0.06$
济钢 $k_{C1}=0.02$, $k_{C2}=0.15$, $k_{C3}=0.31$, $k_{C4}=0.05$
浦项 $k_{C1}=0.06$, $k_{C2}=0.35$, $k_{C3}=0.01$
迁钢 $k_{C1}=0.287$, $k_{C2}=0.026$
新日铁 $k_{C1}=0.35$, $k_{C2}=0.15$

图 3-23 不同企业 RH 脱碳速率对比

彩色原图

3.3.1 钢液初始条件对脱碳的影响

合理的钢液初始条件可以满足 RH 快速脱碳的同时保证脱碳后钢液中较低的

溶解氧，从而减少终脱氧用铝量，减少脱氧产物含量，提高钢液洁净度。RH 进站钢液中碳含量过低会导致钢液严重过氧化，不利于 RH 整体工艺优化。

德国蒂森[20]认为 RH 脱碳前的最佳钢液成分为如图 3-24 中"方块"区域所示。脱碳前钢液碳含量控制在 250～350ppm，氧含量控制在 500～700ppm。宝钢[12]也得到了类似的规律，脱碳前钢液中的碳含量控制在 280～400ppm，氧含量控制在 500～650ppm。

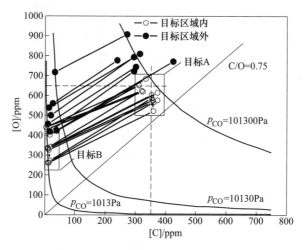

图 3-24　RH 脱碳前后的碳氧

日本神户钢铁[4]对 [O] 为 100ppm、400ppm、800ppm 和 1000ppm 的脱碳情况进行比较，得到如图 3-25 所示的结果。从图中可以看出，钢液中氧含量越高，则脱碳反应越快，但是当 [O] 达到 800ppm 后，脱碳反应速率没有明显提高。

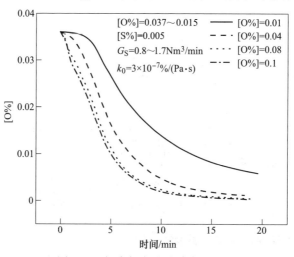

图 3-25　钢中氧含量对脱碳的影响

彩色原图

图 3-26 所示为某厂的 RH 脱碳初始钢液条件。研究发现进站氧含量在 500~600ppm，碳含量在 300~400ppm 对脱碳最为有利，钢液脱碳处理后 [C]、[O] 均较低，减少脱氧用铝量，有利于提高钢的纯净度。

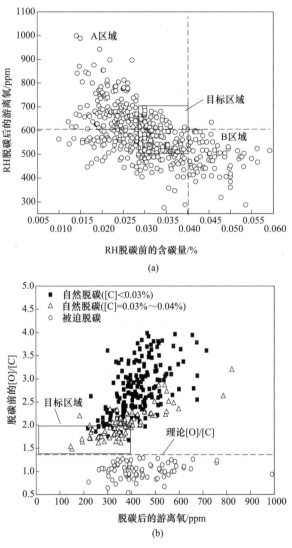

图 3-26 RH 入站和终点碳氧
(a) 入站碳氧；(b) 脱碳终点氧位及 [O]/[C]

研究表明[21]，钢液初始成分主要受炉龄和转炉终点温度的影响。不同炉龄条件下转炉终点 C-O 关系如图 3-27 所示。在 I 区，[C]<400ppm，[O]=600~900ppm，[C][O]=0.0027，炉龄<2500 炉；在 II 区，[C]<0.04%，[O]=800~

1400ppm，［C］［O］>0.0027，炉龄>2500 炉；当炉龄大于 3000 炉后，钢液中［C］［O］远离平衡线，说明炉龄对碳氧积的影响十分明显。

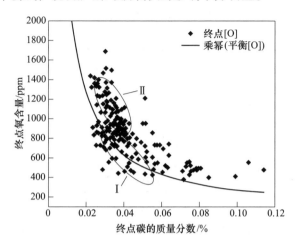

图 3-27　转炉冶炼终点 C-O 关系图

　　通过对某厂两座 300t 转炉的碳氧积与炉龄之间的关系进行分析得到了如图 3-28 所示的规律[21]。其中，2 号 BOF 处于炉役前期，3 号 BOF 处于炉役中后期，分析发现两座 BOF 的碳氧积存在明显差距。随着炉龄增加碳氧积增加的主要原因是底吹设备不断损坏、老化，底吹效果变差，影响了碳氧反应的动力学条件，导致碳氧积升高。从图 3-29 中可以看出，转炉终点碳氧积随终点温度的升高而增加，要将碳氧积控制在 0.0025 以下，转炉终点温度应该控制在 1680℃以下。

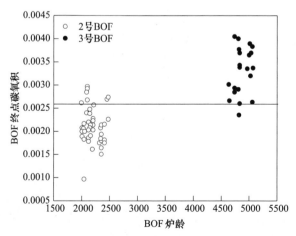

图 3-28　炉龄对碳氧积的影响

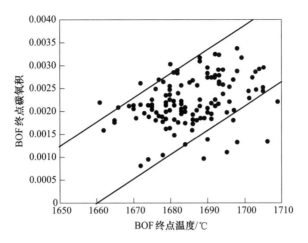

图 3-29 转炉终点温度对碳氧积的影响

3.3.2 RH 预真空制度对脱碳的影响

日本新日铁名古屋厂[22]的实践证明，预真空可以消除初始阶段脱碳速率的滞止，使脱碳速率在 RH 开始处理后迅速达到高的水平。预真空循环开始的时间要比没有预真空缩短 0.5min。

首钢京唐[13]在 300t RH 上试验了两种不同的压降制度，如图 3-30 所示。在图 3-30（a）中，真空制度 1 是压降制度优化前的压力时间曲线，真空制度 2 是优化后的压力-时间曲线，先预抽真空至 20kPa，处理开始后迅速降至 100Pa 以下。经过真空预处理后，脱碳终点钢液 [C] 由 20ppm 降至 14ppm；真空时间由14.2min 降至 11min，低了 3min。

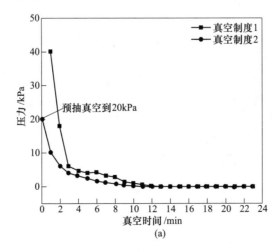

(a)

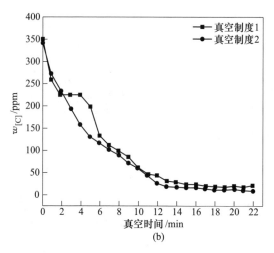

图 3-30　真空压降制度对脱碳效果的影响

（a）压降曲线；（b）钢液碳含量

3.3.3　RH 压降速率对脱碳的影响

　　RH 处理所能达到的最终碳含量与真空压降制度密切相关。压降速率对终点碳含量的影响远大于极限真空度的影响[23]。图 3-31 为压降速率对脱碳速率的影响。初始碳含量约为 0.03%，采用压降方式 I 在 15min 内碳含量可以降到 12ppm，而采用压降方式Ⅲ则只能降低到 50ppm[24]。

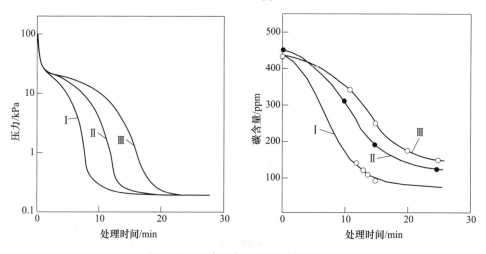

图 3-31　压降速率对脱碳速率的影响

　　图 3-32 为德马克公司为防止喷溅优化的 RH 压降制度[25]。曲线 1 表示抽真

空速度太慢，致使脱碳较弱；曲线 2 表示抽真空过快，导致产生严重的喷溅；曲线 3 表示经过优化的压降曲线，抽真空速度适宜，不会产生喷溅，脱碳速率也比较合适。

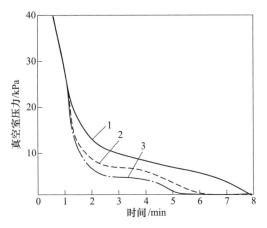

图 3-32　德马克公司优化的 RH 压降制度

3.3.4　RH 循环流量对脱碳的影响

增大钢液的循环流量是提高 RH 脱碳速率的主要手段。不同学者对于循环流量的计算公式可参见表 1-3[25]。从表中可以看出，RH 真空精炼过程中循环流量与提升气体流量 Q_g、吹气深度 H（吹气位置至真空室内液面的垂直距离）和环流管径（D_u、D_d）等一系列因素有关。

日本君津厂[18]在建设 2 号 RH 前已有 20 多年 RH 生产 IF 钢的经验，在设计选择 2 号 RH 装置参数时进行了充分分析论证。他们认为 1 号 RH 的真空抽气能力（1000kg/h）已能够满足精炼要求，但浸渍管内径和提升气体流量偏小因而影响了钢液的环流速率。君津厂 2 号 RH 与 1 号 RH 相比主要有以下改进：（1）浸渍管的内径由 650mm 增加至 750mm；（2）最大提升气体流量由 2500NL/min 增加至 4000NL/min；（3）将真空系统设备和管路的内容积由 490Nm³ 减少至 340Nm³。日本君津厂利用数学模型对增大浸渍管和提升气体流量以及减少真空系统内容积后真空槽内压力变化进行了研究，增加浸渍管内径和提升气体流量，在系统压力高于 350Pa 时对真空槽压力变化的影响不大，但当压力低于 350Pa 后，可以加快真空度的提高速率（分别可以提前约 1min）；减少真空系统容积（由 490Nm³ 减少至 345Nm³），即便在较低真空度时也可以显著加快真空度的提高速率。采用 2 号 RH 后，IF 钢精炼过程碳含量的变化情况，脱碳速率较 1 号 RH 显著加快，在精炼大约 11min 时，钢液 [C] 即可以脱除至 10ppm 以下。

在宝钢 300t RH 上分别对增加吹氩量和增加浸渍管直径进行试验[24]，从图 3-33 中可以看出，上升管吹气量由 1150NL/min 提高至 1500NL/min 后，脱碳速率增加，但不明显。但是上升管直径由 500mm 提升至 750mm 后，RH 装置内循环流量明显增加，钢液初始碳含量为 300ppm 时，经过 20min 处理后，上升管直径 750mm 的 RH 处理后钢液中碳含量降至 34ppm，上升管直径为 500mm 的 RH 处理后钢液中碳含量降至 46ppm。与增加吹气量相比，增加上升管直径效果更明显。

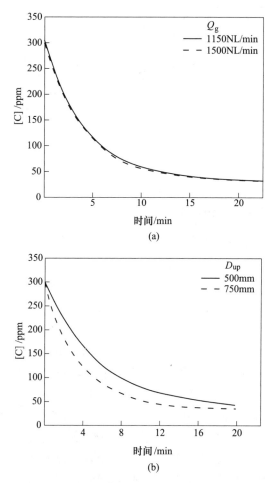

图 3-33　不同因素对 RH 脱碳过程的影响
（a）提升气体流量；（b）上升管直径

3.3.5　RH 吹氧时机对脱碳的影响

为提高 RH 脱碳速率以便缩短真空处理时间，提高钢液终点碳含量以减轻钢液过氧化和降低出钢温度，出现了各种 RH 吹氧工艺，见表 3-6。

表 3-6 不同 RH 真空吹氧技术比较

型号	RH	RH-OB	RH-KTB	RH-MFB
方法	真空循环脱气法	升温、循环精炼	顶吹氧真空循环	顶吹多功能烧嘴
年份	1959 年	1978 年	1988 年	1993 年
企业	德国蒂森	日本新日铁	日本川崎千叶厂	新日铁广畑
主要功能	真空脱氧，去夹杂，均匀温度、成分	RH 功能＋加热钢液	RH 功能＋加热钢液＋快速脱碳＋补偿热损失	RH 功能＋加热钢液＋快速脱碳＋补偿热损失＋预热真空室＋清理冷钢
处理效果	[H]<2ppm [N]<40ppm [O]=20~40ppm	[H]<2ppm [N]<40ppm [O]=20~40ppm [C]<35ppm	[H]<1.5ppm [N]<40ppm [O]=30ppm [C]≤20ppm	[H]<1.5ppm [N]<40ppm [O]=30ppm [C]≤20ppm
喷溅	严重	严重	较多	正常
结瘤清除	严重，不能清除，氧枪粘钢严重	严重，真空室结瘤严重	较多，可以清除结瘤	正常，结瘤较少

涟钢研究了 RH 不同时刻吹氧对终点碳含量的影响[26]，并提出存在临界开吹时刻，当小于临界时刻，吹氧时机对终点碳含量影响不大。图 3-34 为不同吹氧时刻对终点碳含量和氧含量的影响。由图可知，开始吹氧时刻越早，终点碳氧含量越低，有利于 RH 深脱碳。对于涟钢的生产情况而言其临界吹氧时刻为 3min。

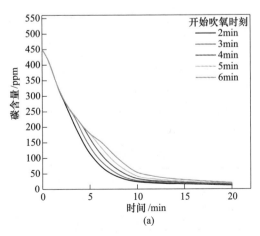

(a)

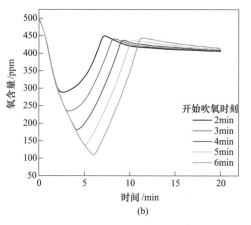

彩色原图

图 3-34　不同吹氧时刻对终点碳含量（a）和氧含量（b）的影响

图 3-35 为日本川崎研究的在真空室顶吹氧[27]。从图中可以看出，脱碳处理初始阶段采用 KTB 吹氧可以明显提高 RH 的脱碳速率。采用 KTB 和不采用 KTB 的表观脱碳速率常数分别为 0.35min^{-1}、0.21min^{-1}，而且由于采用 KTB 吹氧不仅提高了脱碳速率，并且使脱碳处理时间缩短了 3min。

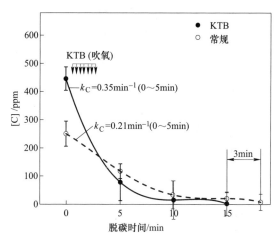

图 3-35　KTB 对脱碳速率的影响

表 3-7 为不同研究者测得的脱碳速率常数。从表中可以看出，通过顶吹氧工艺之后脱碳速率常数都得到较大提升。

表 3-7　不同研究者测得的脱碳速率常数

研究者	转炉吨位/t	测 量 数 据
日本川崎[27]	160	采用自然脱碳工艺的最大 k_C 为 0.21min^{-1}
		采用吹氧脱碳工艺的最大 k_C 为 0.35min^{-1}

研究者	转炉吨位/t	测　量　数　据
武钢[28]	80	采用自然脱碳工艺的最大 k_C 为 0.18min^{-1}
		采用吹氧脱碳工艺的最大 k_C 为 0.25min^{-1}
首钢迁钢[29]	210	采用吹氧脱碳工艺的最大 k_C 为 0.274min^{-1}

此外，首钢京唐分析了废钢加入量对脱碳也有影响，某厂分析得到在其他物料加入量近似相等的情况下。平均废钢量为 1.19t 的炉次，脱碳终点平均碳含量为 8ppm；而废钢量 1.42t 的炉次，脱碳终点平均碳含量为 12ppm，可见废钢加入量对 RH 脱碳终点碳含量影响很大。因此，在实际操作中，应重视废钢加入量对脱碳终点碳含量的影响，尽量加入低碳废钢。

3.3.6　RH 高效脱碳案例

以某厂 RH 生产过程的强制脱碳过程为例进行分析。首先对脱碳的影响因素进行了相关性分析，结果见表 3-8。脱碳时间与进站碳含量、极限真空压力、达到极限真空压力时间、吹氧量和吹氧时机呈现正相关，和 RH 进站氧含量呈现负相关。当从各因素进行显著性检验可以看出，进站碳含量、进站氧含量、极限真空压力 H_0 大于 0.01，不应拒绝 H_0 假设，这 4 个变量与脱碳时间线性关系不显著。达到极限真空压力时间、吹氧时间 H_0 小于 0.01，应拒绝 H_0 假设，这两个变量与脱碳时间线性关系显著。因此对上述两个因素与脱碳时间关系进行分析。

表 3-8　脱碳时间相关性分析

脱碳时间	进站氧质量分数	进站碳质量分数	极限真空压力	达到极限真空压力时间	吹氧量	吹氧时机
Pearson 相关性	−0.134①	0.235①	0.178①	0.746①	0.311①	0.568
显著性（双侧）H_0	0.022	0.014	0.131	0.000	0.078	0.006

① 在 0.01 水平（双侧）上显著相关。

3.3.6.1　极限真空压力时间对脱碳影响

极限真空压力和压降制度是影响 RH 脱碳的决定性因素，是达到极低碳含量的先决条件。极限真空压力越低，压降速度越快，达到极限真空压力的时间越短，脱碳速度越快，终点碳含量越低[30]。操作过程中，压降制度会影响达到极限真空压力的时间，其与脱碳时间相关性较高。RH 处理过程中达到极限真空压力时间与脱碳时间关系如图 3-36 所示。在其他工艺条件不变情况下，随着达到极限真空压力时间的缩短，脱碳时间显著降低；当达到极限真空压力时间控制在 5min 之内时，平均脱碳时间在 18.6min，当达到极限真空压力时间超过 11min 时，脱碳时间延长到 26.4min。

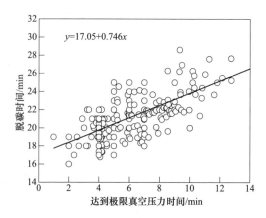

图 3-36　达到极限真空压力时间和脱碳时间的关系

图 3-37 对比了三种不同压降模式对 RH 脱碳的影响。图 3-37（a）为压降变化曲线，图 3-37（b）为不同压降曲线对应钢液碳含量变化。可以看出工艺 Ⅰ 抽真空过程中有 0.5min 压降平台，工艺 Ⅱ 没有压降平台，工艺 Ⅲ 有 2min 压降平台。压降平台产生的主要原因是碳含量超过 100ppm 的高碳区域，CO 的生成速率很快，设备的抽气能力一定程度是反应的限制性环节，因此对达到期限真空度时间有一定影响，从而影响脱碳速率。从图 3-37（b）中可以看出，压降平台的产生会导致抽真空速率及脱碳速率的降低，并最终影响终点碳含量；在未出现压降平台的时间段内，三种工艺脱碳速率相差较小，但开始出现压降平台后，工艺 Ⅰ 及工艺 Ⅲ 在 4~6min 范围内，脱碳速率明显减慢。对脱碳时间及终点碳含量进行对比可以看出，工艺 Ⅱ 可以在 15min 内将碳含量降到 11ppm，而采用工艺 Ⅲ 只能在 20min 时碳含量降至 17ppm。

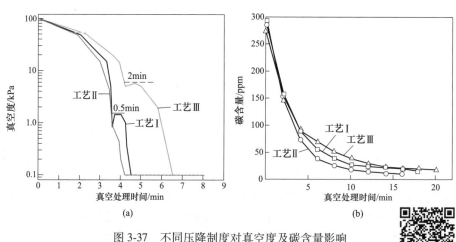

(a)　　　　　　　　　　　　　　(b)

图 3-37　不同压降制度对真空度及碳含量影响

（a）真空度；（b）碳含量

彩色原图

因此，通过生产过程压降曲线分析可以看出，在抽真空过程中应避免压降平台的产生，从而避免脱碳过程停滞，影响钢液脱碳，快的压降速率对于消除快速脱碳期的压降平台有重要影响。

3.3.6.2 提升气体流量对脱碳影响

为了研究提升气体流量对脱碳的影响，设计了如表 3-9 所示的方案。图 3-38 为不同方案下钢中碳含量变化过程，4 个炉次中工艺 I、II、III 脱碳终点碳含量分别为 10ppm、10ppm 及 11ppm，而工艺 IV 脱碳终点碳含量达到 14ppm；从脱碳时间的角度分析，工艺 I 为 16.5min、工艺 II 为 15min、工艺 III 为 19min，而工艺 IV 达到 22min。相比于工艺 I 和工艺 II，工艺 III 和工艺 IV 脱碳反应前期碳含量下降速率明显较低。

表 3-9 RH 提升气体流量方案

工艺	RH 进站 [C]/ppm	RH 进站 [O]/ppm	提升气体流量制度/m³·h⁻¹
I	278	560	140 (0~6min)－170 (6min~结束)
II	285	537	140 (0~5min)－180 (5min~结束)
III	298	521	160 (0~5min)－180 (5min~结束)
IV	263	545	180 (0~结束)

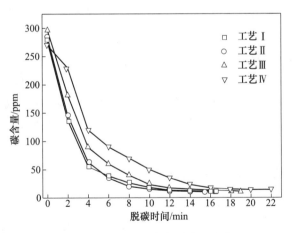

彩色原图

图 3-38 不同工艺条件碳含量变化

不同工艺条件下脱碳反应速率常数变化如图 3-39 所示。从图中可以看出，不同提升气体流量模式下，脱碳反应速率变化规律不同。工艺 I 和工艺 II，脱碳反应过程分为两个阶段：0~8min 快速脱碳阶段和 8min 后的缓慢脱碳反应阶段。在快速脱碳反应阶段中，碳氧浓度较高，脱碳反应速率较快，接近 90% 的脱碳反应发生在第一阶段中，两种工艺在此阶段脱碳反应速率常数比较接近；但在快速

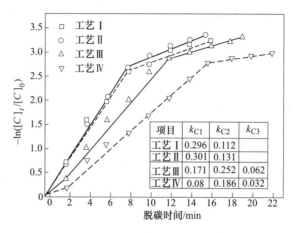

项目	k_{C1}	k_{C2}	k_{C3}
工艺 I	0.296	0.112	
工艺 II	0.301	0.131	
工艺 III	0.171	0.252	0.062
工艺 IV	0.08	0.186	0.032

图 3-39　不同工艺条件脱碳反应速率常数变化

彩色原图

脱碳反应阶段之后,钢液中的碳含量已经较低,此时钢液中的碳和氧的传质是脱碳反应的限制性环节,较大地提升气体流量能有效增加钢液中碳氧的传质,从而加快脱碳反应速率,此阶段中工艺 II 脱碳反应速率明显较快。在工艺 III 和工艺 IV 中,脱碳反应过程分为 3 个阶段:脱碳停滞期、快速脱碳期及缓慢脱碳期。与工艺 I 和工艺 II 相比,主要区别在于脱碳反应前期存在短暂的停滞期,这主要是由于前期吹入较高的氩气影响了真空压降速率,最终导致前期脱碳反应速率降低,而在快速脱碳期中,同样由于真空压降速率较慢,影响了脱碳反应速率的发生,并且前期吹入氩气流量越大,脱碳反应速率越小。

因此,通过上述分析可以看出,前期适当小气量有助于提高真空室的排气速率,提高真空压降速率,从而提高脱碳反应速率;而在脱碳反应后期大气量有助于提高真空室中碳氧传质,从而提高在低碳含量下脱碳反应速率,进而实现快速脱碳[31~34]。

3.3.6.3　吹氧时机对脱碳的影响

RH 脱碳反应过程中开始吹氧时机与脱碳时间之间的关系如图 3-40 所示。根据图中数据统计结果可以看出,随着开始吹氧时机的延后,脱碳时间整体呈现增大趋势。但当开始吹氧时机为 1~3min 时,脱碳时间随着开始吹氧时机的延后而减小,当脱碳时间超过 4min 后,随着开始吹氧时机的延后,脱碳时间不断增大,并且开始吹氧时机比较分散。基于数据统计的结果,对吹氧时机分别为 1.5min、2.5min 及 5min 三个时间对脱碳反应影响进行分析,研究不同吹氧时间下对到达极限真空度时间、极限真空度、排气速率、碳含量变化及脱碳反应速率变化进行分析,RH 工艺参数见表 3-10。

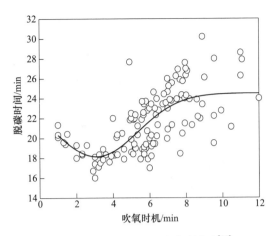

图 3-40　RH 吹氧时机对脱碳影响[25]

表 3-10　强制脱碳 RH 进站信息

开始吹氧 时间	进站碳含量 /ppm	进站氧含量 /ppm	进站温度/℃	吹氧量 /m³	吹氧时真空度 /kPa
1min	365	416	1621	30	50
2.5min	400	382	1638	110	10
5min	233	445	1633	120	0.1

　　不同吹氧条件下真空压力变化如图 3-41 所示。当开始吹氧时机为 1.5min 时，真空度为 50kPa，开始吹氧后真空压力上升而后继续下降，并在 6.4min 时达到极限真空；当开始吹氧时机为 2.5min 时，开吹真空度为 10kPa，达到极限真空度时间为 6min；对于第三组试验，开始吹氧时，已经达到极限真空度，开始吹氧后，真空压力迅速上升，达到 10kPa，之后再次进行抽真空，并在 7.5min 时达到极限真空度。

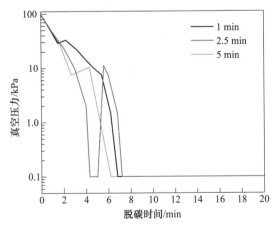

图 3-41　不同吹氧条件下真空压力变化

彩色原图

　　不同吹氧条件排气速率变化趋势如图 3-42 所示。在开始吹氧时间为 1min 时，属于快速脱碳阶段，并且真空压力较高，吹入的氧气、Ar 气和反应产生的 CO 超过了真空泵的抽气能力，从而导致真空室内排气速率迅速下降，影响最终的脱碳反应速率；当开始吹氧时间为 2.5min 时，真空压力在 10~20kPa 之间，此时三级泵开始工作，属于强抽气阶段，虽然吹入了一定量的氧气，但在吹氧结束后真空室的排气速率迅速上升，并在 6min 时达到最高值；当开始吹氧时间为 5min 时，在吹氧前，属于自然脱碳阶段，排气速率较高，但吹氧后对极限真空度破坏较为明显，排气速率急剧下降，并在脱碳时间为 7.5min 时达到最高值。

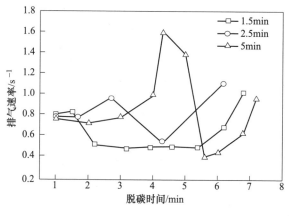

图 3-42　不同吹氧条件排气速率变化趋势

　　对上述 3 个不同吹氧时间点碳含量变化及 CO 曲线变化进行分析。从图 3-43 中可以看出，当吹氧时机为真空开始后 1min 时，脱碳规律呈现两段式，第一段快速脱碳阶段，脱碳速率 k_C 为 0.23，并在 16min 时碳含量降至 10ppm，在 16min

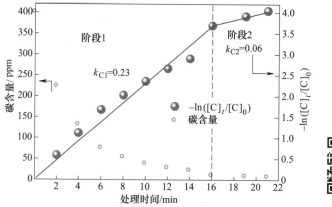

图 3-43　吹氧时间为 1min 时 RH 脱碳过程中碳含量和 $-\ln([C]_t/[C]_0)$ 的变化

后，随着循环时间的增加，碳含量略有下降，但从 16min 到 21min，碳含量下降 2ppm，下降速率缓慢。

当吹氧时机为真空开始后 2.5min 时，脱碳规律同样呈现两段式，如图 3-44 所示。在第一阶段的快速脱碳阶段，脱碳速率 k_C 为 0.31，并在 15min 时钢液中碳含量降至 8ppm，从前两组第一阶段脱碳反应速率比较可以看出，开始吹氧时间为 1min 时脱碳速率小于 2.5min，其主要原因是：（1）当吹氧时间为 1min 时，此时钢液真空度为 50kPa，钢中碳含量为 0.03%，对应此条件下钢中平衡氧含量如图 3-45 所示为 0.042%，而试验过程中，实际钢中氧含量为 0.054%，高于平衡氧浓度，这也意味着在没有吹氧的条件下，仍能自发发生脱碳反应。此时吹氧虽然一定程度上能增加钢中氧含量，加快脱碳反应的发生，但过早吹氧导致脱碳反应前期真空压降速率减慢，影响钢液的排气速率，从而影响整体脱碳反应速率。（2）当吹氧结束时，此时真空度出现阶段性停滞，仍然保持在 50kPa，但是吹氧结束后钢中碳含量已经从 0.03% 降至 0.022%，此时对应钢中平衡氧含量为 0.057%，而实际生产过程氧含量为 0.052%，实际氧低于平衡氧，造成脱碳反应停滞，因此只有当真空度继续降低才能降低平衡氧含量，保证脱碳反应继续发生。上述两个原因导致第一阶段脱碳反应速率较低。

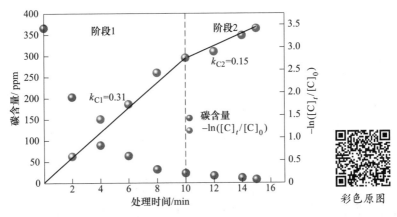

图 3-44　吹氧时间为 2.5min 时 RH 脱碳过程中碳含量和 $-\ln([C]_t/[C]_0)$ 的变化

当开始吹氧时间为极限真空度之后时，脱碳没有呈现比较好的反应规律，在第一、二阶段的反应过程中整体反应速率较快，并在 4min 时达到极限真空度，此时反应动力学及热力学条件较好。但是图 3-46 表明在真空开始 5min 时进行吹氧，吹氧后碳氧反应出现 2min 的停滞，通过对钢液中碳含量进行分析可以看出，在真空开始 5min 时，钢液中碳含量已经达到 0.005%，随着脱碳反应的进行，钢中碳含量继续降低，并在 17.5min 时，钢中碳含量降至 11ppm，脱碳反应结束。

对吹氧时间为 2.5min 及 5min 的炉次进行分析，吹氧时间为 5min 的炉次在

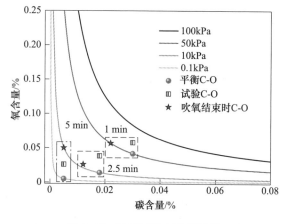

彩色原图

图 3-45　脱氧过程中碳氧平衡

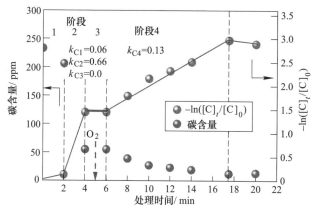

彩色原图

图 3-46　吹氧时间为 5min 时 RH 脱碳过程中
碳含量和 $\ln([C]_t/[C]_0)$ 的变化

脱碳过程中有非常明显的脱碳停滞现象。首先对开始吹氧时间为 5min 时真空室内烟气结果进行分析，如图 3-47 所示。当开始吹氧时，烟气中 CO 量已经呈现下降趋势，开吹后 CO 含量并没有出现回升仍然继续下降，CO_2 虽出现小幅上升，但是上升幅度较小，说明吹氧对提高脱碳效率的作用没有完全发挥，当碳含量降至 50ppm 时，脱碳反应的限制性环节为真空室内碳的传质，此时吹氧不仅不会加快脱碳反应速率的降低，反而由于真空度的破坏导致脱碳过程中碳氧反应平衡打破，从而导致脱碳出现停滞。对此时脱碳过程碳氧平衡进行分析，当开始吹氧时，真空度为 0.1kPa，钢中碳含量为 0.005%，此条件下平衡氧浓度为 0.005%。在实际生产中为了保证吹氧的收得率，开始吹氧后真空度会立即变为 10kPa，而此时钢液的平衡氧浓度会增加到 0.05%，而实际氧浓度为 0.027%，虽然吹入一定量的氧，但是吹氧结束之后氧浓度只有 0.039%，仍然无法保证脱碳反应的进

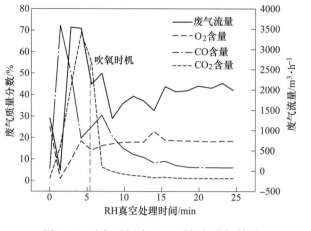

彩色原图

图 3-47 吹氧时间为 5min 时烟气分析结果

行, 只有当真空度继续降低至 0.1kPa 时才能保证脱碳反应的发生, 因此出现明显的脱碳停滞现象。从上述分析可以得到, 当开始吹氧时间控制在 2.5min 左右, 即真空度 10~20kPa 时能较好地控制强制脱碳过程对真空度的影响, 提高脱碳反应速率。

3.4 RH 脱碳反应的物理模拟技术

RH 作为生产超低碳钢的关键设备, 其脱碳过程十分重要。RH 真空室内部高温密闭的环境, 无法直接监测, 尤其内部脱碳过程也无法获得。研究表明, 在 RH 脱碳后期, 钢液中碳含量降低到 20ppm 以下, 真空室表面脱碳作为后期脱碳主要反应位置, 缩短脱碳后期的时间可以提高精炼效率。本节通过 NaOH-CO_2 脱吸附模拟等手段, 模拟 RH 内部脱碳过程, 对提升气体量和真空室液面高度对 RH 脱碳过程的影响进行研究, 有利于后期 RH 高效脱碳的研究[30]。

3.4.1 NaOH-CO_2 脱吸附原理

现在 CO_2 从 NaOH 溶液内脱吸附的试验已被很多学者使用, 但是这种方法是否能用于模拟研究钢液脱碳的复杂过程仍存在争议。D. Guo 计算分析表明 CO_2 从 NaOH 脱吸附的过程, 当 pH 在 6~9 范围内时, CO_2 浓度变化规律与钢液脱碳的规律相似。下面的计算方法来自其文献中, 其中 T 为华氏温度, 试用范围在 20~25℃之间[17]。

$$H^+ + Na^+ \Longrightarrow HCO_3^- + 2CO_3^{2-} + OH^- \tag{3-51}$$

$$[CO_2] = \frac{[H^+] + [Na^+] - [OH^-]}{\eta_1 + 2\eta_2} \tag{3-52}$$

$$\eta_1 = \frac{HCO_3^-}{[CO_2]} = \left(\frac{[H^+]}{k_1} + 1 + \frac{k_2}{[H^+]} \right)^{-1} \qquad (3\text{-}53)$$

$$\eta_2 = \frac{HCO_3^-}{[CO_2]} = \left(\frac{[H^+]^2}{k_1 k_2} + 1 + \frac{[H^+]}{k_2} \right)^{-1} \qquad (3\text{-}54)$$

$$\lg\eta_1 = -4.6526 - \frac{506.42}{T} \qquad (3\text{-}55)$$

式中 η_1——参数 1；

$\quad\quad \eta_2$——参数 2；

$\quad\quad k_2$——第二电离常数；

$\quad\quad k_1$——第一电离常数。

本次试验采用的是 CO_2-NaOH 饱和溶液脱吸附过程，模拟现场钢液脱碳过程。采用 pH 计测量溶液 pH 值变化范围，计算得出 CO_2 随时间变化规律。试验所用 pH 计如图 3-48 所示。

图 3-48　pH 计

3.4.2　工艺条件对 RH 脱碳过程的影响

3.4.2.1　实际碳含量的变化过程

图 3-49 所示为某厂钢液内碳含量随精炼时间的变化关系。碳含量在脱碳前期显著降低，前 10min 的脱碳量占整个过程的 94.4%，而后 8min 的脱碳量仅仅占 5.6%，可以看出脱碳后期，脱碳速率缓慢，是决定整个脱碳时间长短的关键

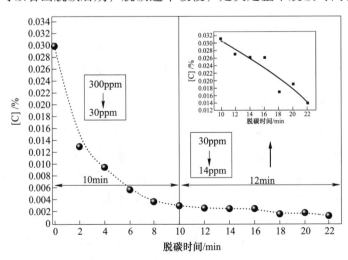

图 3-49　某工厂碳含量随精炼时间关系图

环节。同时后期碳含量从 30ppm 降低到 14ppm，同样是生产高品质钢材的重要阶段。

如图 3-50 所示，随着吹气的进行，CO_2 饱和的 0.02mol/L NaOH 溶液中，CO_2 的浓度随时间的变化趋势。当 CO_2 达到饱和时，CO_2 的浓度为 0.027mol/L，当 CO_2 脱吸附结束时，CO_2 的浓度降低为 0.0195mol/L。与实际工厂中所研究的脱碳过程中的碳含量变化趋势相同。

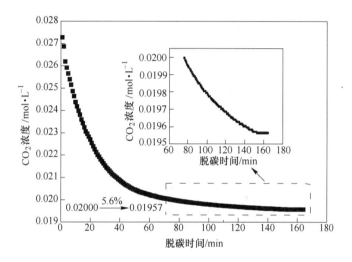

图 3-50 CO_2-NaOH 脱吸附试验中 CO_2 浓度随时间的变化关系

3.4.2.2 提升气体量对脱碳过程的影响

对液面高度和提升气体量进行正交试验，试验参数见表 3-11，测量不同浸入深度下，CO_2 的变化过程。

图 3-51~图 3-54 分别表示液面高度为 40mm、50mm、60mm、70mm 条件下 CO_2 的变化过程。将整个脱碳过程分为 4 个阶段。

t_1：初始阶段提升气体通入上升管内，t_1 时间段水溶液刚开始循环，循环流量不稳定，所以 t_1 时间段内不作为试验过程。

t_2：t_2 时间段内水溶液循环稳定，脱碳速率稳定且较快。对应实际脱碳过程碳含量较高的前期脱碳过程，钢液内部脱碳为主。

t_3：t_3 阶段水溶液中 CO_2 浓度逐渐降低，脱碳速率开始降低。对应钢液脱碳中期碳含量降低，内部脱碳程度减弱，表面脱碳和内部气泡脱碳在总脱碳比例增加。

t_4：t_4 阶段脱碳速率很小，但依旧存在，模拟脱碳后期，真空室内脱碳过程主要依靠真空室表面波动。

表 3-11　试验参数设置

试验方案	参数设置		测 量 内 容
	液面高度/mm	吹气量/L·min⁻¹	
1	40	2500	
2	50	2500	
3	60	2500	
4	70	2500	
5	40	3000	
6	50	3000	0.02mol/L NaOH 溶液+CO₂
7	60	3000	
8	70	3000	
9	40	3500	
10	50	3500	
11	60	3500	
12	70	3500	

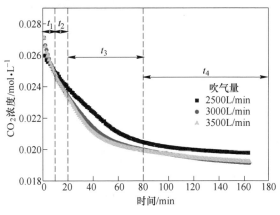

图 3-51　液面高度 40mm 时 CO_2 浓度变化

彩色原图

　　从图 3-51 中可以看出，碳含量随着时间不断降低，在 t_2 阶段内二氧化碳含量降低速度较快，而且 3 种气量的脱碳曲线区域重合。t_3 阶段内二氧化碳浓度下降速度开始减慢，而且 2500L/min 气量条件下的碳含量明显高于另外两个气量，同时在 60min 前后脱碳曲线开始趋于平稳。3000L/min 和 3500L/min 气量条件下此种情况出现在 40min 左右。但是 3500L/min 气量与 3000L/min 气量的差异很小。在 t_4 阶段，500L/min 气量与 3000L/min 气量条件下的脱碳曲线基本重合。所以在浸入深度为 40mm 条件下，3000L/min 和 3500L/min 气量明显优于 2500L/min

条件下的脱碳效果。

图 3-52 中不同提升气体量条件下的脱碳曲线具有相同的变化趋势，但是从 t_3 阶段内以及 t_4 阶段内随着提升气量的增加，脱碳曲线下降越迅速，而且所到达的极限值越小，脱碳效果越好。图中 t_3 阶段内 3500L/min 提升气体量与 3000L/min 气量下的脱碳情况在阶段后期开始显著，但是差异很小，在 t_4 阶段内两者脱碳速率差异开始明显。

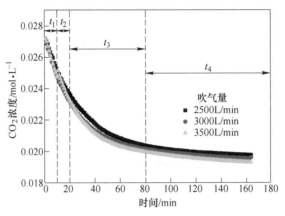

彩色原图

图 3-52 液面高度 50mm 时 CO_2 浓度变化

图 3-53 中在 t_3 阶段内随着气量的增加脱碳曲线下降越来越迅速，而且 3500L/min 与 3000L/min 条件下的脱碳差异逐渐增加，在 t_4 阶段内 3500L/min 的脱碳曲线明显优于其他两条。

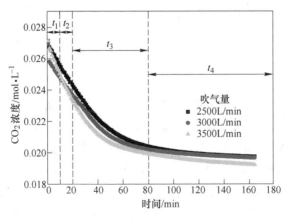

彩色原图

图 3-53 液面高度 60mm 时 CO_2 浓度变化

图 3-54 中在 t_4 阶段内 2500L/min 与 3000L/min 条件下的脱碳曲线逐渐重合，而在 t_3、t_4 阶段内 3500L/min 与 3000L/min 条件下的脱碳差异逐渐增加。

由不同液面高度下，脱碳效果与吹气量之间的关系可知，在 t_2 阶段，不同气量间的差异很小，基本可以忽略，所以前期脱碳效果不是决定提升气体量的关键因素。实际脱碳过程中脱碳前期，真空度不断增加，更小的气量有助于快速达到极限真空度。

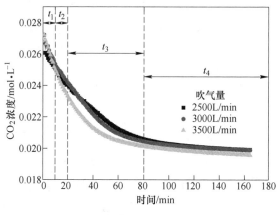

图 3-54　液面高度 70mm 时 CO_2 浓度变化　　　　彩色原图

t_3 阶段，高气量 3500L/min 优于其他两种气量，在 40mm 和 50mm 浸入深度下 3500L/min 与 3000L/min 气量下的脱碳效果相似，在 60mm 和 70mm 两种气量间的差异开始扩大。实际脱碳过程中，中期脱碳阶段内部脱碳、气泡脱碳、表面脱碳 3 种脱碳反应主导位置开始转变，应考虑液面高度条件，再进一步确定气量。

t_4 阶段，脱碳过程中最重要、耗时最长的阶段，大气量可以达到最好的效果，减少脱碳时间。主要脱碳反应为真空表面脱碳，大气量可以增加表面波动效果。

3.4.2.3　不同液面高度条件对脱碳过程的影响

真空室液面高度直接影响真空室内气液两相流的流动形式，同时影响真空室表面的波动情况，间接影响脱碳过程，所以固定提升气体量分别为 2500L/min、3000L/min 和 3500L/min，记录不同浸入深度下的脱碳过程。

当吹气量为 2500L/min 时，在 20~80min 内，液面高度为 50mm 的条件下，CO_2 浓度降低最快，最先趋于平稳，在 45min 左右开始减速下降转变脱碳方式。当液面高度为 40mm、70mm 时，CO_2 浓度在 60min 左右开始缓慢下降，比 50mm 情况下晚 15min，而且两条脱碳曲线基本重合。在脱碳后期 80min 后，在放大图中，4 种液面高度下的脱碳规律相同，所能到达的脱碳程度不同（50mm > 60mm > 40mm > 70mm）。在吹气量为 2500L/min 时，液面高度为 50mm 的条件下，比其他液面高度优先转换脱碳方式，达到快速脱碳的效果（见图 3-55）。

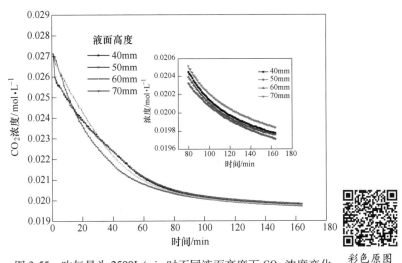

图 3-55　吹气量为 2500L/min 时不同液面高度下 CO_2 浓度变化

彩色原图

当吹气量为 3000L/min 时，在 20~50min 阶段，初始阶段 50mm > 40mm > 60mm > 70mm，在 50min 后 40mm 液面高度条件下优于 50mm，并持续到脱碳后期。在 50min 后的时间内，除 40mm 液面高度外，其余三种液面高度下，脱碳曲线趋势完全一致，可以说明 40mm 液面高度条件下，真空室内流动状态发生转变（见图 3-56）。

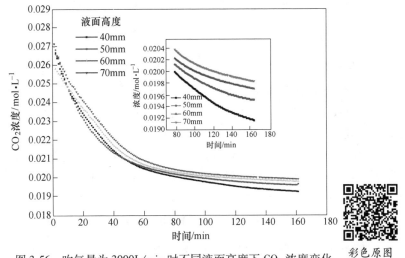

图 3-56　吹气量为 3000L/min 时不同液面高度下 CO_2 浓度变化

彩色原图

不同于 2500L/min 条件下的结果，当气体量增加，真空室液面过低会产生表面喷溅，增加脱碳面积，40mm 条件下的脱碳效果比较好，但是考虑到喷溅的影响，尤其在脱碳反应前期不应选取。

从图 3-57 中可以看出，当提升气体量为 3500L/min 时，四种液面高度条件下的脱碳曲线基本重合，但在脱碳后期 80min 后，液面高度为 70mm 条件下的脱碳曲线高于其余三条，脱碳效果较差，曲线趋势也不相同，证明此时它们间的脱碳模式同样存在差异。从宏观图中可以看出，此种差异较小，可近似认为效果相同。

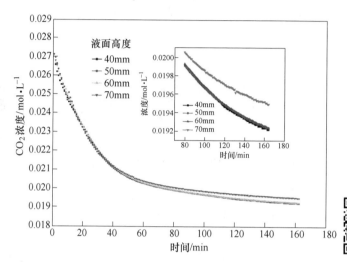

图 3-57　吹气量为 3500L/min 时不同液面高度下 CO_2 浓度变化　　彩色原图

综上，真空室液面高度的改变对脱碳中期及后期有显著影响，三种气量条件下，脱碳中期真空室液面高度为 50mm 时脱碳效果最好，脱碳后期气量的增加带来表面喷溅，脱碳情况产生差异。

提升气体量 3000L/min，真空室液面低于 40mm 产生喷溅，3500L/min 真空室液面低于 70mm 产生喷溅。3000L/min 属于中等气量可用于脱碳反应中期，此时内部碳氧反应仍然存在，应该避免由提升气体量和液面高度所产生的喷溅，避免加剧喷溅程度。

3500L/min 的大气量一般用于 RH 循环阶段后期，后期碳氧反应情况较弱，且在 3500L/min 气量条件下，四种液面高度脱碳效果虽有差异，但是相差绝对值小于 0.001mol/L，而且相对于 40mm，50mm 液面高度条件下表面波动的差异比 40mm 条件下的弱。综合考虑，真空室液面高度应控制在 50~60mm。

3.4.3　真空室液面高度对脱碳反应面积的影响

实际生产过程中，碳氧含量和真空室压力均随着脱碳时间的变化而大幅度变化，典型的变化过程见表 3-12。将表中数据代入式（3-23）可得到反应深度随时间的变化关系，如图 3-58 所示。

表 3-12 脱碳过程中碳氧含量的变化

脱碳时间/min	[C]/%	[O]/%	p_V/kPa
2	0.023	0.0614	4.653
4	0.018	0.0627	0.805
6	0.0082	0.0525	0.160
8	0.0034	0.0497	0.116
10	0.0026	0.0507	0.102
12	0.0020	0.0504	0.099
14	0.0018	0.0489	0.098
16	0.0015	0.0507	0.099
18	0.0028	0.0518	0.095
20	0.0014	0.0495	0.088

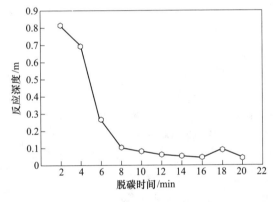

图 3-58 脱碳反应深度的变化

图 3-58 即为脱碳反应深度随实际脱碳时间的变化规律。由图中可知，随着碳氧反应的进行，脱碳反应深度由 0.8m 经 8min 快速降低至 0.1m。当浸渍管浸入深度增加为 600mm 时，真空室内极限液面高度略低于 0.4m，即当脱碳时间小于 5min 时，脱碳反应深度均大于真空室液面高度。说明脱碳前期钢液在真空室内全区域脱碳，钢液的脱碳反应深度随着真空室压力的降低逐渐由钢液内部转为钢液表面。

因此，为了保证较大的脱碳面积，脱碳前期真空室内液面高度应尽量高；脱碳后期属于真空室表面脱碳，这与 Satish[35] 的结论一致，同样为了获得较大的脱碳面积，脱碳后期必须尽量增大真空室液面的表面积，下面将对真空室液面表面积进行详细阐述。

RH 内钢液循环的动能来自气泡的浮力和气泡膨胀对钢液所做的功，有研究者推导证明气泡浮力对钢液做的功和气泡膨胀对钢液做的功相等：

$$W = 2\rho g H Q_b \tag{3-56}$$

式中　W——气体对钢液做的总功，J/s；

　　　ρ——钢液密度，kg/m³；

　　　H——气体喷吹深度，m；

　　　Q_b——吹入的气体量，m³/s。

$$W = W_1 + W_2 + \xi \frac{\rho^2}{2} v^2 Q \sum_{i=1}^{3} \frac{L_i}{D_i} \tag{3-57}$$

$$\xi = \frac{0.175}{Re^{0.12}} \tag{3-58}$$

式中　ξ——摩擦系数，工程中对砖砌管道常采用经验公式（3-58）；

　　　v——钢液循环速度，m/s；

　　　Q——钢液循环流量，m³/s；

　　　L_i——钢液分别流经上升管、真空室和下降管的特征长度，m；

　　　D_i——上升管、真空室和下降管的直径，m。

　　吹入的气体单位时间内对钢液做的功 W；部分能量 W_1 使钢液循环流动；部分能量 W_2 使真空室液面剧烈波动；还有一部分经摩擦阻力耗散，这里忽略了局部阻力损失，仅计算沿程阻力损失。

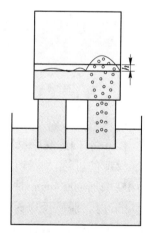

　　W_2 使真空室液面剧烈波动，真空室内钢液的自由表面积增大，有利于加快 RH 后期脱碳速率。假设真空室内波动钢液的自由表面积是平稳时钢液表面积的 n 倍，若将 n 层平稳的钢液面叠加可得到假想的反应活跃区高度 h，如图 3-59 所示，其计算方法如式（3-59）所示。

$$h = \frac{1}{D_2} \sqrt{\frac{4W_2}{g\pi\rho}} \tag{3-59}$$

式中　h——反应活跃区高度，m；

　　　D_2——真空室内径，m。

　　图 3-60 为真空室液面高度对真空室反应活跃区高度 h 和反应活跃区在整个真空室内所占比例的影响。当真空室液面高度较低时，大量气泡快速到达表面导致真空室内较少的钢液剧烈翻滚，部分气泡来不及排

图 3-59　反应活跃区
高度示意图

出，将随着钢流进入下降管中，水模试验中低真空室液面下经常会观察到气泡被卷入下降管中，因此液面高度低于 100mm 的反应活跃区高度的计算结果略高于实际真空室液面高度，因此液面高度低于 100mm 时，认为真空室内完全是活跃

区，其比例近似为 1；液面高度低于 300mm 时，真空室内钢液反应活跃区占到 50%以上，随着液面高度的增加，活跃区所占的份额越来越小。

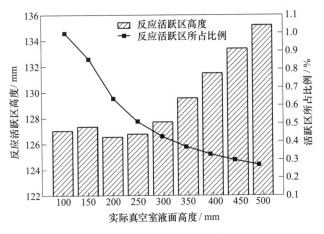

图 3-60 真空室液面高度对反应活跃区的影响

若单纯从反应活跃区高度，即真空室自由表面面积的角度分析，真空室液面高度在低于 300mm 时，真空室内反应活跃区高度保持稳定，真空室液面高度的增加对加快表面脱碳反应速率的贡献不大，主要是因为此时钢液的循环供不应求，大部分能量用来增加钢液的循环速度，因此自由表面积的增加微弱；当真空室液面高度高于 300mm 后，真空室内反应活跃区高度呈线性快速增加，此时钢液的循环供大于求，同时气泡行程的增加使更多能量用来增加钢液的自由表面积，可较显著地加快表面脱碳速率。因此，若想提高脱碳反应后期的脱碳效率，增大真空室钢液自由表面的表面积，应将真空室液面高度增加至 300mm 以上，此时气泡行为对表面积的增加贡献较大。

3.5 RH 高效脱碳工艺应用案例

对某厂半年生产数据进行统计分析发现，6 个月生产 DC06 共 581 炉，其中 77 炉 RH 出站碳含量在 10ppm 以下，占 13.25%；RH 出站碳含量在 10～15ppm 间的共 269 炉，占 46.30%。图 3-61 为该厂试验炉次的 RH 脱碳速率图。与经典的 S. C. Kang 脱碳速率图相比，该厂除了脱碳初始的低速脱碳阶段、脱碳中期的快速脱碳阶段和脱碳后期的缓慢脱碳阶段，还在快速脱碳阶段与缓慢脱碳阶段存在一个停滞区。

为了加快 RH 脱碳速率，并消除脱碳滞止区，对该厂 DC06 的 500 炉生产数据进行分析，并结合实验室研究结果进行工业试验研究，包括 RH 脱碳的关键影响环节：RH 内碳氧含量、RH 压降制度和提升气体流量制度，为 RH 快速深脱碳工艺技术的开发提供依据。与此同时，在工业试验的基础上进行理论研究，以获得适用于一般大型 RH 设备的快速脱碳技术。

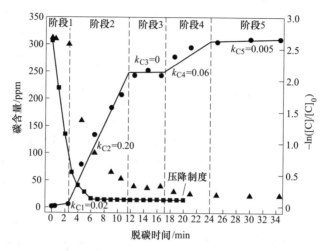

图 3-61　某厂 RH 试验炉次脱碳速率图

3.5.1　初始碳氧含量对 RH 脱碳的影响

通过现场工业试验研究碳氧浓度、真空模式和提升气体流量模式对脱碳速率的影响，构建不同钢液条件的脱碳模式，希望获得较优的脱碳模式以及各种脱碳机制下，如内部脱碳、气泡脱碳和喷溅脱碳，合理的真空室压力、真空室液面高度和吹气制度等控制条件。

3.5.1.1　不同碳氧含量下脱碳速率变化

为考察初始碳含量对 RH 脱碳速率的影响，对 4 个不同 RH 进站碳含量的炉次在脱碳开始后每隔 2min 取钢包内完全混合的钢液试样进行元素检测分析。4 个炉次除碳含量的变化外，压降制度、提升气体流量制度和温度均保持一致。采用同样的方法，对不同 RH 进站氧含量进行了工业试验和分析。试验方案见表 3-13。

不同初始碳含量下碳含量的变化曲线如图 3-62（a）所示。在脱碳 2~6min 碳含量显著下降，12min 后，碳含量已降低至 15ppm 左右，碳含量的变化已不明显。从碳含量的变化率可看出，初始碳含量为 300ppm 和 324ppm 时，前 8min 的脱碳速率较快，相比初始碳含量为 300ppm，碳含量为 324ppm 时脱碳速率更快。图 3-62（b）可以更直观地看到脱碳速率常数随脱碳时间的变化：脱碳初期（前

表 3-13 碳含量变化试验

炉号	RH 进站 [C] /ppm	RH 进站 [O] /ppm	进站 [C]/[O]	进站温度 /℃
131C08075	342	716	0.48	1633
131B03466	324	693	0.47	1623
131B03469	300	693	0.43	1624
131A08099	270	568	0.48	1631

8min），当初始碳含量分别为 270ppm 和 342ppm 时，脱碳速率常数较小，且碳含量越低，对应的初期脱碳速率常数越低；当初始碳含量为 300ppm 和 324ppm 时，其脱碳速率常数均较高；开始脱碳 10min 后，脱碳速率常数的整体变化趋势随脱碳时间的增加而减小，由于碳氧含量已降到较低水平，各条件下脱碳后期的脱碳速率常数相差不大。

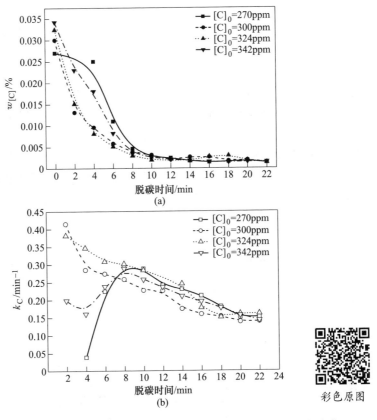

图 3-62 不同初始碳含量下钢液内碳含量（a）与脱碳速率常数（b）的变化

RH 脱碳过程的主要环节有：

（1）［C］及［O］元素从钢包向真空室内传递；

（2）［C］及［O］元素向耐火材料表面和气泡表面传质及吸附；

（3）吸附的［C］、［O］元素发生碳氧反应，形成 CO 气体；

（4）CO 气泡形成、长大，经真空室熔池排出。

其中起限制作用的是［C］、［O］的传质及 CO 的形核、长大。然而，在异相形核的条件下，CO 的形核和长大不构成反应的限制性环节。因此，脱碳反应速率的限制性环节是碳和氧元素的传质过程，其体积传质系数 ak 可由脱碳速率常数 k' 获得：

$$ak = \frac{k'V}{1 - \frac{V}{Q}k'} \tag{3-60}$$

式中　k'——脱碳速率常数，$\min^{-1}$；

　　　V——钢包体积，$\mathrm{m^3}$；

　　　Q——RH 循环流量，$\mathrm{m^3/min}$。

RH 脱碳过程大致分为两个阶段。脱碳第一阶段一般为碳含量从 150～250ppm 降低至 20～40ppm；脱碳第二阶段为碳含量从 20～40ppm 降低至 10ppm 以下。

脱碳过程中体积传质系数的变化情况如图 3-63 所示。从图中可知，体积传质系数随着钢液中碳含量的降低，基本都先增大后降低。当钢液中碳含量大于 150ppm 时，碳氧含量浓度均较高但传质系数较低，此时真空室压力较高，脱碳条件较差，说明脱碳初期限制性环节为碳氧反应；当钢液中碳含量为 45～55ppm 时，真空室压力基本到达深真空，钢液中碳氧元素的传质系数较高，此时钢液内的脱碳热力学和动力学条件均较好，大致为脱碳开始后的 6min。因此，为保证

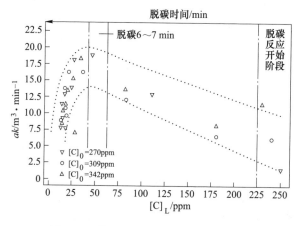

图 3-63　体积传质系数与碳含量的关系

脱碳的良好环境，在脱碳开始后 6min 内应尽量不实施加废钢或合金等操作。

当钢液中碳含量小于 40ppm 时，钢液内元素的传质成为脱碳过程的限制性环节，即进入脱碳反应的第二阶段。由图 3-64 可知，脱碳第二阶段，体积传质系数随钢液内碳含量的降低而降低，当钢液内碳含量小于 20ppm 后传质系数均较低，均小于 14m³/min，此时不同初始碳含量的体积传质系数相差不大。由前分析，气液两相流的传质系数与扩散系数的平方根和含气率成正比，当浓度梯度对传质作用较小时，可尽量增大真空室和上升管内的含气率。

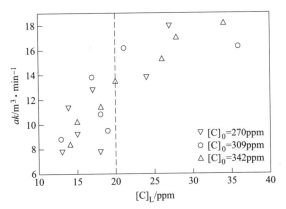

图 3-64 体积传质系数与初始碳含量的关系

进一步针对碳氧比对脱碳速率的影响进行了工业试验研究，见表 3-14，高碳氧比和低碳氧比的对比试验结果如图 3-65 所示。

表 3-14 氧含量变化试验

炉号	RH 进站 [C]/ppm	RH 进站 [O]/ppm	进站 [C]/[O]	进站温度/℃
131B03469	300	693	0.43	1624
131C08435	309	558	0.55	1626

图 3-65 为不同碳氧比下钢液内碳含量和脱碳速率常数的变化情况。由图可明显看出，脱碳前 8min，[C]/[O] 比为 0.43，即高氧含量下，钢液内的碳含量较低；脱碳 8min 后，[C]/[O] 比为 0.55，即低氧含量下，钢液内碳含量可达到更低值。从脱碳速率常数随时间的变化图上也可以看出，8min 前氧含量为 693ppm 时，其脱碳速率常数明显高于氧含量为 558ppm 的脱碳速率；而 8min 后氧含量为 558ppm 时，其脱碳速率整体高于高氧含量的脱碳速率。说明当初始氧含量小于 558ppm 时，氧的传质为限制性环节；但随着真空室压力逐步降低，碳的还原能力逐渐增强，且 CO 气泡的生成也加快了氧的传质，脱碳速率逐步上

升，大于8min后，由于前期碳氧反应较为缓和，使反应后期碳的含量仍较高，减轻了碳传质对碳氧反应速率的影响。

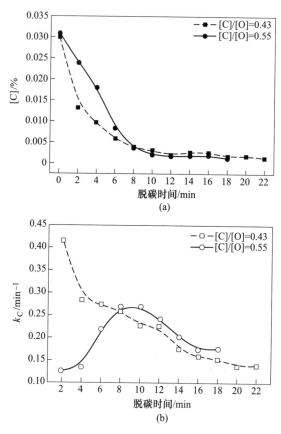

图 3-65　不同氧含量下钢液内碳含量（a）与脱碳速率常数（b）的变化

当初始氧含量大于693ppm时，氧含量较高，氧的传质不是脱碳的限制性环节，反应速率较高，但随着碳氧反应的快速进行，碳含量逐渐降低，碳的传质转变为脱碳的限制性环节，所以脱碳速率逐渐降低。如图3-66所示，体积传质系数随钢液碳含量降低而降低，且初始氧含量较高的末期体积传质系数明显低于初始氧含量低时末期的体积传质系数。

3.5.1.2　RH 进站碳氧含量分析

根据碳氧含量试验分析及理论分析，初始碳含量为324ppm时，RH脱碳速率较快，且碳含量小于370ppm时，碳的传质为脱碳过程的限制性环节。因此，结合现场生产数据可获得生产极低碳含量钢的关键技术。

RH进站碳氧含量对碳氧反应速率及终点碳含量影响较大。对比了脱碳结束碳

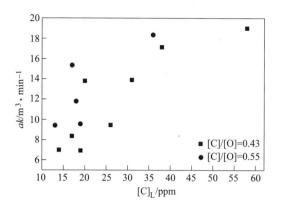

图 3-66 不同氧含量下体积传质系数与碳含量的关系

含量小于 10ppm 的生产炉次和 10~15ppm 的生产炉次发现，在 RH 进站氧含量相同的条件下，进站碳含量较高的炉次更容易生产得到极低碳含量钢（<10ppm）。如图 3-67 所示，当进站碳含量大于 300ppm 时，大部分生产炉次的脱碳结束碳含量均小于 10ppm。因此，较高的 RH 进站碳含量（大于 300ppm）有利于获得小于 10ppm 的 RH 脱碳结束碳含量。因此，RH 进站碳含量的较佳控制范围为 320~345ppm。

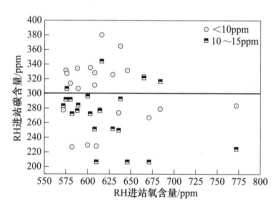

图 3-67 RH 进站氧含量与进站碳含量的关系

假定经 RH 脱碳后钢液碳含量降至 10ppm，由 C 和 O 的化学计量关系计算所需要的溶解氧，称为理论需氧量。理论需氧量与实际氧含量的差值称为过剩氧，较多的过剩氧会与铝反应导致 RH 精炼结束后夹杂物含量升高，影响板坯质量。

图 3-68 和图 3-69 分别为 A 厂和 B 厂的理论需氧量和实际氧含量的对比图。其中，B 厂 RH 精炼能力强于 A 厂。可以看出 A 厂的过剩氧含量 261ppm 明显高于 B 厂的 197ppm，相差 34.5%，这将对精炼后期温度和夹杂物的控制增加难度。

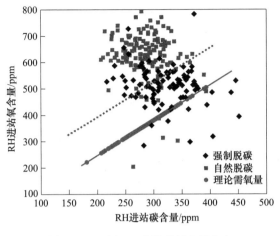

彩色原图

图 3-68　A 厂 RH 进站碳氧含量分布

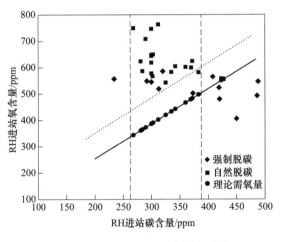

彩色原图

图 3-69　B 厂 RH 进站碳氧含量分布

因此，要降低过剩氧，应合理控制 RH 进站氧含量。

综合分析可知，对于该厂的 RH 脱碳过程，初始氧含量低于 558ppm 时，氧的传质会成为脱碳过程的限制性环节，RH 进站应控制 $0.43 < [C]/[O] < 0.55$，氧含量大于 558ppm。

3.5.1.3　转炉出钢碳氧含量分析

某厂实际超低碳钢生产时，转炉采用沸腾出钢，出钢后在渣面加入缓释脱氧剂，保证 RH 进站氧含量不过高，避免 RH 处理结束后钢液内产生大量不利于产品质量的夹杂物。

分析转炉过程中发生的碳氧反应 $[C]+[O] = CO$，理论上转炉钢碳氧积表示为：$[\%C][\%O] = p_{CO}/K$。BOF 终点 CO 的分压 p_{CO} 约在 $0.81×10^5 \sim 1.01×10^5$ Pa 之间。随着温度的升高 BOF 终点碳氧积增大，当 BOF 终点温度为 1645～1727℃ 时，对应的碳氧积理论值在 0.0020～0.0026 之间[31,32]。

实际转炉出钢碳氧积如图 3-70 所示。当碳含量在 340～460ppm 时，落在理论碳氧积范围内；出钢碳含量大于 400ppm 时，随碳含量增加理论碳氧积变小；出钢碳含量小于 340ppm 或转炉终点氧含量大于 800ppm 时，理论碳氧积变大，钢液将过氧化。

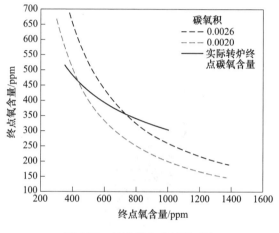

彩色原图

图 3-70 转炉终点碳氧积对比

根据 RH 进站碳氧含量的要求和大量生产数据分析可获得超低碳钢生产转炉出钢过程的限定条件。

图 3-71 为经大量生产数据分析得到的 RH 进站碳含量与转炉出钢碳含量的关

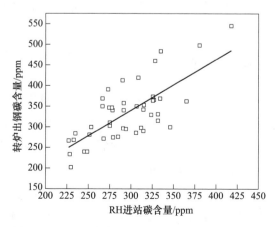

图 3-71 RH 进站碳含量与转炉出钢碳含量的关系

系。从图中可看出，进站碳与转炉出钢碳呈线性关系：

$$w_{[C]_{tap}} = 1.24 w_{[C]_{RH\ intial}} - 30.7 \qquad (3-61)$$

由较佳的 RH 进站碳含量范围 320~345ppm，可获得较优的转炉出钢碳含量为 366~397ppm，落在理论碳氧积范围内。

对 500 炉现场生产数据进行总结分析，发现转炉终点碳氧比为 0.53 是 RH 结束碳含量小于 10ppm 和 10~15ppm 的分界线。当转炉终点碳氧比大于 0.53 时，绝大部分生产炉次的 RH 结束碳含量均大于 10ppm，而小于 10ppm 的炉次主要集中在转炉终点碳氧比小于 0.53 的区域内，如图 3-72 所示。

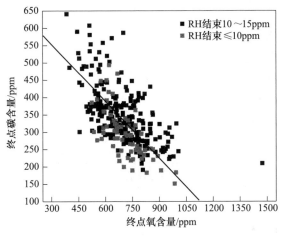

彩色原图

图 3-72　转炉终点碳氧含量对比

因此，当转炉终点碳含量控制在 366~397ppm 时，转炉终点氧含量应近似大于碳含量的 1.9 倍，即 690~745ppm，但应小于 800ppm，否则钢液将出现过氧化现象。

3.5.2　RH 压降制度控制对脱碳的影响

RH 生产过程中，影响压降速率的因素包括真空泵的开启时间和吹入的气体流量制度，它们对真空室内的压力降低速率产生综合影响。对 3 炉不同真空制度和不同提升气体流量制度下的 RH 脱碳试样进行分析，具体信息见表 3-15，其中前两炉采用抽气能力较弱的 1 号 RH 进行试验，第三炉采用抽气能力较强的 2 号 RH 进行试验；各炉的提升气体流量制度具体如图 3-73 所示，主要改变了前 3min 的提升气体流量。将不同抽气能力和不同提升气体流量制度对 RH 压降速率和脱碳速率的影响进行比较分析。

表 3-15 不同炉次 RH 工艺参数

炉号	进站 [C]/[O]	进站温度 /℃	脱碳模式	
			真空模式	提升气体模式/m³·h⁻¹
131B03466	0.47	1623	预真空 12min 10min 达深真空 17min 脱碳结束	160(0~3min)-180(3~4min)-220(4~20min)- 150(20min~结束)
131B03467	—	1626		220(0~3min)-180(3~4min)-220(4~22min)- 150(22min~结束)
131B03505	0.42	1628	预真空 1min 8min 达深真空 16min 脱碳结束	160(0~3min)-180(3~4min)-220(4~22min)- 150(22min~结束)

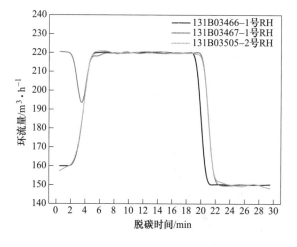

图 3-73 不同提升气体流量模式

彩色原图

3.5.2.1 抽气能力的影响

图 3-74 为不同抽气能力的 RH 真空室中压降速率的变化图。131B03466 和 131B03505 分别是 1 号 RH 试验炉次和 2 号 RH 试验炉次，其中仅设备的抽气能力不同，1 号 RH 的抽气能力小于 2 号 RH 的抽气能力，两炉次的提升气体流量制度几乎相同。从图中可明显看出，RH 脱碳过程的前 5min，131B03466 炉次真空度由 48.19kPa 降低到 4.44kPa，压降速率为 10.94kPa/min；131B03505 炉次真空度由 62.14kPa 降低到 4.17kPa，压降速率为 14.49kPa/min，与 131B03505 炉次相比，压降速率增加 32.5%。

图 3-75 为 RH 抽气能力对脱碳速率的影响。由图可知，由于抽气能力使 2 号 RH 真空室压降速率增加 32.5%，整个脱碳过程，2 号 RH 的脱碳速率常数均大

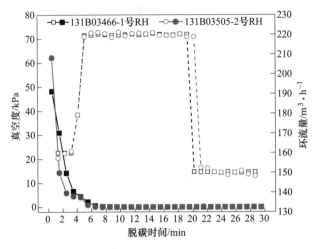

彩色原图

图 3-74　抽气能力对压降速率的影响

于 1 号 RH 的脱碳速率常数。证明了上节的分析结果，脱碳前 6min 真空室压力为脱碳速率的主要影响因素。

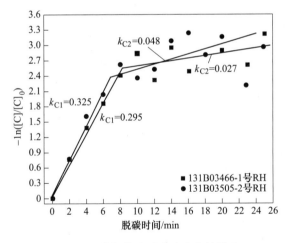

彩色原图

图 3-75　抽气能力对脱碳速率的影响

3.5.2.2　提升气体流量的影响

图 3-76 为不同提升气体流量制度时的 RH 真空室中压降速率的变化图。131B03466 和 131B03467 分别是前 3min 每分钟吹气量为 $2.67m^3$ 的试验炉次和前 3min 每分钟吹气量为 $3.67m^3$ 的试验炉次，其中设备的抽气能力相同。从图中可看出，RH 脱碳过程的前 4min，131B03466 炉次真空度由 48.19kPa 降低到 6.47kPa，压降速率为 13.91kPa/min，与 131B03467 炉次相比，压降速率略大。

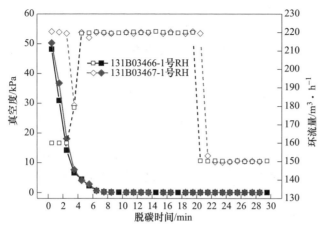

彩色原图

图 3-76　提升气体流量制度对压降速率的影响

图 3-77 为 RH 提升气体流量制度对脱碳速率的影响。由图可知，整个脱碳过程中，131B03467 炉次的脱碳速率常数低于 131B03466 炉次，131B03467 炉次的脱碳分为 3 个阶段：前 6min 为第一较快速脱碳阶段 $k_{C1}=0.180$，6~14min 第二低速脱碳阶段 $k_{C2}=0.123$ 和后期的缓慢脱碳阶段 $k_{C3}=0.016$。相比 131B03466 炉次分为 2 个阶段：前 8min 快速脱碳阶段 $k_{C1}=0.295$ 和后期的缓慢脱碳阶段 $k_{C2}=0.027$。由不同提升气体流量制度引起的不同的压降速率是产生上述现象的一个原因，另一原因可能是因为初始碳氧含量的不同，这里由于未能测出初始碳氧含量，所以不具体进行分析。

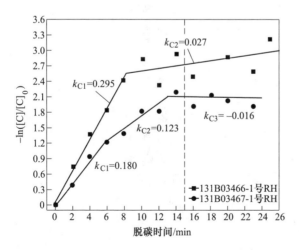

图 3-77　提升气体流量制度对脱碳速率的影响

RH 真空室内的负压是通过真空泵将其内气体不断抽出而获得的，真空泵共有五级泵。若想将真空室内压力维持在极低水平，需将五级泵均开启。真空泵工作时首先开启第五级泵，当真空室内压力小于 35kPa 后四级泵开启，当真空室内压力低于 8kPa 开启三级泵，当真空室内压力达到极限真空室时将开启一级泵，提升气体流量制度将影响各级泵开启的时间，初始提升气体流量较大时，将推迟三级和四级泵开启的时间，如图 3-78 为脱碳前 3min 的吹气量对三级泵和四级泵开启时间的影响。

图 3-78 中各点取自前 3min 吹气总量不同的 5 炉试验炉次，前 3min 吹气量影响三级泵开启的时间，前 3min 吹气量大于 160m³/h 后，四级泵和三级泵开启的时间均推迟，尤其是四级泵的开启时间，这将影响 RH 处理前期的压降速率。因此脱碳前 3min 最大气量不能超过 160m³/h。

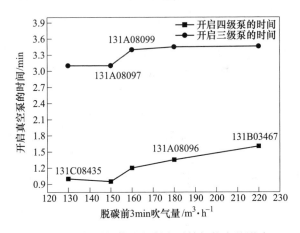

图 3-78　提升气体流量制度对抽气能力的影响

3.5.3　提升气体流量制度控制对脱碳的影响

上节大概描述了提升气体流量制度，即吹气模式对抽气能力以至于压降速率的影响，本节主要对 4 炉不同提升气体流量制度下的 RH 脱碳过程进行详细分析，包括对不同时刻设备排气速率、到达深真空度的时间、碳含量的变化情况、不同真空制度和不同提升气体流量制度下脱碳速率的变化进行比较分析。4 炉试验炉次分别是 131C08435、131C08441、131A08097 和 131A08099，见表 3-16。具体信息如图 3-79 所示。

3.5.3.1　对排气速率的影响

排气速率对脱碳反应速率大小的影响非常重要。由图 3-80 排气速率对脱碳速率常数的影响图可知，排气速率越大，脱碳反应速率越快。图 3-81 为住友制

表 3-16 不同炉次 RH 工艺参数

炉号	RH 进站 [C] /ppm	RH 进站 [O] /ppm	进站 [C]/[O]	进站 温度 /℃	提升气体流量制度/m³·h⁻¹
131C08435	309	558	0.55	1626	130(0~2min)－170(2~3min)－210(3~6min)－ 180(6~22min)－150(22min~结束)
131C08441	289	605	0.48	1621	180(0~3min)－150(3~9min)－220(9~16min)－ 150(16min~结束)
131A08099	270	568	0.48	1631	160(0~2min)－180(2~4min)－220(4~16min)－ 150(16min~结束)
131A08097	276	616	0.44	1619	150(0~9min)－220(9~16min)－150(16min~结束)

铁所不同排气速率下的压降制度。可看出当排气速率大于 0.01s⁻¹后，RH 真空室压力可在 400s（6.7min）内达到深真空。

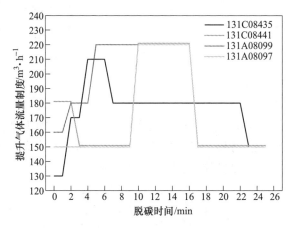

彩色原图

图 3-79 不同提升气体流量制度

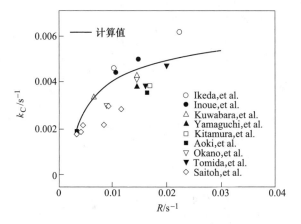

图 3-80 排气速率对脱碳速率常数的影响

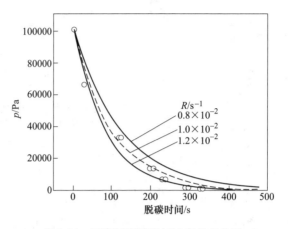

图 3-81　压降制度随排气速率的变化图

$$-\frac{\mathrm{d}p}{\mathrm{d}t} = R \cdot p \tag{3-62}$$

$$R = \frac{\ln p_0 - \ln p}{t} \tag{3-63}$$

式中　p——真空室压力，kPa；

　　　R——排气速率，s^{-1}。

图 3-82 为某厂排气速率与到达深真空时间的关系。图中 131B08149 为一个吹氧脱碳炉次，与其他试验炉次条件不同，所以未考虑其提升气体流量制度的影响，但其到达深真空的时间与排气速率是相关的。

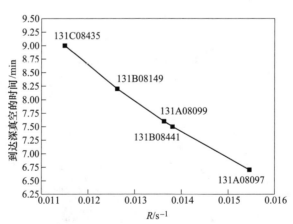

图 3-82　某厂排气速率与到达深真空时间的关系

从图中可以看出，不同吹气制度下，该厂的排气速率均在 0.011s^{-1} 以上，说明 RH 真空设备的抽气能力与国际先进水平相当；但在较高排气速率 0.155s^{-1} 时，真空室到达深真空（0.1kPa）的时间为 6.7min，与日本住友排气速率 0.10s^{-1}时水平相当；说明现有吹气制度仍有不足。

3.5.3.2　对终点碳含量的影响

图 3-83 为到达深真空的时间对 RH 终点碳含量的影响。对 8 炉初始碳氧比接近但不同提升气体流量制度下的 RH 脱碳炉次进行试验，试验结果如图中所示。对试验结果的趋势进行拟合发现，当到达深真空的时间小于 8.5min 时，终点碳含量基本可控制在 11ppm 以内；当到达深真空的时间大于 8.5min 后，终点碳含量随到达深真空时间的增大呈指数趋势增加。因此，实际生产过程中，RH 真空室内压力必须在 8.5min 内到达极限深真空。图中出现异常点的原因为，虽然该点碳氧比与其他点接近，但其初始碳含量较低，碳元素较小的传质速率是其反应不充分、终点碳含量较高的主要原因。

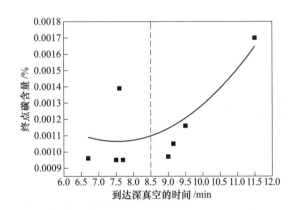

图 3-83　到达深真空时间对终点碳含量的影响

3.5.3.3　对到达深真空时间的影响

图 3-84 为不同提升气体流量下对到达深真空时间的影响。图中炉号 131A08097、131C08441、131A08099 和 131C08435 分别代表不同的提升气体流量制度，131B08149 代表吹氧炉次，其提升气体流量制度与 131A08097 相同。从不同时间内吹入真空室的气量对到达深真空时间的影响来看，前 3min 和前 6min 吹入的气量与到达深真空的时间无明显的规律关系，而前 4min 和 5min 吹入的气量值越大，到达深真空的时间越长。因此，RH 生产过程中前 4~5min 向真空室内吹入的气体总量对到达深真空的时间至关重要，应尽量使吹入的气体总量小。

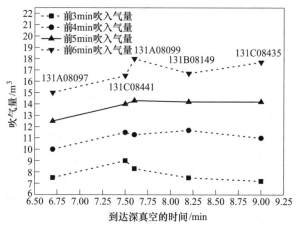

彩色原图

图 3-84　吹气量对到达深真空时间的影响

3.5.3.4　对脱碳速率的影响

图 3-85 为试验炉次在脱碳过程中碳含量的变化情况。从图中可明显看出，大部分炉次在 2~4min 时出现脱碳滞止台阶，减缓了脱碳速率；但 131A08097 炉次，并未出现脱碳滞止台阶，其终点碳含量较低，主要是因为其前 4min 内的吹气量为 $10m^3$，为 6 炉中最小。因此，建议生产过程中前 4min 内吹入气体量控制在 $10m^3$ 以内。

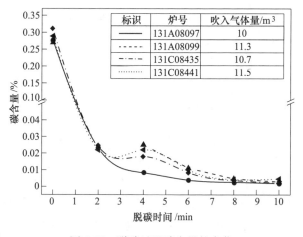

彩色原图

图 3-85　脱碳过程碳含量的变化

图 3-86 为 4 组不同提升气体流量下的试验炉次的脱碳速率常数随时间的变化情况。从图中可知，不同提升气体流量下各炉次的脱碳模式并不相同。

131C08441 和 131C08435 炉次脱碳分为 3 个阶段：0~4min 初始低速脱碳阶段，其速率常数用 k_{C1} 表示；4~10min 快速脱碳阶段，其速率常数用 k_{C2} 表示；10min 后为缓慢脱碳阶段，其速率常数用 k_{C3} 表示。在前 4min 的初始脱碳阶段，脱碳速率与前 4min 吹入的气体总量的相关性较强，即前 4min 吹入的气量越少，初始脱碳速率越快，由 0 增加到与快速脱碳阶段速率相同。131C08099 炉次由于脱碳 2min 的脱碳样未给出检测结果，所以暂不能具体给出该炉次的脱碳模式，但其脱碳速率常数 k_{C2} 与 131C08441 炉次相近，且这两炉前 4min 的吹气量也相近，因此可推测 131C08099 炉次的脱碳模式与 131C08441 炉次类似，也为三段式。脱碳 4min 后进入快速脱碳阶段，其脱碳速率也随着前 4min 吹入气体量的减小而增加，但其相关性弱于初始脱碳阶段。由上述结果可知，前 4min 的提升气体流量制度对脱碳模式非常重要。

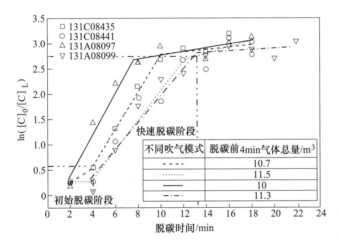

彩色原图

图 3-86 脱碳速率常数随时间的变化关系

3.5.4 RH 脱碳优化效果对比

将试验和理论研究获得的快速脱碳技术应用于实际生产过程中，首先脱碳前 6min 未添加合金，添加时间更改到脱碳结束后，如图 3-87 所示；吹气模式采用前 4min 气体吹入总量先由 11.3m^3 降低为 10.7m^3，脱碳后期（脱碳时间大于 8min）气体流量为 220m^3/h；真空室极限液面高度为 300mm。

现场应用近一年效果较好，统计 316 炉超低碳钢的 RH 结束碳含量平均为 10ppm，与原工艺结束碳含量平均值为 17ppm 相比降低了 38.24%，其平均脱碳时间也由原工艺的 21min 缩短至 17min，缩短了 19.05%，具体情况如图 3-88 和图 3-89 所示。

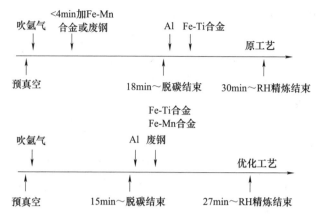

图 3-87　试验前后工艺对比示意图

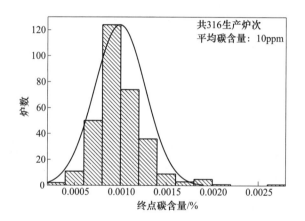

图 3-88　改进工艺后 RH 平均结束碳含量

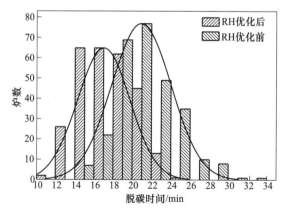

图 3-89　改进工艺后 RH 的脱碳时间分布

彩色原图

3.6 本章小结

（1）RH精炼可以根据钢液的碳氧比采用自然脱碳、吹氧强制脱碳和喷粉脱碳等多种工艺模式；建立了各种脱碳机制下的数学模型，可以更合理地控制脱碳过程和辅料的加入，从而高效、快速地脱除钢中的碳。

（2）通过工业试验和大量的工厂数据统计分析，发现在开始脱碳反应后的前2min，碳氧反应较难进行，氩气泡提供的界面是主要的脱碳场所，喷溅的液滴也为碳氧反应提供了反应场所；脱碳2~8min时，真空室内压力越来越低，真空室内钢液全区域脱碳，碳氧反应及CO气泡是快速脱碳的关键；脱碳8min后，碳氧反应主要发生在真空室表面。在开始脱碳反应后的前6min，真空室压力为脱碳速率的主要影响因素；6min后逐渐转变为反应深度为主要影响因素，8min之后反应深度和气量共同影响了RH结束碳含量，反应深度的影响更大，但气量可增大自由表面，间接降低反应深度。

（3）通过NaOH饱和溶液进行CO_2脱吸附试验，发现在不同阶段，提升气体量对RH脱碳效果的影响不同，在脱碳前期，气量的高低对RH脱碳效果基本不影响；脱碳中期，较大的提升气体量在不同真空室液面高度下对脱碳效果更佳，而随着气量的增加，真空室液面高度越高脱碳效果越好，过低的液面会带来表面喷溅；在脱碳反应后期，为了提高脱碳效率，可以提高真空室液面高度，以增大真空室钢液自由表面的表面积，此时气泡行为对表面积的增加贡献较大。

参 考 文 献

[1] Akita K, Yoshida F. Bubble size, interfacial area, and liquid-phase mass transfer coefficient in bubble columns [J]. Industrial & Engineering Chemistry Process Design and Development, 1974, 13 (1): 84-91.

[2] Soo-Chang K, Kwang-Chun K. Characteristics of decarburization reaction and oxygen behavior in RH degasser unit [J]. Iron & Steel, 1999, 34: 352.

[3] Suzuki K, Mori K, Kitagawa T, Shibayama S. Rate of removal of carbon and oxygen from liquid iron [J]. Tetsu-to-Hagane, 1976, 62 (3): 42.

[4] Yamaguchi K, Kishimoto Y, Sakuraya T, et al. Effect of refining conditions for ultra low carbon steel on decarburization reaction in RH degasser [J]. ISIJ International, 1992, 32 (1): 126-135.

[5] Takahashi M, Matsumoto H, Saito T. Mechanism of decarburization in RH degasser [J]. ISIJ International, 1995, 35 (12): 1452-1458.

[6] Kitamura T, Miyamoto K, Tsujino R, et al. Mathematical model for nitrogen desorption and decarburization reaction in vacuum degasser [J]. ISIJ International, 1996, 36 (4): 395-401.

[7] Wang M, Guo J, Li X, et al. Effect of oxidizing slag on the decarburization of ultra-low-carbon steel during the Ruhrstahl-Heraeus vacuum process [J]. Vacuum, 2021, 185: 109984.

[8] Xiao W, Wang M, Bao Y. The research of low-oxygen control and oxygen behavior during RH process in silicon-deoxidization bearing steel [J]. Metals, 2019, 9 (8): 812.

[9] Lin L, Bao Y, Yue F, et al. Physical model of fluid flow characteristics in RH-TOP vacuum refining process [J]. International Journal of Minerals, Metallurgy, and Materials, 2012, 19 (6): 483-489.

[10] Kitamura S, Miyamoto K, Tsujino R. The evaluation of gas-liquid reaction rate at bath surface by the gas adsorption and desorption tests [J]. Tetsu-to-Hagané, 1994, 80 (2): 101-106.

[11] 王晓峰, 唐复平, 王军, 等. RH 喷粉快速脱碳技术研究 [C]. 第十八届 (2014 年) 全国炼钢学术会议. 中国金属学会, 2014: 1-11.

[12] 崔健, 黄宗泽, 马志刚. 宝钢 RH 真空精炼工艺的发展 [C]. 2007 年全国 RH 精炼技术研讨会文集. 中国金属学会, 2007.

[13] 陈俊锋, 田志红, 景财良, 等. 首钢京唐 300t RH 快速深脱碳工艺技术 [J]. 炼钢, 2015, 31 (4): 16-20.

[14] 林路, 包燕平, 岳峰, 等. 基于废气分析的 RH 脱碳模型 [J]. 北京科技大学学报, 2011, 33 (S1): 20-24.

[15] 艾新港. RH 精炼过程钢液流动及夹杂物行为研究 [D]. 北京: 北京科技大学, 2005.

[16] Li Y, Bao Y, Wang M, et al. Influence of process conditions during Ruhrstahl-Hereaeus refining process and effect of vacuum degassing on carbon removal to ultra-low levels [J]. Ironmaking & Steelmaking, 2015, 42 (5): 366-372.

[17] 李怡宏. RH 快速脱碳技术及环流反应器内流体行为研究 [D]. 北京: 北京科技大学, 2011.

[18] Fukuda Y, Onoyama S, Imai T, et al. Development of high-grade steel manufacturing technology for mass production at Nagoya Works [J]. Nippon Steel Tech Repot, 2012 (394): 91-97.

[19] Kato Y, Kirihara T, Fujii T. Analysis of decarburization reaction in RH degasser and its application to ultra-low carbon steel production [J]. Kawasaki Steel Technical Report, 1995 (32): 25-32.

[20] Hahn F J, Haastert H P, Bading W, et al. Application of the RH process to the production of ultra-low-carbon steels at Thyssen Stahl AG [J]. Iron and Steelmaker, 1990, 3 (17): 43-54.

[21] 李朋欢. IF 钢冶炼关键技术及碳、氧和夹杂物行为 [D]. 北京: 北京科技大学, 2011.

[22] Kunitake O, Imai T, Mukawa S. High speed decarburization by modernized RH-OB and new decarburization technology under pressure by CAS-OB [C]. 2001 Steelmaking Conference Proceed-ings, Baltimore, 2001.

[23] Domgin J F, Gardin P, Saint Raymond H, et al. Carbon concentration in ULC steels numerically tracked in vacuum processes [J]. Steel Research International, 2005, 76 (1):

5-12.

[24] 朱苗勇，黄宗泽. RH 真空脱碳精炼过程的模拟研究 [J]. 金属学报，2001（1）：91-94.

[25] 郭建龙. 基于碳、氧、温度协调控制的超低碳钢 RH 关键技术研究 [D]. 北京：北京科技大学，2019.

[26] 陈俊杰. 涟钢 IF 钢的 RH 脱碳工艺研究 [D]. 北京：北京科技大学，2011.

[27] 北村信也，矢野正孝，原島和海，ほと. 真空脱ガス炉における脱炭反応モデル [J]. 鉄と鋼，1994，80（3）：213-218.

[28] 李大明，张文辉，林立平. RH 顶吹氧技术在武钢第二炼钢厂的应用 [J]. 炼钢，2007，6：5-9.

[29] 刘柏松，李本海，朱国森，等. 常规 RH 和 RH-TOP 工艺精炼 IF 钢试验研究 [J]. 钢铁，2010，45（8）：33-38.

[30] 高宏适. 新日铁高级钢量产技术的开发 [N]. 世界金属导报，2013-04-23.

[31] Yoshiyuki F, Shuhei O, Tadashi I. Development of high grde steel manufacturing technology on mass-production at Nagoya Works [J]. 新日鉄技報. 2013，104：90-95.

[32] 朱炳辰. 化学反应工程 [M]. 北京：化学工业出版社，2012.

[33] Sumida N, Fujii T, Oguchi Y, et al. Production of ultra-low carbon steel by combined process of bottom-blown converter and RH degasser [J]. Kawasaki Steel Tech. Rep. , 1983（8）：69-76.

[34] Yoshihiko H, Hiroshi I, Yoshiyasu S. Effects of [C], [O] and pressure on RH vacuum decarburization [J]. 鉄と鋼，1998，84（10）：709-714.

[35] Satish K A, Sukanta K D. Mixing evaluation in the RH process using mathematical modeling [J]. ISIJ International，2004，44（1）：82-90.

4 超低碳钢 RH 真空预脱氧技术

超低碳钢生产需要保证快速脱碳的基础上合理控制 RH 脱碳终点自由氧含量。RH 脱碳终点氧位高会增加终脱氧铝耗导致脱氧产物增加,影响钢液洁净度;RH 脱碳终点氧位太低则不利于 RH 真空过程高效脱碳。钢液中碳、氧、温度的协调控制是超低碳钢冶炼的关键技术之一[1~4]。如图 4-1 所示,当 RH 入站前碳氧处于区域 A 的目标控制范围内时,真空过程能够保证高效脱碳且脱碳后钢液中低自由氧位;当 RH 入站前碳氧处于区域 B 时,则钢液碳氧比不能满足钢液的深度脱碳,需要在真空过程中进行吹氧脱碳;当 RH 入站前碳氧处于区域 C 时,则钢液中自由氧位远高于钢液脱碳所需过剩氧,此时 RH 真空处理过程钢液易喷溅且脱碳结束后钢液中残余氧位高,对后续钢液洁净度不利。

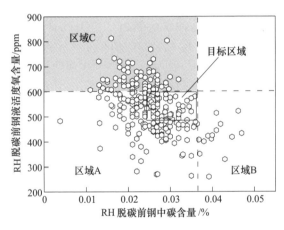

图 4-1 RH 真空碳氧的控制区间

实际生产中,RH 入站钢液并非碳氧比越低脱碳速率越快,RH 真空过程各级真空泵逐级依次启动(五级泵→四级泵→三级泵→二级泵→一级泵),真空度降低到临界值时下一级泵才启动。表 4-1 为各级泵启动的真空度临界条件与钢液平衡碳含量关系。在各级泵启动过程中碳氧协调控制可以确保在压降过程中全梯度高效脱碳,RH 初始入站碳氧比太低会导致碳氧反应主要在极低真空压力下集中发生,如图 4-2 所示,脱碳反应在一级泵开启后发生量太大会导致钢液喷溅严重且不利于全梯度脱碳。

表 4-1　RH 各级泵真空度下平衡碳含量

泵级	一	二	三	四	五
真空度/kPa	0.1	0.5	6	15	45
平衡碳含量/ppm	3	15	178	335	—

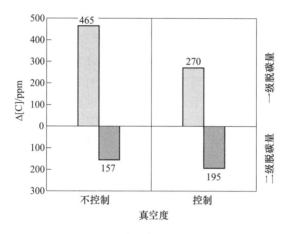

图 4-2　RH 不同真空条件下的脱碳量控制

　　超低碳钢冶炼转炉出钢温度高、钢液碳含量低，极易出现钢液过氧化，进而导致 RH 进站碳含量偏低、氧浓度偏高而偏离理想脱碳目标控制区域。过高的溶解氧对 RH 整体脱碳效率提升有限，但却极大增加了终脱氧的铝耗，大量生成的 Al_2O_3 夹杂物影响冷轧板的表面质量。针对高氧低碳钢液合理控制 RH 脱碳终点氧位是提升汽车板工艺稳定性和质量稳定性的重要前提。目前常用的 RH 真空过程预脱氧方法包括：（1）RH 过程加入中碳或高碳锰铁；（2）脱碳反应前期加少量铝。第一种方法主要问题是脱碳终点锰控制不稳定，且成本高；第二种方法主要问题是夹杂物含量仍然偏高且温度控制不稳定。

　　针对上述问题，本节重点介绍一种 RH 真空过程炭粉预脱氧的工艺控制方法。式（4-1）和式（4-2）为 1600℃ 条件下碳氧平衡关系式，当真空度达到 10kPa，钢中碳含量为 0.02% 时，钢液平衡氧浓度为 0.0125%，当在 1kPa 条件时，钢中碳含量为 0.002% 时，钢液平衡氧浓度能达到 0.0013%。因此，真空条件下采用炭粉脱氧可以实现。炭粉脱氧产物 CO 和 CO_2 在真空过程随气体排出对钢液无污染，但控制炭粉精准预脱氧实现快速脱碳的同时有效降低 RH 终点自由氧是预脱氧工艺的控制关键和难点。

$$[C] + [O] \xlongequal{} CO \tag{4-1}$$

$$[\%C][\%O] = 0.0025 p_{CO} \tag{4-2}$$

4.1　研究方法

为了对比炭粉预脱氧工艺的冶金效果，选择常规 RH 处理工艺和炭粉预脱氧工艺（Carbon powder addition，CPA）进行对比，如图4-3所示。炭粉预脱氧工艺针对 RH 进站条件为低碳高氧，初始碳含量为 180~250ppm，初始氧含量为 650~750ppm。图4-4（a）为 RH 真空过程炭粉预脱氧工艺示意图。试验过程中当钢液进入真空室开始循环后，炭粉通过真空室顶部合金料仓加入钢液表面，通过安装在真空室顶部的摄像机对炭粉加入过程进行拍摄，如图4-4（b）所示，结合真空室顶部红外气体分析仪对真空过程气体含量进行实时分析，并记录真空度随时间变化。炭粉粒度分布范围为 1~5mm，其中 73% 的颗粒集中在 1.5~3.5mm，如图4-4（c）所示。

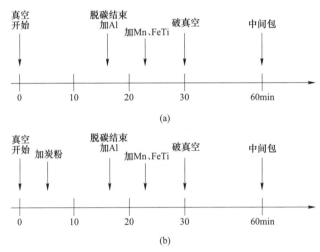

图 4-3　不同工艺生产流程

（a）常规工艺；（b）炭粉预脱氧工艺

前面章节的研究提出了真空室压力变化及压降制度是决定 RH 脱碳反应速率及脱碳终点碳含量的关键。炭粉预脱氧过程中，炭粉加入产生 CO 和 CO_2 会对真空度和碳氧反应效果产生影响，为了确定炭粉加入方式对脱碳反应进程的影响，设计了一次炭粉加入量、炭粉加入时间、炭粉加入总量三个因素进行综合试验，共计 12 炉次，分为 A、B、C、D 四组，见表4-2。A 组为改变炭粉单次加入量，固定炭粉加入时间在真空开始后 2min，加入总量保持不变为 0.2kg/t；B 组为控制单次炭粉加入量及炭粉加入总量相同，改变初始炭粉加入时间；C 组为控制单次炭粉加入量及炭粉开始加入时间相同，炭粉加入总量不同；D 组为常规炉次。脱碳过程中，真空开始每隔 1~2min 用超低碳取样器在浸渍管下端钢包内进行取

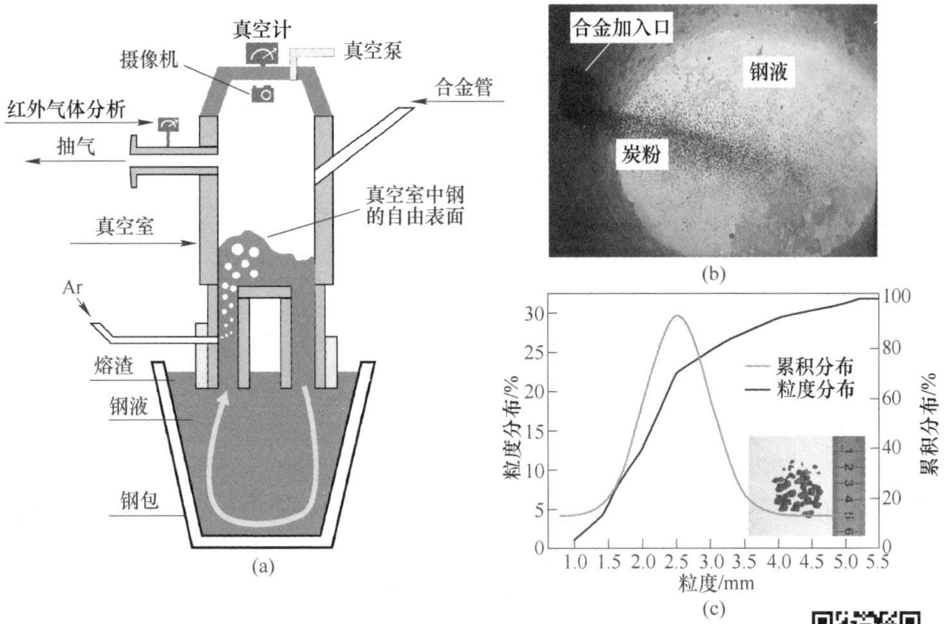

图 4-4 RH 真空脱气装置示意图（a）、真空室中预脱氧工艺工业试验示意图（b）和炭粉颗粒分布曲线（c）

彩色原图

样，并用光谱分析仪分析试样中的碳含量，钢液中氧含量采用定氧探头进行检测。

表 4-2 试验炉次初始条件及炭粉控制[5]

过程	炉号	初始碳 /ppm	初始氧 /ppm	炭粉加入总量 /$kg \cdot t^{-1}$	一次炭粉加入量 /$kg \cdot t^{-1}$	炭粉加入时间 /min
A	1	216	693	0.2	0.05	2
	2	204	708	0.2	0.1	2
	3	210	695	0.2	0.2	2
B	4	204	708	0.3	0.1	2
	5	197	715	0.3	0.1	3
	6	214	697	0.3	0.1	4
	7	216	699	0.3	0.1	5
C	8	247	651	0.1	0.1	2
	9	204	708	0.2	0.1	2
	10	196	727	0.3	0.1	2
	11	187	745	0.4	0.1	2
D	12	231	622	0	0	0

4.2　RH 真空预脱氧工艺条件控制

4.2.1　炭粉单次加入量对 RH 脱碳进程影响

炭粉加入方式会对真空度和碳氧反应效果产生不同的影响，为了确定合适的炭粉加入方式，分别对炭粉单次加入量 0.05kg/t、0.1kg/t、0.2kg/t 控制炭粉总加入总量为 0.2kg/t，进行对比试验。炭粉初始加入时间都为真空开始后 2min，两次炭粉加入时间间隔都为 30s。为了保证试验效果的一致性，试验炉次 RH 进站钢液初始氧含量均控制在 700ppm 左右，初始碳为 200ppm 左右[6]。

图 4-5 为不同炭粉加入炉次真空度变化过程。从真空度变化曲线可以看出，炭粉每加入一次，真空度曲线产生一次波峰，说明炭粉加入后迅速与钢液中的溶解氧发生碳氧反应，产生的气体对真空度影响较大。当一次炭粉加入量分别为 0.05kg/t、0.1kg/t、0.2kg/t 时，对应极限真空度时间分别为 6.3min、6.0min 和 7.7min。通过试验可以看出，一次炭粉加入量为 0.2kg/t 时，极限真空度时间显著增加，并且压降速率减慢。单次炭粉加入量 0.05kg/t 和 0.1kg/t 炉次炭粉加入的气体生成量不足以导致压降速率降低，而单次炭粉加入量超过 0.2kg/t 后气体生成量直接导致压降速率下降，这导致后续脱碳速率的下降。

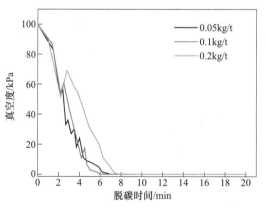

彩色原图

图 4-5　一次炭粉加入量变化对真空度的影响

图 4-6 为不同一次炭粉加入量下钢中碳含量的变化规律。当一次炭粉加入量为 0.05kg/t 和 0.1kg/t 时，由于炭粉在真空 2min 后加入，钢液中碳含量在这个过程下降趋势减缓，但是随着炭粉反应的结束，钢液中碳含量迅速降低，真空处理 16min 后钢中碳含量能降至 10ppm。当一次炭粉加入量为 0.2kg/t 时，由于单次加入炭粉量大，真空开始 2~4min 钢液中碳含量增加，真空处理 20min 时，钢液中碳含量降低到 12ppm。

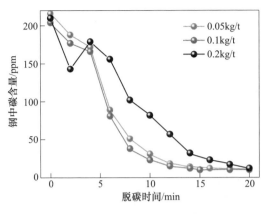

彩色原图

图 4-6　不同一次炭粉加入量对钢中碳含量影响

图 4-7 为试验过程观察到的炭粉加入后激烈碳氧反应导致的喷溅。当一次炭粉加入量为 0.2kg/t 时，钢液喷溅严重且喷溅钢液附着在真空室耐火材料表面，并堵塞了合金料仓口。喷溅的钢液容易附着在耐火材料壁面，后续与空气发生二次氧化，对下一炉次处理钢液会造成洁净度的影响。

彩色原图

图 4-7　炭粉加入过程钢液的喷溅现象

一方面考察炭粉预脱氧的工艺效果，另一方面还需要考虑炭粉预脱氧的效率。炭粉从真空室加入钢液过程中受重力和曳力作用，当炭粉粒度太小时会直接被真空抽走造成损失，而粒度太大则会导致熔化反应时间延长，影响脱碳效率。炭粉在真空过程的受力如图 4-8 所示，其中曳力由式（4-3）~式（4-5）计算。

$$F_{\mathrm{d}} = C_{\mathrm{d}} \frac{1}{2} \rho_{\mathrm{g}} u^2 \cdot \frac{1}{4} \pi d_{\mathrm{p}}^2 \tag{4-3}$$

$$C_{\mathrm{d}} = \frac{24}{Re} \tag{4-4}$$

$$Re = \frac{\rho_g u d_V}{\mu} \tag{4-5}$$

式中　　C_d——曳力系数；

　　　　Re——雷诺数；

　　　　ρ_g——炭粉颗粒的密度，kg/m^3；

　　　　u——真空室内流体流速，m/s；

　　　　d_p——炭粉直径，m；

　　　　d_V——真空室直径，m；

　　　　μ——动力学黏度，$kg/(m \cdot s)$。

　　图 4-9 为炭粉颗粒在真空室内随直径变化受力情况。可以看出，当炭粉直径达到 2mm 以上后，其重力开始明显大于曳力，说明加入的炭粉能够在重力作用下进入真空室内钢液中进行反应。当粒径范围小于 2mm 时，此粒度范围的炭粉颗粒所受重力与曳力相近，加入的炭粉颗粒在真空处理过程中可能会直接被真空抽走造成损失。

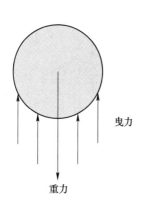

图 4-8　炭粉在真空
室内受力示意图

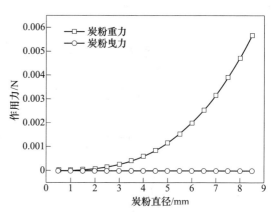

图 4-9　炭粉颗粒在真空室内受力随直径变化情况

　　不同炭粉加入方式下钢中碳氧平衡关系，如图 4-10 所示。RH 真空度 50kPa 时开始加入炭粉，加入前钢液中碳含量为 180ppm，与其平衡氧含量为 690ppm，而实测钢液氧含量为 640ppm，当钢液中加入 0.05kg/t 炭粉后，钢液平均可增碳 33ppm，真空室内钢液预计增碳 300ppm，此时与真空室内钢液平衡的氧含量为 450ppm，且真空室内钢液氧含量可以满足完全脱碳的需求，在氧含量不变条件下钢液碳氧反应能够快速进行。当一次炭粉加入量为 0.1kg/t 时，真空室内碳含量会瞬间增加 600ppm，此时对应平衡氧含量为 223ppm，而该炉次钢中实测氧位 685ppm，也可以满足钢液完全脱碳的需求。对图 4-6 中碳含量变化过程进行分析，虽然 0.1kg/t 对脱碳有一定影响，但随着真空度的降低和钢液循环，碳氧很

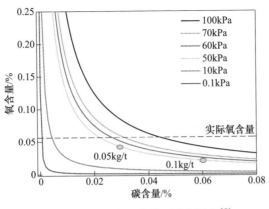

彩色原图

图 4-10 炭粉加入条件下碳氧平衡[7]

快再次达到平衡状态。而当一次炭粉加入量为 0.2kg/t 时，真空室增碳达到 1200ppm，真空室内氧需要达到 1600ppm 才能满足脱碳反应需求，因此，一部分未反应的炭粉再次循环进入钢包中导致钢液增碳，且当一次炭粉加入量超过 0.2kg/t 时，真空室内钢液喷溅剧烈造成真空度下降，延长了脱碳反应时间。

上述分析表明，炭粉的加入量应与钢液中局部氧位相匹配，局部氧位能满足炭粉的完全反应才不会导致局部增碳。当一次炭粉加入量控制在 0.1kg/t 以下时，真空室内氧浓度能满足炭粉加入过程真空室脱碳的需求，从而降低炭粉预脱氧对脱碳反应的影响，缩短极限真空度时间和脱碳时间，达到快速预脱氧的目的。

4.2.2 炭粉加入时机对 RH 脱碳进程的影响

为了分析炭粉加入时机对脱碳速率的影响，对真空处理开始后 2min、3min、4min、5min 分别进行炭粉加入，对比其对脱碳速率的影响，试验炉次炭粉单次加入量为 0.1kg/t，炭粉加入总量为 0.3kg/t。

图 4-11 为真空处理不同时间节点炭粉加入对真空度的影响。炭粉加入在真空后 2min，加入炭粉会导致真空度受到一定影响，但是压降曲线很快回归到正常水平，并在 6min 时达到极限真空度。随着炭粉开始加入时间的增加，达到极限真空度的时间增加。当炭粉开始加入时间为 4min 及 5min 时，真空室达到极限真空度时间上升到 7.5min 和 8.5min。因此，炭粉的加入时机对于真空压降速率有较大影响[8]。

图 4-12 为真空处理不同时间节点炭粉加入对碳含量影响。当炭粉加入时间为 2min 及 3min 时，钢液中碳含量随处理时间整体下降趋势未改变，加入炭粉后略有减缓。炭粉在真空处理 2min 后加入，钢液脱碳 15min 碳含量降低至 10ppm；

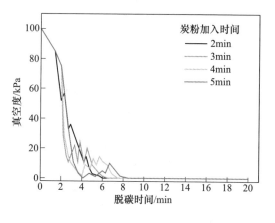

彩色原图

图 4-11　炭粉加入时机对 RH 真空度的影响

炭粉在真空处理 3min 后加入，脱碳 16min 碳含量降低至 11ppm；当炭粉在真空处理 4min 后加入，炭粉加入后脱碳出现一定停滞，钢液在 17.5min 碳含量降至 10ppm；当炭粉在真空处理 5min 后加入，炭粉加入后导致钢液中碳含量有一定升高，钢液在 18.5min 碳含量降至 10ppm。

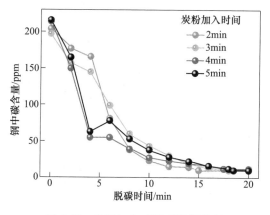

彩色原图

图 4-12　炭粉加入时间对脱碳影响

　　炭粉在真空处理 2min 和 3min 后加入时，炭粉的加入基本没有影响真空压降进程，对快速脱碳期的碳氧反应影响不明显。因此，既达到了真空预脱氧的目的，也满足了 RH 快速极低碳控制的要求。当炭粉加入时间较晚时，炭粉加入时钢液已经接近或达到极限真空度，炭粉造成的剧烈碳氧反应导致真空度降低，减缓了过程脱碳速率。从图 4-12 中碳含量变化曲线可以看出，炭粉加入在真空处理 4min 后时，钢液中碳含量已降至 50ppm 左右，此时钢液中碳、氧元素传质成为脱碳反应限制性环节，炭粉加入导致真空室内碳含量急剧增加至 450ppm，此时钢液中氧含量仅为 460ppm，在 300kPa 真空压力下，钢液中的氧不足以完全反应加入的炭粉，钢中氧的传质成为反应的限制性环节，导致加入的炭粉进入到钢包中，造成钢液增碳，增加循环时间。

因此，炭粉加入时机应该控制在真空度 50kPa 前加入（真空处理 3min 以内），避免炭粉加入对真空压降和脱碳速率的影响，目前的预脱氧工艺可以实现 16min 内将钢液中碳含量降低至 10ppm。

4.2.3 炭粉加入总量对 RH 脱碳进程影响

为了分析炭粉加入量对脱碳进程的影响，进一步对炭粉加入总量为 0.1kg/t、0.2kg/t、0.3kg/t 和 0.4kg/t 脱碳速率变化进行分析。试验炉次炭粉均在真空开始后 2min 加入，炭粉加入时间间隔为 30s，单次炭粉加入量为 0.1kg/t。图 4-13 为不同炭粉加入总量下真空度变化。当炭粉加入量为 0.1kg/t、0.2kg/t、0.3kg/t 和 0.4kg/t 时，极限真空度时间分别为 5.5min、6.0min、6.4min 和 7.4min，随着炭粉加入总量的增加，极限真空度时间不断增加。

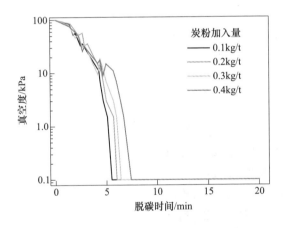

彩色原图

图 4-13　不同炭粉加入量下真空度变化

图 4-14 为不同炭粉加入量下碳含量变化。4 个炉次脱碳时间分别为 15.5min、17min、18min 及 21min，脱碳终点碳含量能控制在 10ppm 左右。

炭粉加入量越大，达到极限真空时间越长，达到终点目标碳含量所需真空时间越长。当炭粉加入量控制在 0.3kg/t 内时，炭粉加入次数都控制在 3 次以下，对脱碳时间影响较小，并在 18min 内将钢液中碳含量降至 10ppm；当炭粉加入量超过 0.4kg/t 时，炭粉加入次数超过 4 次，且最后两次炭粉加入时真空度已经降至极限真空水平，最终导致脱碳时间延长。脱碳时间超过 20min 后，对生产流程控制和过程温度控制均产生不利影响。因此，为保证 RH 的高效脱碳和生产流程顺行，预脱氧工艺下炭粉的加入总量应控制在 0.3kg/t 之内。

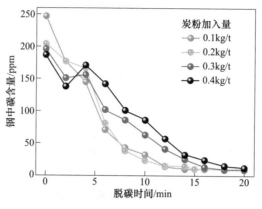

图 4-14　不同炭粉加入总量碳含量变化

彩色原图

4.2.4　RH 真空预脱氧工艺控制模型

为了更好地指导现场生产，建立了 RH 真空预脱氧工艺控制模型，对不同工艺条件下钢液合理的预脱氧炭粉单次加入量、加入时间、加入总量进行预报[9]。采用数据处理软件对 RH 处理过程钢液碳、氧变化过程进行拟合，如式（4-6）和式（4-7）所示。

$$[C]_t = [C]_0 - 2 \times 99.2 \times (1 - e^{1-\frac{t}{6.33}}) \tag{4-6}$$

$$[O]_t = [O]_0 - 2 \times 95.2 \times (1 - e^{1-\frac{t}{3.12}}) \tag{4-7}$$

式中　$[C]_t$——t 时刻钢中碳含量，ppm；

$\quad\quad[C]_0$——初始钢中碳含量，ppm；

$\quad\quad\quad t$——脱碳时间，min；

$\quad\quad[O]_t$——t 时刻钢中碳含量，ppm；

$\quad\quad[O]_0$——初始钢中碳含量，ppm。

以某钢厂 300t RH 为例，钢液循环速度为 200t/min，真空室内钢液量为 21t，炭粉加入时间间隔为 30s。以真空室内钢液为研究对象，炭粉加入后真空室内钢液碳含量变化如式（4-8）所示。炭粉加入后真空室内钢液氧含量变化如式（4-9）所示。

$$[C]_V = n[C]_i + \frac{300}{21}[C]_{变} \tag{4-8}$$

式中　$[C]_V$——真空室内碳含量变化量，ppm；

$\quad\quad n$——炭粉加入质量，kg；

$\quad\quad[C]_i$——单次炭粉加入量引起的碳含量变化，ppm；

[C]变——炭粉加入 t 时刻到炭粉加入 30s 后钢中碳含量变化，ppm。

$$[O]_V = \frac{([O]_t - n[O]_i) \times 100}{21} \tag{4-9}$$

式中　[O]$_V$——真空室内实际氧含量的消耗，ppm；

　　　[O]$_t$——t 时刻钢中氧含量，ppm；

　　　[O]$_i$——单次炭粉加入量引起的氧含量变化，ppm。

为了更直观地分析预脱氧过程炭粉加入量、炭粉加入时机、炭粉加入总量对脱碳反应进程的影响，采用 Matlab 对炭粉加入模型进行描述和求解。炭粉加入钢液是一个间隙加入持续反应的过程，模型计算假设炭粉加入后立即溶解到钢液中参与预脱氧反应，当真空室内实际氧含量低于炭粉加入后所需氧含量理论消耗时，模型假定多余的炭粉将进入钢液增碳而不直接起预脱氧作用[10]。

预脱氧工艺炭粉加入预报模型如图 4-15 所示。在预报模型中，输入项包括初始碳含量、初始氧含量、一次炭粉加入量、炭粉加入时间和炭粉加入总量等。预报模型中红色曲线为钢中实际氧浓度，蓝色曲线为理论氧消耗[11,12]。

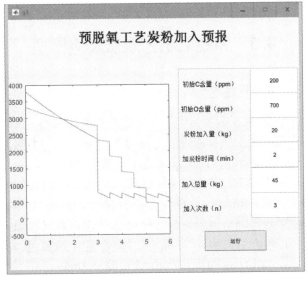

彩色原图

图 4-15　预脱氧工艺炭粉加入预报模型示意图

为了对预脱氧工艺炭粉加入预报模型的准确性进行评估，分别对初始碳含量为 200ppm、初始氧含量为 700ppm 时，不同加入工艺进行计算，结果如图 4-16 所示。从图 4-16（a）中可以看出，当单次炭粉加入量为 0.2kg/t 时，第一次炭粉加入后钢中氧含量难以满足炭粉预脱氧需求；从图 4-16（b）中可以看出，当炭粉加入总量为 0.4kg/t、每次炭粉加入量为 0.1kg/t 时，前三次钢中氧含量能满足预脱氧的需求，当第四次炭粉加入时，钢中实际氧难以满足炭粉预脱氧的需求。模型与工业试验结果吻合较好，可以应用于工业现场进行炭粉预脱氧工艺的控制和炭粉加入量的预报。

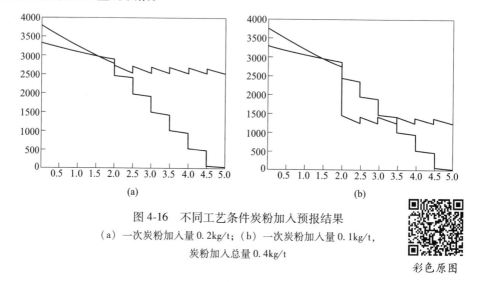

图 4-16　不同工艺条件炭粉加入预报结果
（a）一次炭粉加入量 0.2kg/t；（b）一次炭粉加入量 0.1kg/t，
炭粉加入总量 0.4kg/t

彩色原图

4.3　预脱氧工艺碳氧反应模型

4.3.1　预脱氧工艺碳反应行为

为了分析炭粉预脱氧工艺对 RH 脱碳反应过程碳的影响，对炭粉预脱氧工艺（CPA 工艺）和常规工艺脱碳反应过程进行分析，对比两种不同工艺下钢液碳含量、真空压力、CO 浓度及表观脱碳反应速率常数等指标。

图 4-17（a）为不同工艺条件下 RH 脱碳反应过程中碳含量的变化。在常规工艺中，当真空开始 0~4min 时，碳含量迅速降至 50ppm，并在脱碳反应开始 15min 时，钢液中碳含量降至 10ppm。对于 CPA 工艺，在炭粉加入后，钢液中碳含量保持不变。在炭粉加入大约 1min 后，碳含量开始降低，并在 2min 内从 175ppm 降至 75ppm，在 16min 时钢液中碳含量降至 10ppm。

图 4-17（b）为真空室内压力变化过程。从图中可以明显看出，常规工艺，真空室内压力很快从 100kPa 降至 0.1kPa 以下，并保持到 RH 脱碳结束。而在 CPA 工艺中，炭粉加入之前，真空室压力水平和常规工艺接近，当炭粉加入后，真空室压力从 18kPa 迅速增加到 30kPa。真空室压力增加的主要原因是在炭粉加入后，由于剧烈的碳氧反应，预脱氧工艺产生的 CO 气体远高于常规工艺（见图 4-17（c）），而产生的 CO 气体超过了真空泵的抽气能力，从而导致真空压降速率减慢。

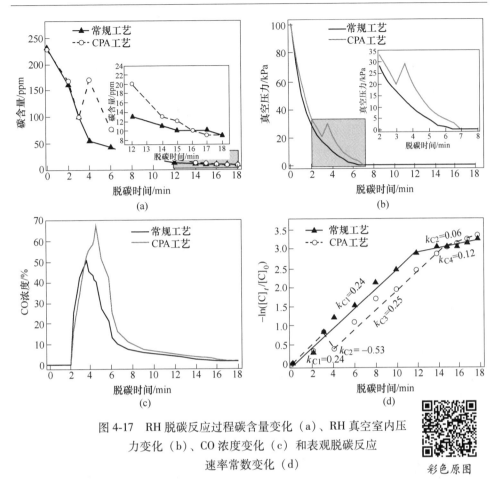

图 4-17 RH 脱碳反应过程碳含量变化（a）、RH 真空室内压
力变化（b）、CO 浓度变化（c）和表观脱碳反应
速率常数变化（d）

彩色原图

表观脱碳反应速率常数 k_C 变化如图 4-17（d）所示，这里假设 RH 脱碳反应过程为一级反应。在常规工艺中，脱碳反应分为两个不同的阶段：快速脱碳期和缓慢脱碳期。在第一阶段的快速脱碳期中，由于强烈的脱碳反应，k_{C1} 的值很高，几乎 95% 的脱碳反应发生在此阶段；当碳含量降至 15ppm 以下时，脱碳反应进行到第二阶段，即缓慢脱碳反应阶段。在炭粉预脱氧过程中，脱碳反应可以分为四个阶段，在第一阶段为初始脱碳期，碳含量从 233ppm 降至 100ppm；第二阶段为脱碳停滞期，由于炭粉加入，k_{C2} 值为 -0.53；第三阶段为快速脱碳期，在炭粉加入结束后，随着真空度的降低，脱碳反应速率迅速增加，碳含量从 165ppm 降至 13ppm，并且预脱氧工艺中 k_{C3} 曲线和常规工艺的 k_{C1} 曲线几乎平行；当碳含量降至 15ppm 以下时，脱碳进入到第四阶段缓慢脱碳期。

通过上述分析，对于常规工艺，炭粉预脱氧工艺的反应速率更慢，并且炭粉预脱氧工艺对脱碳反应速率的影响主要集中在脱碳前期。然而，由于平衡碳含量主要由 CO 分压、氧活度及反应平衡常数确定，两个炉次脱碳反应终点碳含量差距较小。

4.3.2　预脱氧工艺氧反应行为

在炭粉预脱氧的工艺中，炭粉加入过程中可能发生的主要反应如式（4-10）~
式（4-12）所示：

$$[C] + [O] \Longrightarrow CO \qquad \Delta H_{CO} = -110.53 kJ/mol \qquad (4\text{-}10)$$

$$[C] + 2[O] \Longrightarrow CO_2 \qquad \Delta H = -393.51 kJ/mol \qquad (4\text{-}11)$$

$$[C] + CO_2 \Longrightarrow 2CO \qquad \Delta H_{中} = 172.45 kJ/mol \qquad (4\text{-}12)$$

对炭粉预脱氧过程中 CO 和 CO_2 气体含量变化曲线进行分析，如图 4-18 所
示。从图中可以看出，炭粉加入炉次中 CO 曲线峰值明显高于常规炉次，而 CO_2
峰值低于常规炉次。造成上述现象的主要原因是：（1）炭粉加入后，真空室内
碳含量瞬间升高，真空室内反应为碳的不完全燃烧反应，主要反应为式（4-10），
反应主要生成物为 CO；（2）部分炭粉加入过程高温下与真空室中的 CO_2 发生反
应生成 CO，间接导致 CO_2 含量降低，如式（4-12）所示。

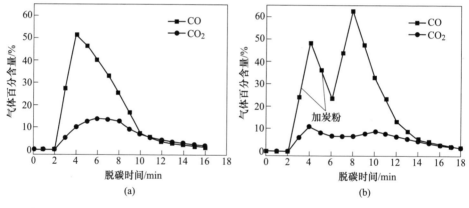

图 4-18　CO 和 CO_2 曲线
（a）常规炉次；（b）CPA 工艺

图 4-19 为 RH 脱碳过程氧含量变化。相同初始氧含量条件下，预脱氧工艺脱
碳终点溶解氧含量明显低于常规工艺。试验条件下，当加入 50kg 炭粉后，两种
工艺钢液中溶解氧相差达 72ppm。预脱氧工艺中，溶解氧降低分为 3 个阶段：第
一阶段（0~3min），钢中溶解氧降低了 120ppm，并且两种工艺钢中溶解氧变化
曲线基本一致；第二阶段（3~8min），常规工艺溶解氧明显高于预脱氧工艺，并
且在第二阶段结束时，溶解氧之差达到了 69ppm；在第三阶段（8min~脱碳结
束），随着脱碳反应的进行，溶解氧继续缓慢降低。从碳含量的变化可以看出，
脱碳反应 8min 后钢液中碳含量已经降至较低值（<30ppm），此时碳氧反应量已
经较少，溶解氧降低不再明显。

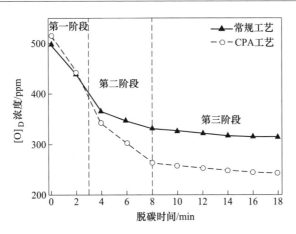

图 4-19 常规工艺和预脱氧工艺 RH 脱碳反应过程氧浓度变化

上述结果表明，炭粉预脱氧工艺对钢液中溶解氧的影响主要集中在第二阶段，即炭粉加入之后的 5min 内，这也说明炭粉加入后能迅速与溶解氧反应达到保持高效脱碳效率的同时达到预脱氧的目的。

对两种不同工艺条件真空处理开始与结束渣中（T.Fe+MnO）含量进行对比，如图 4-20 所示。常规工艺下，RH 真空脱碳前后渣中（T.Fe+MnO）含量从 10.98% 降至 9.71%，降幅为 1.27%。预脱氧工艺下，RH 真空脱碳前后渣中（T.Fe+MnO）含量从 11.32% 降至 8.44%，降幅为 2.88%。这也表明炭粉预脱氧工艺对于降低脱碳终点氧位和控制顶渣氧化性均具有很好效果。

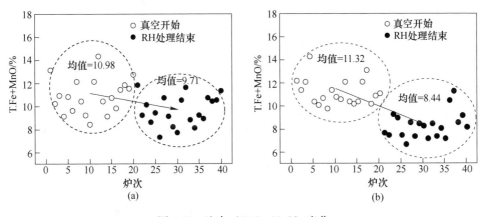

图 4-20 渣中（T.Fe+MnO）变化
（a）常规工艺；（b）预脱氧工艺

4.3.3 预脱氧工艺反应模型

RH 脱碳反应机理已有很多研究，具体可以概括为如图 4-21 所示，钢液在真空室内脱碳反应区域包括 3 个方面：（1）钢液内部自发形成的 CO 气泡；（2）Ar 气泡反应表面；（3）钢液自由表面。

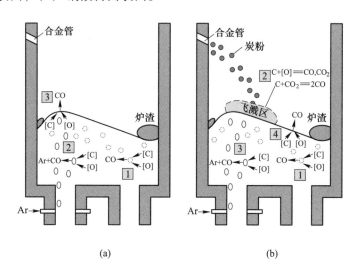

图 4-21　RH 真空室内脱碳反应机理示意图
（a）常规工艺；（b）CPA 工艺

　　对于 CPA 工艺，炭粉加入之后，脱碳反应区域与常规工艺有所变化。以试验炉次为例，当真空室压力降低至 22.5kPa 时，钢液中较高的初始碳含量及氧含量促使 CO 气泡开始形成，从真空室钢液表面可以观察到内部形成的 CO 气泡，如图 4-22（a）所示。当炭粉加入后（见图 4-22（b）），钢液表面发生了剧烈的反应，并且在真空室内发生剧烈喷溅现象，如图 4-22（c）所示。预脱氧过程完成的 30s 内，喷溅现象明显减弱，如图 4-22（d）所示，此时真空室内钢液表面特征与未加炭粉前接近。当碳含量降至 50~100ppm 时，CO 只发生在真空室内钢液的自由表面（见图 4-22（e）），此时 CO 生成量开始急剧降低，当碳含量降至 50ppm 以下时（见图 4-22（f）），钢液表面比较平静，此时很难在钢液表面观察到 CO。

　　采用脱碳反应区域模型[5]对常规工艺及 CPA 工艺条件下钢液脱碳反应过程的变化进行对比。CPA 工艺脱碳反应机理如图 4-21（b）所示。脱碳模型的应用过程主要假设如下：（1）脱碳反应发生在真空室内，忽略钢包内脱碳反应；（2）钢包和真空室内钢液完全混匀；（3）RH 脱碳反应发生在 Ar 气泡表面，真空室钢液自由表面及 CO 气泡，总脱碳效果为三个区域脱碳效果之和；（4）气泡为圆形，并且不会聚合；（5）钢液开始循环之前，气泡以自由速度上浮，当 RH 循环处理稳定之后，气泡的运动速度等于钢液的循环速度。

　　Ar 气泡脱碳反应是由液相传质、气泡内部化学反应过程及 CO 气相传质共同

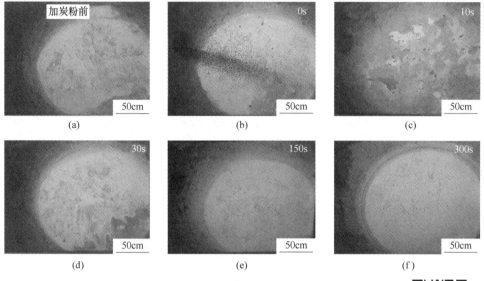

图 4-22 炭粉加入条件真空室钢液表面变化

(a) 22.5kPa，[C]=175ppm；(b) 25kPa，[C]=100ppm；
(c) 27.3kPa，[C]=105ppm；(d) 30kPa，[C]=126ppm；
(e) 1kPa，[C]=50~100ppm；(f) 0.1kPa，[C]<50ppm

彩色原图

控制的，则 Ar 气泡的脱碳量可由下式表示：

$$\Delta[\%C]_1 = -\cfrac{-\cfrac{G_S}{0.024}[\%C][\%O]Kf}{\cfrac{W}{100M_C}([\%C][\%O]Kf - p_0)}\Delta t \tag{4-13}$$

式中 W——真空室钢液重量，kg；

$\quad\quad t$——脱碳反应时间，s；

$\quad[\%C]$——真空室钢液碳含量，%；

$\quad[\%O]$——真空室钢液氧含量，%；

$\quad\quad p_0$——真空室压力，Pa；

$\quad\quad M_C$——碳的摩尔质量，kg/mol；

$\quad\quad G_S$——Ar 气流量，m^3/s；

$\quad\quad K$——C-O 反应平衡常数；

$\quad\quad f$——脱碳效率。

真空室自由表面脱碳过程中，气相的质量传质可以忽略，模型的控制环节为液相的传质和化学反应，通过真空室自由表面的脱碳量如下：

$$\Delta[\%C]_2 = -\cfrac{100M_Ck_Ck_{L,S}\rho A_V([\%O]_i[\%C]K - p_{CO})}{W(100M_Ck_C)[\%O]_iK + k_{L,S}\rho RT}\Delta t \tag{4-14}$$

式中 k_C——化学反应速率常数，m/s；

  $k_{L,S}$——真空室自由表面脱碳时液相中碳的传质系数，m/s；

   ρ——钢液密度，kg/m³；

  A_V——真空室有效自由表面面积，m²；

 $[\%O]_i$——气泡表面氧含量，%；

  p_{CO}——气泡界面 CO 的分压，Pa。

钢液内部脱碳主要由 CO 气泡贡献，如果 CO 气泡的形成是均质形核的过程，形成的气泡半径将非常小，通过钢液中的碳、氧含量能够获得足够的 CO 分压。而实际上，CO 气泡更容易在耐火材料表面形成并有不同的尺寸。因此，开始形成时 CO 的半径和位置很难预测，CO 气泡脱碳模型和 Ar 气泡脱碳模型将有很大区别。CO 气泡脱碳过程可以由下式来表示，此公式中假设 CO 形成与饱和蒸气压成比例。

$$d[\%C]_L/dt = Q/W([\%C]_L - [\%C]) \tag{4-15}$$

通过计算，CO 气泡的脱碳量可以由下式表示。

$$\Delta[\%C]_3 = -K_V(K[\%C][\%O] - p_0)\Delta t \tag{4-16}$$

式中，K_V 为形成 CO 气泡的脱碳容积系数，%/(Pa·s)。

RH 脱碳过程中不同区域脱碳贡献如图 4-23 所示。常规工艺中，在脱碳反应开始阶段，由于钢液中较高的碳、氧浓度，钢液内部 CO 气泡脱碳对整体脱碳反应贡献最大，并且整体脱碳量迅速上升；当脱碳反应进行到 2min 之后时，由于真空度的降低，脱碳速率迅速上升，整体脱碳量明显增加，并且 Ar 气泡对脱碳反应的贡献也开始增加，钢液自由表面对脱碳反应贡献相差不大。

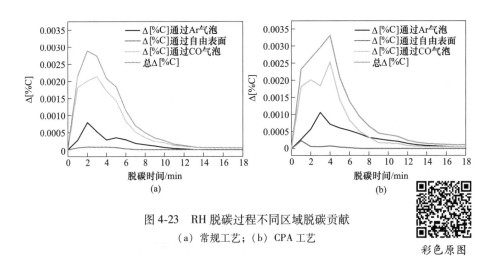

图 4-23 RH 脱碳过程不同区域脱碳贡献
(a) 常规工艺；(b) CPA 工艺

彩色原图

CPA 工艺由于炭粉脱碳使得各区域及总脱碳量明显高于常规工艺，炭粉预脱氧工艺与常规工艺下的碳氧平衡，如图 4-24 所示。以具体炉次为例说明，炭粉加入时真空度约为 18kPa，此时钢液碳含量为 0.0175%，与钢液碳平衡的氧含量为 0.028%，实际生产过程钢液中氧含量为 0.062%。炭粉加入使得真空度提升到 30kPa，真空室内钢液碳含量增加到 0.065%，此时与其平衡氧含量为 0.0115%。因此，真空室内实际氧含量高于平衡氧含量，真空室钢液迅速脱碳产生大量 CO。随着局部碳的剧烈升高和激烈反应，真空室内局部区域难以满足脱碳所需的氧，导致钢液自身脱碳反应停滞，此时氧的传质是反应的限制性环节，脱碳反应主要发生在真空室内自由表面。炭粉加入结束后，钢中碳含量仍然维持在 0.0175%，此时钢中氧含量降低至 0.048%，真空度降低到 20kPa，真空室内碳氧反应继续。当钢液中碳含量降至 50ppm 以下时，钢液内部碳元素扩散成为反应限制性环节，通过提升气体流量增加和扩大反应界面才能进一步提升脱碳速率。

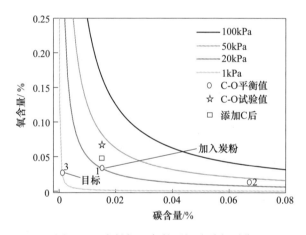

彩色原图

图 4-24　炭粉加入条件下钢液碳氧平衡

4.3.4　预脱氧工艺温度变化

炭粉加入钢液中主要发生两类反应：一类为炭粉与钢液中氧生成 CO；另一类为碳在高温下与气体中 CO_2 发生中和反应生成了 CO。第一类反应是放热反应，第二类反应是吸热反应。炭粉加入会带走一部分热量造成钢液温度降低，图 4-25 为常规工艺和炭粉预脱氧工艺中不同时间段温度变化曲线。炭粉预脱氧工艺下，RH 真空处理前后钢液从 1615℃ 下降至 1582℃，温降 33℃，平均温降速率 1.83℃/min。常规工艺下，RH 真空处理前后钢液从 1607℃ 降至 1581℃，温降 26℃，平均温降速率 1.63℃/min。炭粉预脱氧工艺温降速度明显大于常规工艺，因此，采用炭粉预脱氧工艺时也要综合考虑钢液的温度条件，需要对 RH 入站钢液考虑过程温度补偿。

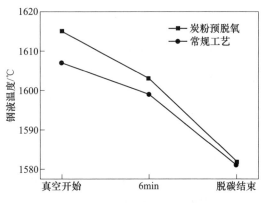

图 4-25　不同工艺条件温度变化

采用预脱氧工艺的 RH 脱碳终点氧含量明显低于常规工艺，有利于减少脱氧产物形成和提高钢液洁净度。为进一步明确预脱氧工艺对钢液洁净度的影响，进行连续 100 炉工业试验验证，并对脱碳终点活度氧、铝耗及铸坯全氧（T.[O]）进行跟踪比较，结果如图 4-26 所示。与常规工艺相比，预脱氧工艺脱碳终点氧含

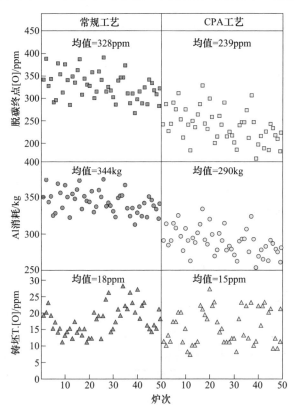

图 4-26　常规工艺及 CPA 工艺脱碳终点氧含量、铝耗及铸坯全氧比较

量平均降低 89ppm，铝耗降低 0.18kg/t，铸坯 T.[O]降低了 3ppm。因此，预脱氧工艺不仅能减少铝耗，降低生产成本，而且能明显提高铸坯质量。

4.4 本章小结

基于超低碳生产过程低碳高氧的钢液条件，提出了一种真空室加入炭粉脱氧降低 RH 脱碳终点氧位、减少终脱氧产物和提高钢液洁净度的预脱氧工艺。主要结论如下：

（1）预脱氧工艺下，炭粉加入方式、加入时间、加入量对 RH 真空度、脱碳时间均会产生影响。合理控制预脱氧过程炭粉的加入条件，可以实现高效脱碳的同时降低 RH 终点自由氧位。

（2）预脱氧工艺下，脱碳反应包括 4 个阶段：初始脱碳期、脱碳停滞期、快速脱碳期及缓慢脱碳期。由于脱碳停滞期的存在，脱碳反应速率低于常规工艺，但脱碳终点碳含量能够达到与常规工艺相同水平。预脱氧工艺对预脱氧的效果主要集中在第二阶段，即炭粉加入之后的 5min 内，且能明显降低脱碳终点氧含量及渣中（T.Fe+MnO）含量。

（3）预脱氧工艺下，主要发生碳的不完全燃烧反应及 C 和 CO_2 中和反应，炭粉预脱氧工艺温降速度明显大于常规工艺。采用炭粉预脱氧工艺时也要综合考虑钢液的温度条件，需要对 RH 入站钢液考虑过程温度补偿。

（4）通过现场 100 炉次预脱氧工艺与常规工艺试验对比，炭粉预脱氧工艺脱碳终点氧含量平均降低 89ppm，铝耗降低 0.18kg/t，铸坯 T.[O]降低 3ppm。

参 考 文 献

[1] 傅杰. 钢冶金过程动力学 [M]. 北京：冶金工业出版社，2001.

[2] 华承健，王敏，张孟昀，等. 浸入式水口内壁特征对边界层流场结构和氧化铝夹杂物运动行为的影响 [J]. 工程科学学报，2020：1-12.

[3] Hua C, Wang M, Senk D, et al. Cone clogging of submerged entry nozzle in rare earth treated ultra-low carbon Al-killed steel and its effect on the flow field and vortex in the mold [J]. Metals-Open Access Metallurgy Journal, 2021, 11 (4): 662.

[4] Hua C, Bao Y, Wang M. Numerical simulation and industrial application of nozzle clogging in bilateral-port nozzle [J]. Powder Technology, 2021, 393: 405-420.

[5] Guo J, Zhao L, Bao Y, et al. Carbon and oxygen behavior in the RH degasser with carbon powder addition [J]. International Journal of Minerals, Metallurgy, and Materials, 2019, 26 (6): 681-688.

［6］郭建龙. 基于碳、氧、温度协调控制的超低碳钢 RH 关键技术研究［D］. 北京: 北京科技大学, 2019.

［7］Xiao W, Wang M, Bao Y. The research of low-oxygen control and oxygen behavior during RH process in silicon-deoxidization bearing steel［J］. Metals, 2019, 9（8）: 812.

［8］郭建龙, 包燕平, 王敏, 等. 基于数据统计和废气分析的 RH 快速脱碳工艺［J］. 工程科学学报, 2018, 40（S1）: 138-146.

［9］Wang M, Bao Y, Yang Q, et al. Coordinated control of carbon and oxygen for ultra-low-carbon interstitial-free steel in a smelting process［J］. International Journal of Minerals, Metallurgy, and Materials, 2015, 22（12）: 1252-1259.

［10］李翔, 包燕平, 王敏, 等. 铝耗及终脱氧氧位对 IF 钢水口结瘤的影响［J］. 工程科学学报, 2015, 37（6）: 700-705.

［11］王敏, 包燕平, 赵立华, 等. 钢液中夹杂物粒径与全氧的关系［J］. 工程科学学报, 2015, 37（S1）: 1-5.

［12］Lin L, Bao Y, Yue F, et al. Physical model of fluid flow characteristics in RH-TOP vacuum refining process［J］. International Journal of Minerals, Metallurgy, and Materials, 2012, 19（6）: 483-489.

5 RH真空过程夹杂物控制

钢中非金属夹杂物极大地影响钢材的综合性能，RH可以有效地净化钢液，不仅可以脱除钢液中的气体，也极大促进夹杂物的上浮去除。本章系统分析了IF钢RH处理过程钢中非金属夹杂物的三维形貌、类型、尺寸、成分的演变规律，以及铝氧升温工艺对夹杂的影响；以RH处理过程中产生的Al_2O_3夹杂为例，阐述了其碰撞、聚集以及长大的过程，并通过数学模型模拟了夹杂物的上浮以及穿过钢-渣界面进去渣中的行为，定量表征了RH过程夹杂物的去除效果；另外，还重点讨论稀土处理钢RH过程夹杂物的特征转变以及合理的稀土加入控制条件，对比了稀土加入前后钢中夹杂物成分和形态变化，说明了稀土对细化钢中非金属夹杂物和改善夹杂形态的重要作用。

5.1 RH过程夹杂物的来源和演变

5.1.1 RH过程夹杂物来源

钢的洁净度指严格控制 [C]、[O]、[S]、[H]、[N]、[P] 的含量及非金属夹杂物的数量、类型、尺寸和分布等[1,2]。不同的钢种对夹杂物尺寸要求不同，一般认为洁净钢是指对钢中非金属夹杂物（主要是氧化物和硫化物）进行严格控制的钢种。钢中非金属夹杂物的数量、类型、形貌、尺寸、分布等都会对钢的性能产生影响[3,4]。

夹杂物对钢性能的影响具体可体现在以下5方面：

（1）非金属夹杂物对钢的强度影响。通过在钢中加入不同尺寸（0.01~35μm）、形状（球形和棱角的）、比例（0~8%）的氧化铝颗粒进行试验得出，室温下，氧化铝颗粒超过1μm时，屈服强度和抗拉强度降低[5,6]。

（2）夹杂物对钢塑性的影响。夹杂形状对横向延性的影响更为显著，钢中带状夹杂物（如硫化物）的数量越多，横向断面收缩率越低。夹杂物的存在很大程度上降低奥氏体区低碳钢的延展性能，出现该现象的主要原因是细小的AlN、TiN、Nb(C,N) 等第二相钉扎于奥氏体晶界，从而降低钢延展性能。

（3）夹杂物对钢韧性的影响。钢中夹杂物的数量以及尺寸越大，其断裂韧性就会越低，为了保证钢材具有良好的韧性，应尽量减少钢中非金属夹杂物数量，并使其分布均匀，夹杂物的硬度最好与钢基体相匹配，以使夹杂物在热加工时变形最小。

（4）夹杂物对钢疲劳性能的影响。零件在交变应力下服役时易发生疲劳破坏，其主要原因是夹杂物无法有效传递钢基体中的应力，当夹杂物与钢基体的热膨胀系数差异较大时，两者界面上会产生径向拉伸力。该应力与外界应力共同作用导致在夹杂物附近的钢基体出现疲劳源[7,8]。

（5）夹杂物对钢加工性能的影响。非金属夹杂物对钢材的冷镦、冲压、冷拉等加工性能有重要的影响。大型夹杂物或者硫化物都可以降低钢的焊接性能，降低钢的碳含量，可以使钢的焊接性能得到一定程度的提升。

RH 循环过程中，钢液中夹杂物可以不断碰撞、聚集、长大并上浮至渣中去除，同时 RH 处理过程中也会产生新的夹杂物，其具体来源如图 5-1 所示。

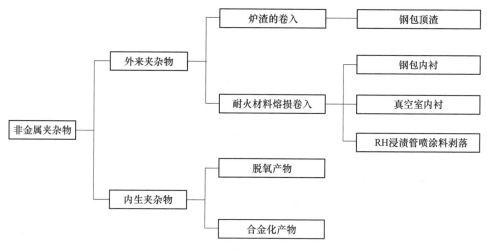

图 5-1　RH 过程夹杂物来源

RH 处理过程夹杂物的来源主要分为两部分：内生夹杂物和外来夹杂物。其中外来夹杂物主要为钢包顶渣卷入和耐火材料熔损剥落。RH 处理过程中，钢液循环流动，冲刷钢包内壁、真空室内壁以及浸渍管外壁，这些部位耐火材料一旦剥落，会直接进入钢液，形成大型非金属类夹杂物。内生夹杂物主要与处理工序相关，如铝脱氧钢终脱氧后，Al 与钢中［O］反应生成 Al_2O_3 类夹杂物。RH 合金化后，加入的金属与钢中的 Al_2O_3 发生反应生成复合夹杂物。比如，IF 钢的生产过程中，Ti 合金化后，［Ti］与 Al_2O_3 反应形成 $Al_2O_3\text{-}TiO_x$ 复合夹杂物。

5.1.2　RH 处理过程含 Mn 类夹杂物特征转变

国内某钢厂采用 210t 转炉→RH→60t 中间包→连铸工艺路线进行 IF 钢生产。转炉出钢的出钢过程中加入中碳锰铁调整钢液中锰含量，由于钢液中高的自由氧，锰铁加入后大量含锰类夹杂物形成，这些初生夹杂物对于后续终脱氧产物特征有极大影响。为了观察含锰夹杂物在铝镇静过程中的特征变化，分别在加入锰铁后 5min 和加 Al 脱氧后 5min 进行取样，对比铝脱氧前后夹杂物的特征转变。

5.1.2.1 合金化后的夹杂物形貌

图 5-2 为中碳锰铁合金化后 5min 钢液中典型夹杂物形貌。夹杂物大多为球形或椭圆形 $FeO \cdot xMnO$，尺寸小于 $5\mu m$（其中字母 x 表示夹杂物中 MnO 与 MnO 和 FeO 的质量分数，取值范围为 $0.1 \sim 0.5$）。图 5-2 所示的内、外壳具有不同 x 值的 $FeO \cdot xMnO$ 双相夹杂物表明，试验条件下，钢液中锰与熔体中的游离氧反应形成了含锰类氧化物。

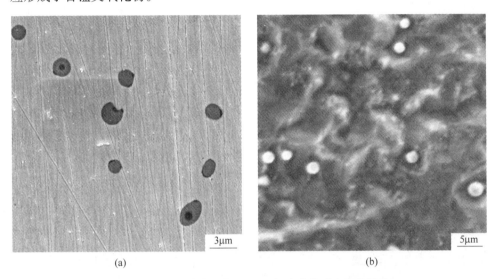

(a)　　　　　　　　　　　　　　(b)

图 5-2　中碳锰铁合金化后 5min 钢液中典型夹杂物形貌

加 Al 脱氧后，钢液中很难发现 $FeO \cdot xMnO$ 夹杂物，几乎所有的 $FeO \cdot xMnO$ 夹杂物都转变为不同类型的 Al_2O_3，包括球形 Al_2O_3（见图 5-3（a））、多边形 Al_2O_3（见图 5-3（b））、树枝晶 Al_2O_3（见图 5-3（c））和簇状 Al_2O_3（见图 5-3（d））。加铝脱氧后，$FeO \cdot xMnO$ 类夹杂物被酸溶铝还原后锰元素进入钢液中，RH 脱氧后钢液中锰元素平均增加 125ppm。

钢液中全氧是由自由氧和以氧化物形式存在的结合氧构成。全氧和自由氧的差值（ΔO）表示以氧化物形式存在的结合氧含量。如图 5-4 所示，铝脱氧后，钢液中游离氧急剧下降，但总氧含量逐渐降低，说明钢液中氧化物含量呈逐渐减少的趋势。铝脱氧 16min 时，以氧化物形式存在的氧近 300ppm，32min 后降至 150ppm 左右。由图 5-4 可以看出，脱氧过程生成近 400ppm 的氧化物，但脱除的氧化物小于 300ppm。因此，仍存在大量未去除的氧化物，同一试样中发现了不同类型的包裹体，包括正在进行转变的复合氧化物夹杂（见图 5-5）。

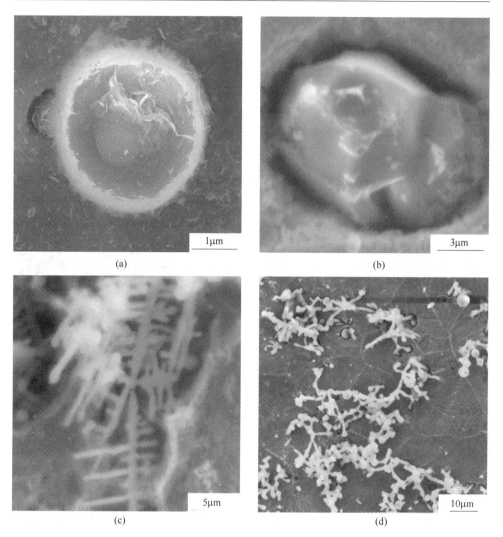

图 5-3　不同类型的 Al_2O_3[9]

　　加 Al 脱氧后，钢液中夹杂物根据化学成分和形貌特征不同可以概括为以下几类：（1）球形 $FeO \cdot xMnO$（FM）夹杂物；（2）球形或多边形 $FeO\text{-}Al_2O_3$（FA）夹杂物；（3）球形 Al_2O_3、多边形 Al_2O_3、簇状 Al_2O_3、树枝状 Al_2O_3 和聚集 Al_2O_3 5 种典型形态的 Al_2O_3（AO）夹杂物。FM 夹杂物主要为球形，尺寸小于 5μm，大部分 FM 夹杂物表面粗糙并有沟槽，该类特征夹杂物处于 $FeO \cdot xMnO$ 与酸溶铝反应初始阶段的产物，尽管 FM 夹杂物表面也有少量铝元素，但 Al_2O_3 的含量在 1wt.%以下。FA 夹杂物主要为球形或多边形，粒径小于 5μm，Al_2O_3 含量分别为 5wt.%~10wt.% 和 20wt.%~30wt.%，反应最终形成不同特征的 Al_2O_3 夹杂，各种不同特征的 Al_2O_3 夹杂其形成机理不同，这在后面的研究中进行介绍。

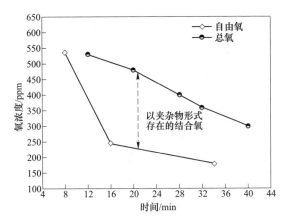

图 5-4 热坩埚实验中氧在不同时间的变化

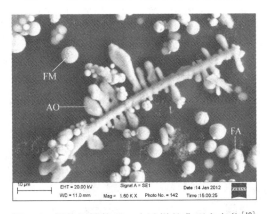

图 5-5 部分铝镇静后一个试样的典型夹杂物[10]

5.1.2.2 FeO·xMnO 夹杂物的转变机制

$$(x + 1)\mathrm{FeO} + 3(\mathrm{FeO} \cdot x\mathrm{MnO}) + 2(x + 1)[\mathrm{Al}] \Longrightarrow$$
$$(x + 1)\mathrm{FeO} \cdot \mathrm{Al_2O_3} + 3[\mathrm{Fe}] + 3x[\mathrm{Mn}]$$

或　$3(\mathrm{FeO} \cdot x\mathrm{MnO}) + 2(x + 1)[\mathrm{Al}] \Longrightarrow (x + 1)\mathrm{Al_2O_3} + 3[\mathrm{Fe}] + 3x[\mathrm{Mn}]$

$$(5\text{-}1)$$

$$[\mathrm{Fe}] + 2[\mathrm{Al}] + 4[\mathrm{O}] \Longrightarrow \mathrm{FeO} \cdot \mathrm{Al_2O_3} \quad 或 \quad 2[\mathrm{Al}] + 3[\mathrm{O}] \Longrightarrow \mathrm{Al_2O_3}$$

$$(5\text{-}2)$$

加 Al 脱氧后，在反应（5-1）的基础上，通过异质形核将球形 FM 夹杂物转变为 FA 或 AO；在反应（5-2）的基础上，钢液中自由氧通过均质形核转变为 FA 或 AO。反应（5-1）和反应（5-2）形成的 FA 或 AO 具有不同的特征。[Al] 和 [O] 浓度较高时，易形成球状 FA 和 AO 或枝晶 AO；多边形 FA 和 AO 主要由基于反应（5-1）的非均相成核形成，如图 5-6 所示。

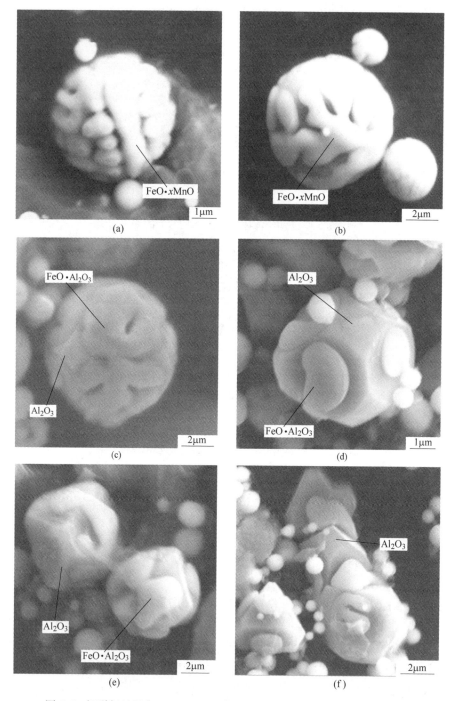

图 5-6　铝脱氧过程中 FeO·xMnO 类夹杂物向 Al_2O_3 夹杂物转变的过程

（a）（b）纯 FeO·xMnO 类夹杂物；（c）~（e）FeO·Al_2O_3 复合夹杂物；（f）Al_2O_3 夹杂物

通常情况下，Al_2O_3 最初的晶核是球形和多边形的，然后通过扩散生长成长为树枝状的 Al_2O_3，或通过碰撞生长成长为簇状的 Al_2O_3。图 5-7 为铝脱氧后典型的大尺寸 Al_2O_3 夹杂物，包括基于扩散生长的单向树枝晶 Al_2O_3（见图 5-7（a））、基于扩散生长的多向树枝晶 Al_2O_3（见图 5-7（b））、基于碰撞生长的团簇 Al_2O_3（见图 5-7（c））以及基于扩散生长和碰撞生长的团簇和树枝晶 Al_2O_3 的混合物（见图 5-7（d））。枝晶生长具有方向性，二次枝晶垂直于 Al_2O_3 的一次枝晶。单向初生枝晶的生长是由于 Al 和 O 元素浓度梯度的单向驱动力，而 Al 和 O 元素浓度的多方向驱动力导致了 Al_2O_3 初生枝晶的多向生长。

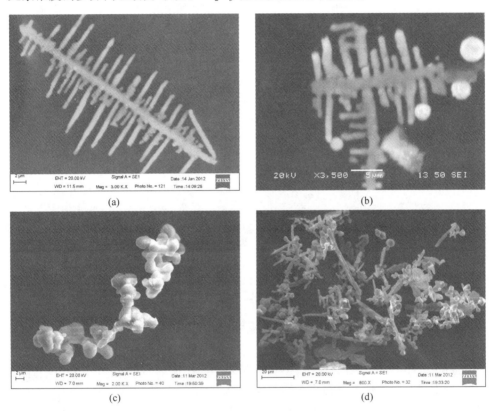

(a)   (b)

(c)   (d)

图 5-7　铝脱氧后典型的大尺寸 Al_2O_3 夹杂物

（a）基于扩散生长的单向树枝晶 Al_2O_3；（b）基于扩散生长的多向树枝晶 Al_2O_3；
（c）基于碰撞生长的团簇 Al_2O_3；（d）基于扩散生长和碰撞生长的团簇和树枝晶 Al_2O_3 的混合物

图 5-8 显示了不同类型夹杂物的转变机制。铝脱氧前，钢液中全氧以溶解氧和 $FeO \cdot xMnO$ 氧化物的形式存在；加铝后，钢液中溶解氧和 $FeO \cdot xMnO$ 夹杂物分别以均相形核和非均相形核的方式与酸溶铝发生反应。

均相形核条件下夹杂物的转变机制：（1）加入铝后，在［Al］和［O］高

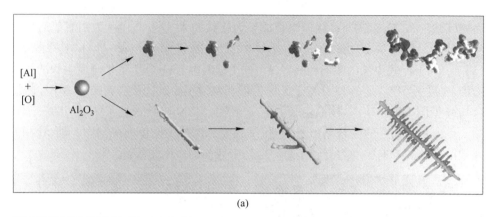

(a)

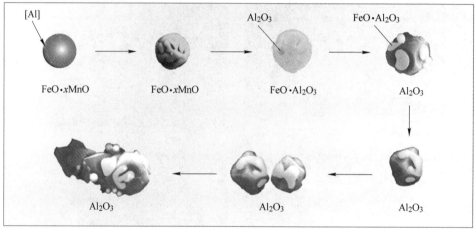

(b)

图 5-8　不同类型夹杂物的转变机制

彩色原图

过饱和度条件下，大量尺寸 10~100nm 球形 Al_2O_3 晶核首先形成；（2）球形 Al_2O_3 晶核通过均相扩散长大为球形 Al_2O_3，或通过定向扩散长大为枝晶 Al_2O_3，直至［Al］和［O］过饱和度消失；（3）Al_2O_3 夹杂物相互碰撞形成大颗粒夹杂物。

　　非均相形核条件夹杂物的转变机制：（1）钢液中酸溶铝首先与含 FeO·xMnO 夹杂物反应，使得夹杂物表面逐步变得粗糙。（2）酸溶铝与 FeO·xMnO 夹杂物反应后，Al_2O_3 取代 FeO·xMnO 夹杂物中的 MnO，使球形 FeO·xMnO 夹杂物转变为多边形的 FeO·Al_2O_3。（3）酸溶铝进一步置换 FeO·Al_2O_3 夹杂中的 FeO，使 FeO·Al_2O_3 夹杂物全部转变为多边形 Al_2O_3。（4）多边形 Al_2O_3 相互聚集形成大颗多边聚集状 Al_2O_3。

5.1.3 RH 轻处理与非轻处理工艺下夹杂物特征对比

RH 轻处理工艺 20 世纪 80 年代最早在日本开发成功，与传统工艺相比，其具备以下优点：（1）提高转炉终点［C］，缩短转炉吹炼时间，减少炉衬侵蚀；（2）减少铝耗；（3）降低成本。因此，开始逐步被企业所推广。但如何在不影响钢液洁净度的情况下合理有效地优化 RH 轻处理工艺仍然需要不断探索。

本部分重点分析了两种不同 RH 处理模式（模式Ⅰ：正常处理；模式Ⅱ：轻处理）下钢洁净度的差异。试验钢种均为低碳铝镇静钢，生产工艺为：210t 转炉→RH→60t 中间包→1200mm×210mm 板坯连铸机。模式Ⅰ为正常处理工艺，模式Ⅱ采用轻处理工艺，钢种典型化学成分见表 5-1。正常处理工艺时，转炉出钢目标［C］<0.035%，出钢过程中加铝铁脱氧，RH 过程中合金化，微调碳，调温并去除夹杂物；轻处理时，转炉出钢目标［C］= 0.04% ~ 0.06%，RH 碳脱氧后利用增碳剂进行调碳，根据定氧结果加铝粒脱氧，然后纯循环 5 ~ 10min 精炼结束；两种工艺在出钢结束后均向渣面加高铝缓释脱氧剂对渣进行扩散脱氧。

表 5-1　试验钢种目标化学成分　　　　　　　　　　（%）

模式	C	Si	Mn	P	S	Al_t	N
模式Ⅰ	0.04	≤0.03	0.20	≤0.010	≤0.008	0.030	≤0.0040
模式Ⅱ	0.030	≤0.03	0.22	≤0.012	≤0.010	0.030	≤0.0040

注：模式Ⅰ为非轻处理；模式Ⅱ为轻处理。

两种工艺模式的控制特点的差异性概括为表 5-2。在模式Ⅰ下，出钢对钢液进行脱氧，控制钢液中酸溶铝（［Al］$_s$）0.015% 以上；RH 处理过程中，由于钢液中没有游离氧，RH 不能进一步脱碳，转炉终点碳含量需控制在 0.035% 以下，以满足最终产品的要求。因此，模式Ⅰ下真空处理的主要功能是去除夹杂物和调整成分；模式Ⅱ下，保持沸腾出钢，控制转炉终点碳含量在 0.04% ~ 0.06%，通过 RH 真空碳氧反应进一步降低钢液中碳，同时有效降低钢液中自由氧；钢液中低的残余氧可以减少铝的消耗以及降低脱氧产物 Al_2O_3 夹杂的形成。

表 5-2　两种工艺模式的控制特点的差异

模式	BOF 终点	BOF 出钢	RH 过程
模式Ⅰ	［C］<0.035%	（1）加铝脱氧，［Al］$_s$>0.015%； （2）锰铁合金化	（1）通过循环去除夹杂物； （2）调整钢液的化学成分和温度
模式Ⅱ	［C］= 0.04% ~ 0.06%	（1）没有脱氧； （2）锰铁合金化	（1）真空加炭粉脱氧； （2）加炭粉和加铝镇静； （3）调整钢液的化学成分和温度； （4）通过循环去除夹杂物

5.1.3.1　两种模式下夹杂物生成量对比

钢液中加入脱氧剂（铁铝合金或铝粒）后，钢液中的大部分游离氧转变为 Al_2O_3 夹杂物，伴随着钢中 Al_2O_3 夹杂物的去除，钢液中全氧含量降低。因此，夹杂物的生成量与最终脱氧前的游离氧含量和二次氧化量密切相关，如式（5-3）所示。脱氧量和二次氧化量由式（5-3）~式（5-5）计算，合金的收得率按式（5-6）计算。

$$M_{total} = m_{de\text{-}oxidation} + m_{re\text{-}oxidation} \tag{5-3}$$

$$m_{de\text{-}oxidation} = [O]_{Free} \cdot \frac{102}{48} \tag{5-4}$$

$$m_{re\text{-}oxidation} = \frac{m_{Al}\gamma_{Al} - W_{steel}[O]_{Free} \times \dfrac{54}{48} - W_{steel}([Al]_{s\text{-}tundish} - [Al]_{s\text{-}BOF})}{W_{steel}} \times \frac{102}{54} \tag{5-5}$$

$$\eta_{Al} = \frac{W_{steel}[O]_{Free} \times \dfrac{54}{48} + W_{steel}([Al]_{s\text{-}tundish} - [Al]_{s\text{-}BOF})}{m_{Al}\gamma_{Al}} \times 100\% \tag{5-6}$$

式中　　　　　M_{total}——夹杂物的总生成量，ppm；

　　　　　　$m_{de\text{-}oxidation}$——脱氧夹杂物量，ppm；

　　　　　　$m_{re\text{-}oxidation}$——夹杂物二次氧化量，ppm；

　　　　　　η_{Al}——铝的收得率，%；

　　　　　　γ_{Al}——铝在铁铝或晶粒铝中的质量占比，%；

　　　　　　W_{steel}——钢液的重量，kg；

　　$[Al]_s$，$[O]_{Free}$——钢液中的酸溶铝和游离氧，%；

　　　　　　m_{Al}——加入钢液中的铝或铝铁合金的重量，kg。

式（5-6）中，分子的左侧表示脱氧用铝的消耗量，分子的右侧表示钢液中酸溶铝调整所需铝的消耗量。

如图 5-9 所示，模式 I 下，三个炉次试验中夹杂物的总生成量分别为 3353ppm、2276ppm 和 2834ppm。由于转炉终点自由氧含量高，脱氧产物量达到最大值 1772ppm。二次氧化产物量在 555~1825ppm 之间。在模式 II 中，由于 RH 真空碳脱氧后残余游离氧较低，脱氧产物量大大减少，夹杂物总生成量仅为模式 I 的 1/2。

图 5-10 比较了两种不同模式下铝的收得率。在模式 I 中，近 50% 的铝用于脱氧，25% 的铝用于酸溶铝调节，铝的收得率在 17%~43% 之间。模式 II 由于 RH 真空碳脱氧后游离氧含量大幅度降低，脱氧产物减少，铝总消耗量是模式 I 的一半。模式 II 总的耗铝量较模式 I 少，但模式 II 下铝的损失率却较模式 I 高，主要

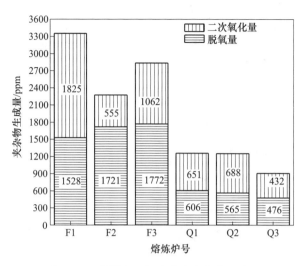

图 5-9 两种模式下钢液中夹杂物的生成量

由于轻处理模式下钢包顶渣氧化性高，脱氧之后钢液中后续的 Al_s 损失较模式 I
有所增加。

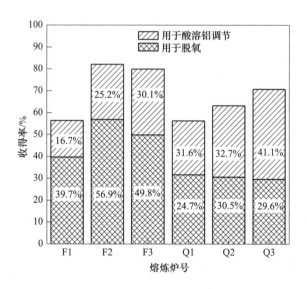

图 5-10 不同模式下铝的收得率

图 5-11 显示了两种模式下夹杂物的有效去除时间。有效去除时间表示终脱
氧和开浇前的时间差。模式 I 下，由于转炉出钢就进行了终脱氧，夹杂物的有效
去除时间长，在 65~90min 之间；模式 II 下，在 RH 进行真空碳脱氧后进行终脱

氧，夹杂物的有效去除时间较模式Ⅰ有明显减少，约为模式Ⅰ的一半。因此，模式Ⅱ下夹杂物生成总量少，但夹杂物有效去除时间短，可以看出，模式Ⅱ下中间包中夹杂物仍然存着尺寸较大的夹杂物。因此，钢液洁净度的控制需要综合考虑夹杂物的产生量和夹杂物的有效去除时间。

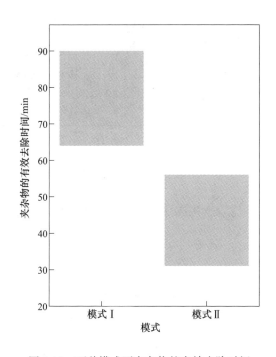

图 5-11   两种模式下夹杂物的有效去除时间

图 5-12 显示了不同模式下的铝损失。在 RH 循环过程中，钢液搅拌剧烈，模式Ⅰ酸溶铝损失在 4~20ppm/min 之间，是 RH 到中间包环节铝损失速率的 2~5 倍。可以看出，酸溶铝损失率随初始酸溶铝含量增加而增加。模式Ⅱ下酸溶铝的损失率低于模式Ⅰ，主要由于真空处理循环时间短且终脱氧后初始酸溶铝较低。提升钢液洁净度需要铝损失率低、夹杂物去除率高，尤其是在顶渣氧化高的情况下，更需要控制酸溶铝损失。模式Ⅰ顶渣中（T. Fe+MnO）平均含量为 6%，模式Ⅱ顶渣中（T. Fe+MnO）平均含量为 11%；虽然模式Ⅰ下顶渣的氧化性低于模式Ⅱ，但由于终脱氧早，循环周期长，酸溶铝损失较大，夹杂物生成量大；因此，钢液终脱氧后的搅拌不宜强度太大，一方面要保证脱氧产物能尽可能碰撞上浮去除，另一方面要避免过度搅拌导致的渣钢界面活跃增加二次氧化导致的酸溶铝损失和二次氧化产物增加。

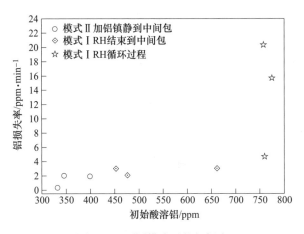

图 5-12 不同模式下的铝损失

5.1.3.2 两种模式下夹杂物的特征对比

采用扫描电镜和能谱分析仪（SEM/EDS）对两种模式下不同夹杂物进行了分析，不同类型夹杂物的数量百分比如图 5-13 所示。钢中发现了四种不同类型的 Al_2O_3 夹杂物。第一种为棒状 Al_2O_3，第二种为多边形 Al_2O_3，第三种为球形 Al_2O_3，第四种为团簇 Al_2O_3。模式 I 中 RH 终点试样中有 5.2% 团簇 Al_2O_3，此类夹杂物在中间包前已经完全转变和去除，从 RH 终点到中间包，多边形 Al_2O_3 明显减少，球形 Al_2O_3 大幅度增加。模式 II 中，RH 结束后，棒状 Al_2O_3 和多边形 Al_2O_3 分别占 61.1% 和 38.9%，没有发现球状和团簇 Al_2O_3，但在中间包过程中，

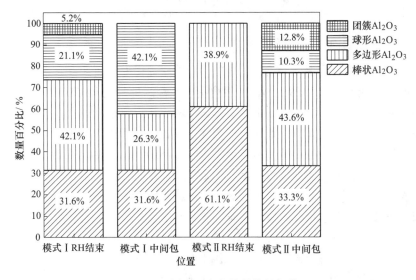

图 5-13 不同类型夹杂物的数量百分比

球形和团簇 Al_2O_3 有增加，棒状 Al_2O_3 减少了 27.8%。比较两种模式下中间包中夹杂物，模式Ⅱ下仍有 12.8% 的团簇 Al_2O_3 存在，而模式Ⅰ不存在大颗粒团簇状 Al_2O_3。脱氧产物在模式Ⅰ下的去除效果好于模式Ⅱ，这一点也说明夹杂物的去除需要保证有效去除时间（见图 5-11）。

不同夹杂物的尺寸分布如图 5-14 所示。从 RH 结束到中间包过程，大尺寸夹杂物比例逐渐减少；在模式Ⅰ中，由于有效去除时间较长，大尺寸夹杂物得到了充分的上浮去除。比较图 5-9、图 5-12 和图 5-14 可以看到，模式Ⅰ下钢液二次氧化量几乎是模式Ⅱ的两倍，但是，模式Ⅰ的中间包内夹杂物的大小和数量都优于模式Ⅱ，这说明模式Ⅰ的大部分二次氧化产物均进入顶渣而非留在钢液中，RH循环过程中大量的酸溶铝损失最终转化为顶渣中的 Al_2O_3。

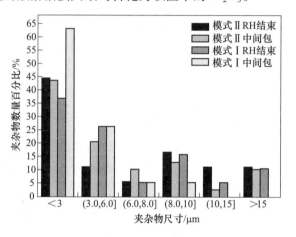

图 5-14　不同夹杂物的尺寸分布

彩色原图

5.1.3.3　两种模式下的全氧和氮控制对比

氧、硫是钢液表面活性元素，出钢或 RH 处理过程中表面活性元素会极大地降低钢液吸氮。如图 5-15 所示，钢液中氮含量控制在两种模式下有较大差异。模式Ⅱ下，氮含量控制在 15ppm 以下，几乎是模式Ⅰ的一半；由于模式Ⅱ终脱氧后移，钢液在一定氧位条件下处理极大地降低了空气二次氧化过程的钢液增氮。模式Ⅰ终脱氧较早，钢液吸氮量增加；因此，采用模式Ⅱ对钢液的低氮控制更有利。

图 5-16 为两种模式 RH 处理过程全氧的变化。结果表明，随着铝脱氧时间的延长，全氧显著降低。模式Ⅰ下，RH 真空处理 25min 内全氧控制在 20ppm 以下。模式Ⅱ下，RH 过程首先是真空碳脱氧反应，铝脱氧后夹杂物去除时间较短，RH 结束后的全氧在 19~38ppm 之间。模式Ⅱ虽然铝终脱氧前初始氧位较低，但 RH 终点的全氧含量仍然高于模式Ⅰ。因此，初始氧位和夹杂物有效去除时间对钢的洁净度控制都很重要。

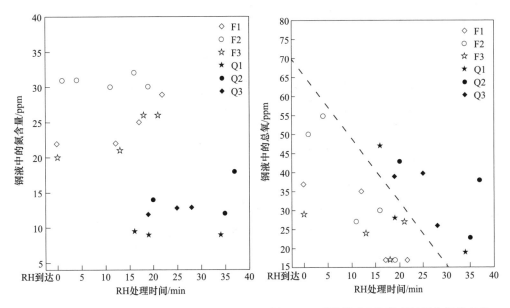

图 5-15 两种模式下 RH 过程中氮的比较　图 5-16 两种模式 RH 处理过程全氧的变化

5.2 RH 过程夹杂物的碰撞、聚集、去除行为

5.2.1 RH 过程夹杂物碰撞、聚集模型及机理

本节以 IF 钢 RH 处理过程夹杂物的演变为例进行说明。在 RH 处理过程中，脱氧前钢液中主要为球形或串状的 FeO·xMnO 类夹杂。加 Al 后，钢液中的 [Al] 会发生式（5-7）和式（5-8）两类反应；前者为均质形核反应，需要较高的过饱和度，后者为异质形核反应，不需要过饱和度。

$$2[Al] + 3[O] \Longrightarrow (Al_2O_3)_s$$

$$\lg K^\ominus = a_{(Al_2O_3)} / (a_{[O]}^3 a_{[Al]}^2) = 64000/T - 20.57 \tag{5-7}$$

$$2[Al] + 3(MnO \text{ 或 } FeO)_{inclusion} \Longrightarrow Al_2O_3(s) + 3[Mn] \text{ 或 } 3[Fe] \tag{5-8}$$

Al 脱氧钢中 Al_2O_3 存在多种形态，且在不同的反应条件下 Al_2O_3 形貌不一，如球形 Al_2O_3、颗粒状 Al_2O_3、团簇状 Al_2O_3、树枝状 Al_2O_3、珊瑚状 Al_2O_3 等。影响 Al_2O_3 形态的重要因素包括过饱和度 S、钢液初始 $a_{[O]}$、熔池的反应条件（搅拌、静止）等，如式（5-9）所示。表 5-3 为试验炉次的冶金参数。

$$S = K/K^\ominus = (a_{[Al]}^2 a_{[O]}^3) / (a_{[Al]_e}^2 a_{[O]_e}^3) \tag{5-9}$$

表 5-3　不同炉次主要冶金参数

炉次	钢水温度/℃	$a_{[O]}$/ppm	Al/kg	钢液质量/t	[Al]/%	[Al]/[O]	S_{max}
第 1 炉	1603	383	268	215	0.125	3.25	1.16×10^{11}
第 2 炉	1592	478	255	220	0.116	2.42	2.14×10^{11}
第 3 炉	1601	330	225	216	0.104	3.16	9.06×10^{10}
第 4 炉	1600	345	227	218	0.104	3.02	9.88×10^{10}
第 5 炉	1600	450	260	202	0.129	2.86	1.59×10^{11}

注：S_{max} 为钢液最大过饱和度。

通常球形夹杂物多为液相夹杂物，但固相的 Al_2O_3 在一定条件下会转变成球形。Al 脱氧钢中 Al_2O_3 夹杂的球化主要有以下几种方式：

（1）加 Al 前钢液中球形的 $FeO \cdot xMnO$ 与强脱氧元素 Al 反应，使得原来 $FeO \cdot xMnO$ 夹杂物转变成球形的 Al_2O_3，此类球形夹杂物中常含有少量 Mn 或 Fe 元素。

（2）当过饱和度高时，初始形核核心周围夹杂物形成元素均匀生长会最终形成球形 Al_2O_3，如图 5-17（a）所示，内核核心为初始形核核心，直径约 500nm，外核为扩散过程中均匀长大的球壳；图 5-17（b）中为类球形状的 Al_2O_3，

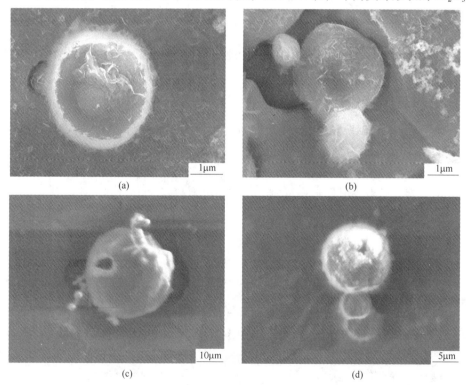

(a)　　　　　　　　　　　　　　(b)

(c)　　　　　　　　　　　　　　(d)

图 5-17　球形 Al_2O_3

随着过饱和度的降低，夹杂物的均匀长大逐渐转变为在某些方向的层状生长，最终形成了存在几个面的颗粒状的夹杂。球形 Al_2O_3 在流动过程中互相碰撞会产生聚集，如图 5-17（c）（d）所示。

（3）树枝状 Al_2O_3 的粗化是球形 Al_2O_3 的另一个来源，树枝状 Al_2O_3 枝干的枝端更容易球化成球形的 Al_2O_3，如图 5-18 所示。

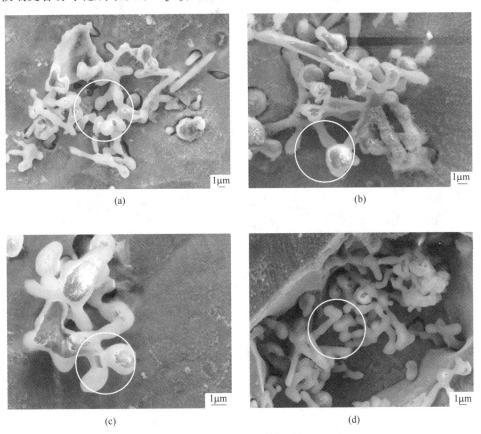

图 5-18　树枝状 Al_2O_3 的枝端球化

图 5-19 为 [Al]/[O]=2.42 和 2.86 时钢液中加 Al 后试样中观察到的团簇状 Al_2O_3。单个颗粒的尺寸多为 $1\sim2\mu m$，颗粒之间碰撞、聚集长大，最后形成尺寸庞大的 Al_2O_3 团簇。此过程通过图 5-20 来描述，Al_2O_3 的形成需要一定的过饱和度，当 Al 粒加入钢液后由于初始 [Al]、[O] 过饱和度极高（分别为 2.14×10^{11} 和 1.59×10^{11}），所以钢液中会迅速形成大量细小的 Al_2O_3 核心（$<1\mu m$），过饱和度会在很短的时间内降低到一个较低的水平，但此时钢液中 [Al]、[O] 仍处于过饱和状态，[Al]、[O] 会以初始形核为核心扩散长大直到过饱和度消失，在此过程中随着钢液循环搅拌颗粒之间逐渐碰撞、聚合最终形成团簇状 Al_2O_3。

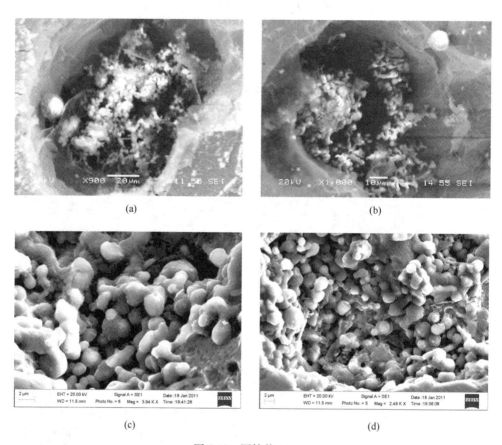

图 5-19　团簇状 Al_2O_3

（a）（b）$[Al]/[O] = 2.42$；（c）（d）$[Al]/[O] = 2.86$

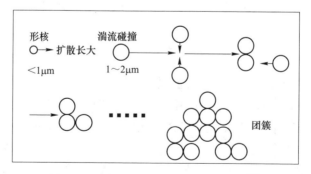

图 5-20　团簇状 Al_2O_3 夹杂的形成机理[11]

图 5-21 中（a）（b）为第 1 炉次（$[Al]/[O] = 3.25$）加 Al 后钢液中观察到

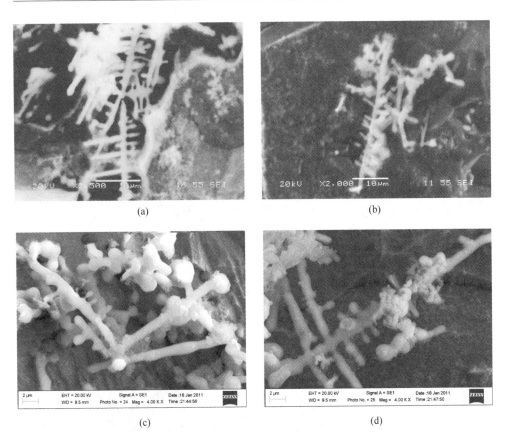

(a)

(b)

(c)

(d)

图 5-21 树枝状 Al_2O_3

$[Al]/[O]=3.25$

的树枝状的 Al_2O_3，该炉次脱氧产物主要为此种类型，由于局部 Al 浓度高，造成脱氧产物周围 Al、O 扩散浓度梯度相反，因此在某些特殊方向夹杂物优先生长形成此类树枝状 Al_2O_3。由表 5-3 可知几炉次钢液最大过饱和度 S_{Max} 都极大，且几乎都在同一数量级，熔池搅拌条件相似，因此影响脱氧产物类型的主要因素是初始 $a_{[O]}$ 和 $[Al]/[O]$；当初始 $a_{[O]}$ 高，$[Al]/[O]$ 低时容易形成团簇状的 Al_2O_3；当初始 $a_{[O]}$ 低，$[Al]/[O]$ 高时容易形成树枝状的 Al_2O_3，珊瑚状的 Al_2O_3 是 $a_{[O]}$ 和 $[Al]/[O]$ 介于团簇状 Al_2O_3 和树枝状 Al_2O_3 之间的一种类型，是团簇 Al_2O_3 和树枝状 Al_2O_3 的混合物共同形成，如图 5-22 所示。

枫叶状的 Al_2O_3 在各个炉次中均有发现，如图 5-23 所示。此类夹杂物相对数量较少，且尺寸较小，通常在一个核心周围有不同数量的枝干均匀生长，枝干宽度也很均匀，约为 $1\mu m$。而树枝状 Al_2O_3 通常是在一根主干上垂直生长出大量的枝干，而主干的宽度通常比枝干宽度宽，且板条状 Al_2O_3 并不是纯的

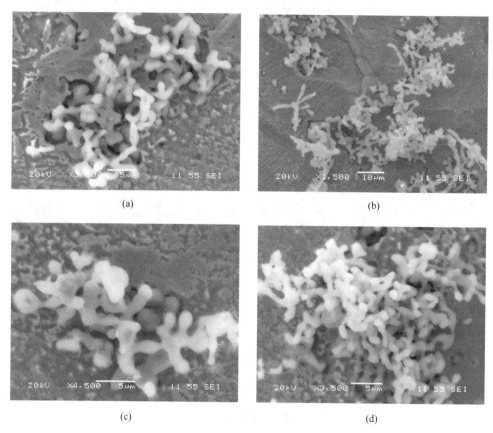

图 5-22 珊瑚状 Al_2O_3

(a) (b) [Al]/[O] = 3.16；(c) (d) [Al]/[O] = 3.02

Al_2O_3，枝干和核心中均含有一定含量的 Fe 或 Ti 等其他元素。此类夹杂物的形成主要是 [Al]、[O] 以脱氧前钢液中 $FeO \cdot xMnO$ 粒子为核心，通过反应 (5-8) 形成。

图 5-23 枫叶状 Al_2O_3

图 5-24 为试验过程中发现的多边形的 Al_2O_3。如图 5-24 (a)~(c) 所示, 尺寸在 2~5μm 之间, 外形呈多边形, 成分为纯的 Al_2O_3。此类夹杂物主要出现在精炼结束后试样中 (镇静、中间包试样), 并非主要的脱氧产物。此类夹杂物是随着工序温度的降低, 钢液中 Al-O 反应所需的过饱和度降低, 钢液析出此类多边形 Al_2O_3, 其析出后长大速度慢, 尺寸较小。钢液中析出的多边形 Al_2O_3 也会随着流动互相聚集长大, 最终形成大颗粒团聚的多边形夹杂物, 如图 5-24 (e) (f) 所示, 同样类似的夹杂物在铸坯中也能观察到。

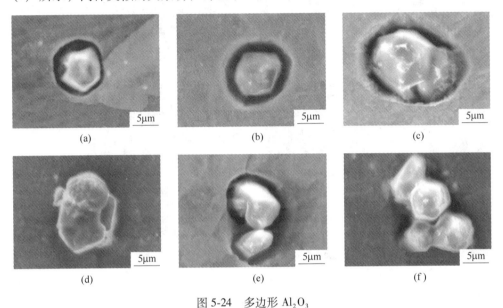

图 5-24 多边形 Al_2O_3

片状的 Al_2O_3 常与树枝状 Al_2O_3 相伴出现, 单个片层的厚度在 200~500nm 之间, 如图 5-25 所示。片状 Al_2O_3 的生成机理可以用图 5-26 描述。片层结构的表面积与体积比最大, 在液体中此类夹杂物并不容易形成, 需要极高的过饱和度且只有在熔体中夹杂物形成元素满足一维扩散时才能形成, 脱氧元素刚加入熔体中时, 熔体中 [Al]、[O] 元素分布极其不均匀, 加入的 Al 粒随着流动搅拌逐步均匀, 在此过程中 Al 粒周围满足片状 Al_2O_3 的形成条件, 多个片层不断累加最终会形成多面体的晶体结构。Dekkers 认为, 夹杂物表面之所以呈台阶状的阶层, 如图 5-25 (b) 是因为片状 Al_2O_3 在长大的层中存在其他细小夹杂物颗粒, 阻碍了其正常生长, 最终则可能会形成斜方六面体结构, 如图 5-25 (c) (d) 所示。形成过程如图 5-27 所示。

采用原貌分析法对各工序试样中夹杂物三维形貌进行观察, 并对每个工序中最大尺寸夹杂物进行统计, 如图 5-28 是不同位置最大粒径 Al_2O_3 与位置关系。结果表明, 加 Al 后 3min 钢液中 Al_2O_3 夹杂最大尺寸达到 800μm, 多为树枝状和团

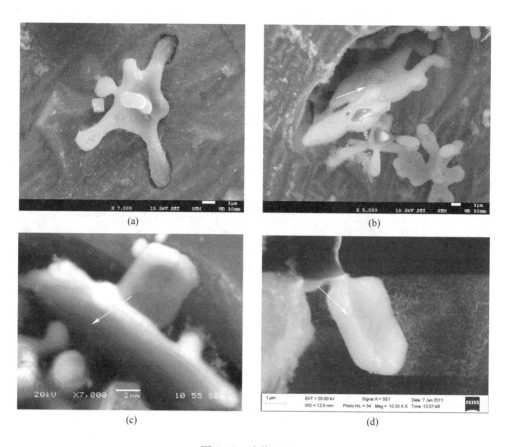

图 5-25　片状 Al_2O_3

图 5-26　片状 Al_2O_3 生长机理（箭头方向代表生长方向）

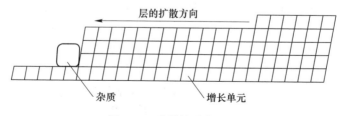

图 5-27　阶梯的形成过程

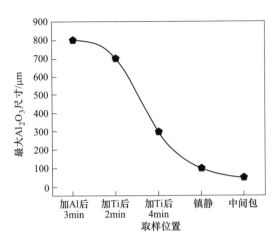

图 5-28　不同位置最大 Al_2O_3 尺寸变化

簇状的混合物，加 Ti 后 2min 仍然存在最大尺寸在 700μm 的 Al_2O_3，主要因为这个过程中夹杂物一方面通过上浮去除，另一方面还在不断地长大；纯循环 4min 后试样中最大尺寸夹杂物降低到 400μm 左右，而在镇静 20min 之后钢液中夹杂物主要在 100μm 以下，中间包中最大尺寸的 Al_2O_3 降低到 50μm 左右，此时大颗粒夹杂物经过纯循环、镇静等过程得到有效去除。

　　综合以上分析可知，不同类型 Al_2O_3 形成与钢液条件和脱氧制度有着很大关系。从夹杂物去除角度分析，脱氧过程中更希望得到大颗粒团簇的 Al_2O_3；由于相同体积的 Al_2O_3 夹杂以球形颗粒构成的团簇状 Al_2O_3 表面积最小，在上浮过程中所受阻力最小，更容易去除，因此，在 Al 脱氧时，应分步加入 Al，先控制 Al 的加入量（$[Al]/[O]<3$），同时尽可能大地给钢液提供搅拌条件，使夹杂物优先转变成大颗粒的团簇状 Al_2O_3，之后再对钢液的 $[Al]_s$ 进行调整。

5.2.2 RH 过程夹杂物行为模拟

5.2.2.1 夹杂物穿越钢/渣界面行为[12~14]

Bouris、Bergeles 和 Nakajima、Okamura 对夹杂物穿越钢/渣界面的模型描述是固体、球状、化学惰性的颗粒接近静态的界面，当 $Re \geqslant 1$ 时，通常夹杂物周围有钢液，所以在夹杂物到达钢/渣界面时其周围会有一层钢液膜存在，如图 5-29 所示；而当 $Re < 1$ 时，夹杂物周围不会存在钢液膜，如图 5-30 所示。

　　夹杂物在钢液中上浮终点速度可以用下式来表示：

$$u_{term} = \frac{2}{9}R_I^2(\rho_M - \rho_I)\frac{g}{\mu_M} \tag{5-10}$$

式中　R_I——夹杂物的半径；

g——重力加速度；

μ_{M}——钢液的黏度；

ρ_{M}，ρ_{I}——分别为钢液的密度和夹杂物的密度。

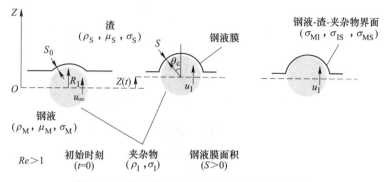

图 5-29　有液膜时夹杂物穿越钢渣界面示意图

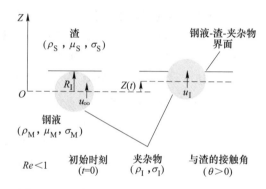

图 5-30　无液膜时夹杂物穿越钢渣界面示意图

当夹杂物接近钢/渣界面时，浮力 F_{b}、反弹力 F_{r}、附加质量力 F_{m} 和驱动力 F_{d} 这 4 种力同时作用在夹杂物上，由牛顿第二定律得到下式：

$$\frac{4}{3}\pi R_{\mathrm{I}}^{3}\rho_{\mathrm{I}}\frac{\mathrm{d}^{2}Z}{\mathrm{d}t^{2}} + F_{\mathrm{f}} = F_{\mathrm{b}} - F_{\mathrm{d}} - F_{\mathrm{r}} \tag{5-11}$$

式中　Z——夹杂物垂直方向位移。

A　无液膜时夹杂物穿越界面

计算过程中位移 Z、时间 t 可以采用无量纲形式表达如下：

$$Z^{*} = \frac{Z}{R_{\mathrm{I}}} \tag{5-12}$$

$$t^{*} = \frac{t}{\sqrt{\dfrac{R_{\mathrm{I}}}{g}}} \tag{5-13}$$

当夹杂物周围不存在液膜时，其受到的浮力如下式（向上为正方向）：

$$F_b = \frac{4}{3}\pi R_I^3 g [\rho_S \cdot A(Z^*) - \rho_I] \tag{5-14}$$

式中　ρ_S——渣的密度；

$A(Z^*)$——浮力变化系数，其表达式：

$$A(Z^*) = \frac{1}{4}\left(\frac{\rho_M}{\rho_S} - 1\right) Z^{*3} - \frac{3}{4}\left(\frac{\rho_M}{\rho_S} - 1\right) Z^{*2} + \frac{\rho_M}{\rho_S} \tag{5-15}$$

附加质量力（向下为正方向）：

$$F_f = \frac{2}{3}\pi R_I^3 \rho_S \cdot A(Z^*) \cdot g \frac{d^2 Z^*}{dt^{*2}} \tag{5-16}$$

反弹力（向下为正方向）：

$$F_r = 2\pi R_I \sigma_{MS} B(Z^*) \tag{5-17}$$

式中　σ_{MS}——钢液与渣之间的表面张力。

$B(Z^*)$ 的表达式为：

$$B(Z^*) = Z^* - 1 - \cos\theta_{IMS} \tag{5-18}$$

式中　$\cos\theta_{IMS}$——整体润湿性，其表达式：

$$\cos\theta_{IMS} = \frac{\sigma_{IM} - \sigma_{IS}}{\sigma_{MS}} \tag{5-19}$$

式中　σ_{IM}，σ_{IS}——夹杂物和钢液、夹杂物和渣之间的表面张力。

$\theta_{IMS} < 0$ 时，说明夹杂物是可润湿的；$\theta_{IMS} > 0$ 时，说明夹杂物不可润湿。

最后，驱动力（向下为正方向）：

$$F_d = 6\pi R_I \mu_S \cdot C(Z^*) \cdot \sqrt{R_I g}\, \frac{dZ^*}{dt^*} \tag{5-20}$$

式中　μ_S——渣的黏度。

$C(Z^*)$ 的表达式：

$$C(Z^*) = \left(\frac{\mu_M}{\mu_S} - 1\right) Z^{*2} - 2\left(\frac{\mu_M}{\mu_S} - 1\right) Z^* + \frac{\mu_M}{\mu_S} \tag{5-21}$$

综合上式，得到：

$$\frac{d^2 Z^*}{dt^{*2}} = 2\frac{\rho_S \cdot A(Z^*) - \rho_I}{\rho_S \cdot A(Z^*) + 2\rho_I} - 3 \cdot D(Z^*) \cdot B(Z^*) - \frac{9}{E(Z^*)} \cdot C(Z^*) \cdot \frac{dZ^*}{dt^*}$$

$$\tag{5-22}$$

其中：

$$D(Z^*) = \frac{\sigma_{MS}}{R_I^2 [\rho_S \cdot A(Z^*) + 2\rho_I] g} \tag{5-23}$$

$$E(Z^*) = \frac{\sqrt{R_I^3 g}\left[\rho_S \cdot A(Z^*) + 2\rho_I\right]}{\mu_S} \tag{5-24}$$

B　夹杂物穿越有液膜界面

假设钢液膜均匀分布在夹杂物周围，液膜流动可以用下式表示：

$$\psi = \frac{1}{2}\frac{dZ}{dt}\left(-\frac{3}{2}rR_I + \frac{1}{2}\frac{R_I^3}{r}\right)\sin^2\theta \tag{5-25}$$

式中　r，θ——球坐标系的坐标轴，该流函数适用范围为 $r \geqslant R_I$，$0 \leqslant \theta \leqslant \pi$。

由于液膜很薄，故近似认为渣相的压力 p_S 等于钢液压力 p_M，基于压力连续性可以得到：

$$p_F - p_S = p_F - p_M = \frac{2\sigma_{MS}}{R_I + S} + \frac{dZ}{dt}2\mu_S\frac{3}{2}\left(\frac{1}{R_I + 2S} - \frac{1}{R_I + 4S}\right)\cos\theta \tag{5-26}$$

式中　p_F——钢液膜的压力；

　　　S——钢液膜的厚度。

由上式得到反弹力的表达式为：

$$F_r = \int_0^{\theta_c}(p_F - p_M)\cos\theta \cdot 2\pi R_I\sin\theta \cdot R_I d\theta \tag{5-27}$$

$$F_r = 4\pi R_I^2\left[\frac{\sigma_{MS}}{2(R_I + S)}\sin^2\theta_c + \frac{dZ}{dt}\frac{\mu_S}{3}\frac{3}{2}\left(\frac{1}{R_I + 2S} - \frac{1}{R_I + 4S}\right)(1 - \cos^3\theta_c)\right] \tag{5-28}$$

其中：

$$\sin^2\theta_c = \frac{(2R_I + S - Z)(S + Z)}{(R_I + S)^2} \tag{5-29}$$

$$\cos\theta_c = \frac{R_I - Z}{R_I + S} \tag{5-30}$$

浮力：

$$F_b = \frac{4}{3}\pi R_I(\rho_M - \rho_I)g \tag{5-31}$$

驱动力：

$$F_d = 6\pi R_I\mu_M\frac{dZ}{dt} \tag{5-32}$$

附加质量力：

$$F_f = \frac{2}{3}\pi R_I^3\rho_M\frac{d^2Z}{dt^2} \tag{5-33}$$

夹杂物周围存在液膜时，夹杂物的无量纲位置可以表示为：

$$\frac{\mathrm{d}Z^*}{\mathrm{d}t^*} = 2\frac{\rho_\mathrm{M} - \rho_\mathrm{I}}{\rho_\mathrm{M} + 2\rho_\mathrm{I}} - 3G \cdot H(Z^*,\ S^*) - \frac{2}{J}K(Z^*,\ S^*)\frac{\mathrm{d}Z^*}{\mathrm{d}t^*} - \frac{9}{I}\frac{\mathrm{d}Z^*}{\mathrm{d}t^*}$$

$$(5\text{-}34)$$

其中：

$$G = \frac{\sigma_\mathrm{MS}}{R_\mathrm{I}^\mathrm{S}(\rho_\mathrm{M} + 2\rho_\mathrm{I})g} \tag{5-35}$$

$$H(Z^*,\ S^*) = \frac{(2 + S^* - Z^*)(S^* + Z^*)}{(1 + S^*)^3} \tag{5-36}$$

$$I = \frac{\sqrt{R_\mathrm{I}^3 g}(\rho_\mathrm{M} + 2\rho_\mathrm{I})}{\mu_\mathrm{M}} \tag{5-37}$$

$$J = \frac{\sqrt{R_\mathrm{I}^3 g}(\rho_\mathrm{M} + 2\rho_\mathrm{I})}{\mu_\mathrm{S}} \tag{5-38}$$

$$K(Z^*,\ S^*) = \frac{3}{2}\left(\frac{1}{1 + 2S^*} - \frac{1}{1 + 4S^*}\right)\left[1 - \left(\frac{1 - Z^*}{1 + S^*}\right)^3\right] \tag{5-39}$$

根据钢液膜的流动方程，得到钢液膜的速度：

$$u = -\frac{1}{r\sin\theta}\frac{\mathrm{d}\psi}{\mathrm{d}r}\bigg|_{r = R_1, \theta = \theta_c} = -\frac{\mathrm{d}Z}{\mathrm{d}t}\sin\theta_c \tag{5-40}$$

钢液膜的表面积 δ 为：

$$\delta = \int_0^{\theta_c} 2\pi R_\mathrm{I}\sin\theta \cdot R_\mathrm{I}\mathrm{d}\theta = 2\pi R_\mathrm{I}^2\frac{S + Z}{R_\mathrm{I} + S} \tag{5-41}$$

钢液膜流动的连续性：

$$S\delta - U(2\pi R_\mathrm{I}^2\sin\theta_c)S\mathrm{d}t = (S + \mathrm{d}S)(\delta + \mathrm{d}\delta) \tag{5-42}$$

整理得到钢液膜厚度的表达式：

$$\frac{\mathrm{d}S^*}{\mathrm{d}t^*} = \frac{-\dfrac{\mathrm{d}Z^*}{\mathrm{d}t^*}(2 - Z^*)(S^* + Z^*)S^* - S^*\dfrac{\mathrm{d}Z^*}{\mathrm{d}t^*}}{2S^* - Z^*} \tag{5-43}$$

5.2.2.2　数学模型的数值求解

夹杂物在穿越钢渣的数学模型中有二阶微分，本节采用数值法——四阶龙格-库塔法求解夹杂物在钢液界面运动的数学模型。

当无液膜时，夹杂物在钢渣界面运动的数学模型表示为：

$$Z'' = f(t^*, Z^*, Z') \tag{5-44}$$

令

$$Z' = \frac{\mathrm{d}Z^*}{\mathrm{d}t^*} = q \tag{5-45}$$

可以得到以下方程组：

$$\begin{cases} q' = f(t^*, Z^*, g) \\ Z' = q \\ t_0^* = 0, Z_0^* = 0 \\ q_0 = \dfrac{2}{9} \dfrac{\sqrt{\dfrac{R_1}{g}}}{R_1} R_1^2 (\rho_M - \rho_1) \dfrac{g}{\mu_M} \end{cases} \tag{5-46}$$

利用四阶龙格-库塔法求解方法得到下式：

$$\begin{cases} k_1 = f(t_n^*, Z_n^*, q_n); \ l_1 = q_n \\ k_2 = f\left(t_n^* + \dfrac{h}{2}, Z_n^* + \dfrac{h}{2}l_1, q_n + \dfrac{h}{2}k_1\right); \ l_2 = q_n + \dfrac{h}{2}k_1 \\ k_3 = f\left(t_n^* + \dfrac{h}{2}, Z_n^* + \dfrac{h}{2}l_2, q_n + \dfrac{h}{2}k_2\right); \ l_3 = q_n + \dfrac{h}{2}k_2 \\ k_4 = f(t_n^* + h, Z_n^* + hl_3, q_n + hk_3); \ l_4 = q_n + \dfrac{h}{2}k_3 \\ q_{n+1} = q_n + \dfrac{h}{6}(k_1 + 2k_2 + 2k_3 + k_4) \\ Z_{n+1} = Z_n + \dfrac{h}{6}(l_1 + 2l_2 + 2l_3 + l_4) \end{cases} \tag{5-47}$$

当有液膜时：

$$\begin{cases} Z'' = f\left(t^*, Z^*, \dfrac{\mathrm{d}Z^*}{\mathrm{d}t}, S^*\right) \\ S' = s\left(t^*, Z^*, \dfrac{\mathrm{d}Z^*}{\mathrm{d}t}, S^*\right) \end{cases} \tag{5-48}$$

令

$$Z' = \frac{\mathrm{d}Z^*}{\mathrm{d}t^*} = q \tag{5-49}$$

利用四阶龙格-库塔法求解方法得到下式：

$$
\begin{cases}
k_1 = f(t_n^*, Z_n^*, q_n, S_n^*);\ l_1 = q_n;\ m_1 = s(t_n^*, Z_n^*, q_n, S_n^*) \\[2mm]
k_2 = f(t_n^* + \dfrac{h}{2}, Z_n^* + \dfrac{h}{2}l_1, q_n + \dfrac{h}{2}k_1, S_n^* + \dfrac{h}{2}m_1) \\[2mm]
l_2 = q_n + \dfrac{h}{2}k_1;\ m_2 = s(t_n^* + \dfrac{h}{2}, Z_n^* + \dfrac{h}{2}l_1, q_n + \dfrac{h}{2}k_1, S_n^* + \dfrac{h}{2}m_1) \\[2mm]
k_3 = f(t_n^* + \dfrac{h}{2}, Z_n^* + \dfrac{h}{2}l_2, q_n + \dfrac{h}{2}k_2, S_n^* + \dfrac{h}{2}m_2) \\[2mm]
l_3 = q_n + \dfrac{h}{2}k_2;\ m_3 = s(t_n^* + \dfrac{h}{2}, Z_n^* + \dfrac{h}{2}l_2, q_n + \dfrac{h}{2}k_2, S_n^* + \dfrac{h}{2}m_2) \\[2mm]
k_4 = f(t_n^* + h, Z_n^* + hl_3, q_n + hk_3, S_n^* + hm_3) \\[2mm]
l_4 = q_n + \dfrac{h}{2}k_3;\ m_4 = s(t_n^* + h, Z_n^* + hl_3, q_n + hk_3, S_n^* + hm_3) \\[2mm]
q_{n+1} = q_n + \dfrac{h}{6}(k_1 + 2k_2 + 2k_3 + k_4) \\[2mm]
Z_{n+1} = Z_n + \dfrac{h}{6}(l_1 + 2l_2 + 2l_3 + l_4) \\[2mm]
S_{n+1} = S_n + \dfrac{h}{6}(m_1 + 2m_2 + 2m_3 + m_4)
\end{cases}
$$

$$(5\text{-}50)$$

利用 Visual Studio 编程得到夹杂物穿越钢渣界面的运动规律，程序界面如图 5-31 所示。

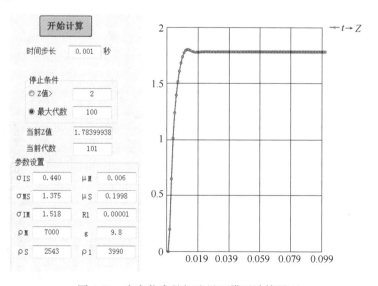

图 5-31　夹杂物穿越钢渣界面模型计算界面

5.2.2.3　不同熔渣对夹杂物穿越钢渣界面的影响

IF 钢典型钢包渣的成分及相关物理性质见表 5-4，其中熔渣黏度根据黏度模型计算得出。

表 5-4　计算中需要的物理量

名称	SiO$_2$/%	CaO/%	Al$_2$O$_3$/%	MgO/%	FeO/%	Na$_2$O/%	F/%	密度/kg·m^{-3}	黏度/Pa·s	σ_{MS}/N·m^{-1}
钢包渣 1	5	40	40	5	10	—	—	2700	0.56	1.2
钢包渣 2	5	45	35	5	10	—	—	2700	0.64	
Al$_2$O$_3$ 夹杂	Al$_2$O$_3$: 100%			$\sigma_{IS} = 0.01 \sim 0.2\,N/m$				3990	—	—
钢液	Fe: 100%			$\sigma_{IM} = 1.504\,N/m$				7000	0.006	—

下面主要利用模型分析熔渣密度、黏度、渣钢间界面张力和夹杂物与渣间的表面张力等因素对夹杂物与渣钢界面分离的影响。

图 5-32 为不同尺寸夹杂物在两种不同密度熔渣中与渣钢界面分离时间与位移的关系，计算参数见表 5-5。夹杂物半径在 $5\mu m$、$10\mu m$ 和 $50\mu m$ 时，夹杂物均与渣钢界面能够完全分离，其分离曲线相似，并且分离时间基本与夹杂物半径成正比关系。而熔渣密度在 $2300kg/m^3$ 和 $2700kg/m^3$ 时，其夹杂物与渣钢界面分离

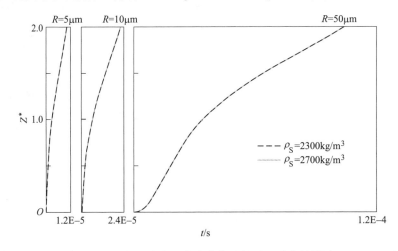

图 5-32　钢渣密度对夹杂物与渣钢界面分离的影响

彩色原图

表 5-5　计算参数选择

σ_{IS}/N·m^{-1}	σ_{MS}/N·m^{-1}	σ_{IM}/N·m^{-1}	ρ_M/kg·m^{-3}	ρ_I/kg·m^{-3}	μ_M/Pa·s	μ_S/Pa·s
0.2	1.2	1.504	7000	3990	0.006	0.5

时间基本相同，可以认为熔渣密度对于夹杂物分离没有影响。

图 5-33 为不同尺寸夹杂物在黏度分别为 0.3~0.6Pa·s 的熔渣中与渣钢界面分离时间与位移的关系，计算参数见表 5-6。无论夹杂物半径为 5μm、10μm 或 50μm，熔渣黏度在 0.3~0.6Pa·s 变化时，夹杂物与渣钢界面均能完全分离，并且熔渣黏度越小，夹杂物与渣钢界面分离速度越快；熔渣密度减小，向下的驱动力 F_d 减小，利于夹杂物向上运动。

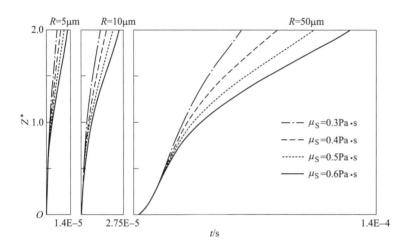

彩色原图

图 5-33　钢渣黏度对夹杂物与渣钢界面分离的影响

表 5-6　计算参数选择

σ_{IS}/N·m^{-1}	σ_{MS}/N·m^{-1}	σ_{IM}/N·m^{-1}	ρ_S/kg·m^{-3}	ρ_M/kg·m^{-3}	ρ_I/kg·m^{-3}	μ_M/Pa·s
0.2	1.2	1.504	2700	7000	3990	0.006

图 5-34 为夹杂物和渣间界面张力变化时，不同尺寸夹杂物在熔渣中与渣钢界面分离时间与位移的关系，计算参数见表 5-7。文献中夹杂物与渣间的表面张力的数据有限，Towers 等测量给出了 Al_2O_3 夹杂和 $CaO-Al_2O_3-SiO_2$ 渣系的接触角在 8°~18°，这给出了 σ_{IS} 在 0.18~0.2N/m。选取 0.01N/m 是因为假设渣溶解导致渣成分沿平衡方向变化，会更容易最大程度润湿夹杂物。从图中看出，较低的 σ_{IS} 值为夹杂物提供了更大的向上的毛细作用力，导致夹杂物可以很快地与渣钢界面分离，并且半径为 5μm、10μm 和 50μm 的夹杂物具有相同的分离曲线，夹杂物与渣的表面张力 σ_{IS} 值在 0.01~0.2N/m 时，夹杂物与渣钢界面完全分离，但是 $\sigma_{IS}=0.5$N/m 时，夹杂物会停留在渣钢界面，此时夹杂物与渣钢界面分离 90%~95%。

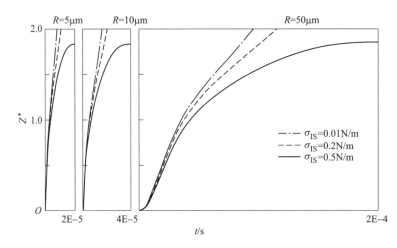

彩色原图

图 5-34　夹杂物与渣间表面张力对夹杂物与渣钢界面分离的影响

表 5-7　计算参数选择

$\sigma_{MS}/N \cdot m^{-1}$	$\sigma_{IM}/N \cdot m^{-1}$	$\rho_S/kg \cdot m^{-3}$	$\rho_M/kg \cdot m^{-3}$	$\rho_I/kg \cdot m^{-3}$	$\mu_M/Pa \cdot s$	$\mu_S/Pa \cdot s$
1.2	1.504	2543	7000	3990	0.006	0.5

　　研究表明 Al_2O_3 与 $CaO\text{-}Al_2O_3\text{-}SiO_2$ 渣系的 σ_{IS} 在 $0.35 \sim 0.61N/m$ 间变化，并且提高渣中 C/A 的值可以降低 σ_{IS} 的值，故钢包渣在改质过程中可以选择 C/A 值较高的渣系，有利于 Al_2O_3 夹杂与渣钢界面的分离，可以促进 Al_2O_3 夹杂的去除[15]。

　　图 5-35 为渣钢间界面张力变化时，不同尺寸夹杂物在熔渣中与渣钢界面分离时间与位移的关系，计算参数见表 5-8。这里计算了渣钢表面张力为 $1.1N/m$、

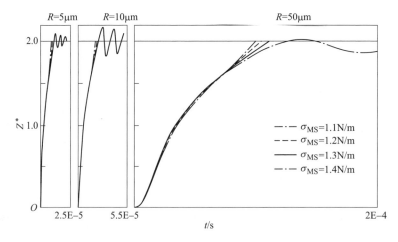

彩色原图

图 5-35　渣钢间表面张力对夹杂物与渣钢界面分离的影响

1.2N/m、1.3N/m 和 1.4N/m 时，夹杂物在渣钢界面的运动情况。结果表明，夹杂物半径小于 10μm 时，σ_{MS} = 1.1 ~ 1.2N/m，夹杂物与渣钢界面完全分离；σ_{MS} = 1.3N/m 时，夹杂物在渣钢界面振荡运动。夹杂物半径为 50μm 时，σ_{MS} = 1.1 ~ 1.3N/m，夹杂物与渣钢界面完全分离；σ_{MS} = 1.4N/m 时，夹杂物在渣钢界面振荡运动。渣钢间表面张力越小，越有利于夹杂物与渣钢界面的分离。

表 5-8　计算参数选择

$\sigma_{IS}/N \cdot m^{-1}$	$\sigma_{IM}/N \cdot m^{-1}$	$\rho_S/kg \cdot m^{-3}$	$\rho_M/kg \cdot m^{-3}$	$\rho_I/kg \cdot m^{-3}$	$\mu_M/Pa \cdot s$	$\mu_S/Pa \cdot s$
0.2	1.504	2543	7000	3990	0.006	0.5

5.3　稀土处理钢 RH 过程夹杂物特征转变

5.3.1　稀土对夹杂物的变质效果

该部分对比分析加入稀土对 IF 钢中夹杂物的变性作用。对国内某钢厂稀土处理 IF 钢铸坯中夹杂物类型、形貌、尺寸的演变规律进行分类。

如图 5-36 所示，正常 IF 钢中夹杂物主要以 Al_2O_3、Al-O-Ti、Al-O-Ti-N、TiN、MnS 以及高 SiO_2 类夹杂物为主。加稀土后，铸坯中出现了 Al-O-Ce、Ce-O-S、Al-O-Ce-S、Ce-O-S-Mn、Al-O-Ce-Ti、Al-O-Ce-Ti-S-Mn、Al-O-Ce-Ti-N 类夹杂物。根据反应式（5-51）和式（5-52）及生成物质量分数可以看出，稀土型夹杂物主要以 Al-O-Ce 类夹杂物为主，周围包裹有 TiO_x、MnS 以及 TiN 等，该类夹杂物尺寸在 5 ~ 10μm 之间。还有一部分稀土型夹杂物氧硫化物，一般由 Al-O-Ce 类夹杂物包裹形成的复合夹杂，尺寸在 3μm 左右。

$$2[Ce] + Al_2O_3(s) = 2[Al] + Ce_2O_3(s) \tag{5-51}$$

$$[Ce] + Al_2O_3(s) = CeAlO_3(s) + [Al] \tag{5-52}$$

原貌分析结果表明，未加稀土铸坯中夹杂物有呈现不规则块状的 Al_2O_3，尺寸高达 20μm；Al_2O_3-TiO_x 类夹杂物，尺寸一般在 10μm 以上；呈立方体状的 TiN 类夹杂物，尺寸在 5μm 左右。Al-O-Ce 类夹杂物的尺寸在 8μm 左右，呈椭球状分布并且表面光滑，从面扫结果可以看出，一部分 Al-O-Ce 类夹杂物伴随着 TiO_x 和 TiN 的出现。

5.3.2　稀土夹杂物的形成转变机理

稀土元素具有较强化学活性，易氧化，基于以上对钢中不同种类稀土型夹杂物形貌、尺寸的分析，进一步研究稀土铈对 IF 钢夹杂物的演变机理。稀土在钢

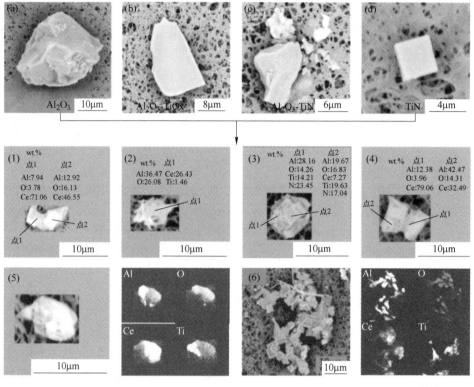

图 5-36　添加稀土前后铸坯中夹杂物[17]

（a）~（d）正常铸坯中夹杂物；（1）~（6）铸坯中稀土型夹杂物

彩色原图

液中除了与 Al_2O_3 反应生成 Al-O-Ce 类夹杂物，还与钢液中的硫化物反应生成 Ce-O-S、Al-O-Ce-S 以及 Al-O-Ce-S-Mn 等复合夹杂物，具体结果如图 5-37 所示[16]。

图 5-38 为典型的 Al-O-Ce 类夹杂物能谱及面扫结果。从图 5-38（a）和（b）中可以看出，此类复合型稀土夹杂物分为两种，第一类为图 5-38（a）所示的 Al_2O_3 包裹着稀土型复合夹杂物，此类夹杂物分为内外两层，内层为反应的 Ce-Al-O 类型的夹杂物，但是由于反应时间以及稀土的加入量等原因，此时 Ce 还未对 Al_2O_3 夹杂物完全变性，外层为反应剩余的 Al_2O_3 夹杂物。第二类为图 5-38（b）所示的完全反应后的 Al-O-Ce 类夹杂物，外层已没有残留 Al_2O_3。通过面扫结果可以发现，完全变性后的 Al-O-Ce 类夹杂物又吸附周围的 Al_2O_3 夹杂物；稀土改性后夹杂物尺寸在 3~5μm，多呈椭圆状分布。

图 5-39 为典型的 Al-O-Ce-S-Mn 类夹杂物能谱及面扫结果。从图 5-39（a）和（b）中可以看出，Al-O-Ce-S-Mn 类夹杂物的变性分 3 步：第一步稀土从 Al_2O_3 内部开始变性，形成成分均匀的 Al-O-Ce 类夹杂物；第二步与钢

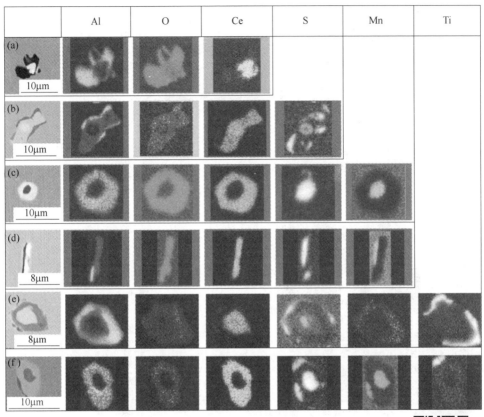

图 5-37 铸坯中不同类型夹杂物[20]

彩色原图

中的 MnS 反应，形成 Al-O-Ce-S-Mn 类复合夹杂物；第三步该类夹杂物会脱离原有的 Al_2O_3 以及 MnS 形成 Ce-O-S 类球形夹杂物，尺寸在 $3\sim5\mu m$。

稀土对钢中 Al-O-S-Mn 类夹杂物的变性可以概括为两种模式，如图 5-39 所示。第一种为图 5-39（c）所示，MnS 被变性之后的 Al-O-Ce 类复合夹杂物所包裹，之后由内到外逐渐被变性为 Ce-S-O 类夹杂物；图 5-39（d）为第二种变性模式，内层为成分均匀的 Al-O-Ce 类夹杂物，最外层被 MnS 包裹，由外到内 MnS 逐渐转变为 Ce-S-O 类夹杂物。

很多学者对 Ce-O-S 型夹杂物的形成机理进行了研究，认为添加稀土铈极有可能生成 Ce_2O_2S，具体反应如下[18,19]：

$$2[Ce] + 3[O] \Longrightarrow Ce_2O_3(s) \tag{5-53}$$

$$2[Ce] + 2[O] + S \Longrightarrow Ce_2O_2S(s) \tag{5-54}$$

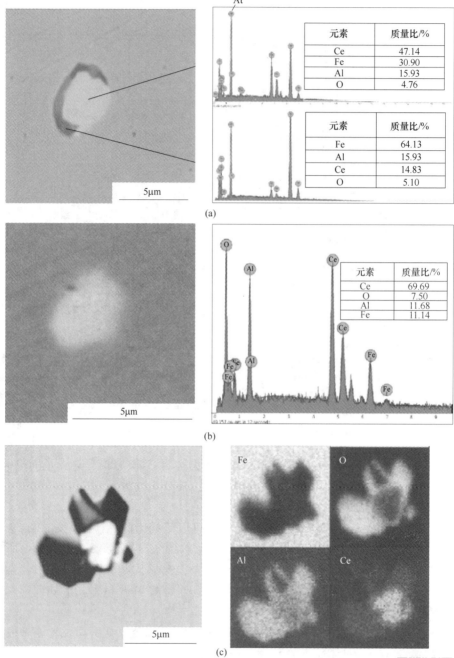

图 5-38　Al-O-Ce 类夹杂物

（a）（b）夹杂物能谱；（c）夹杂物面扫

彩色原图

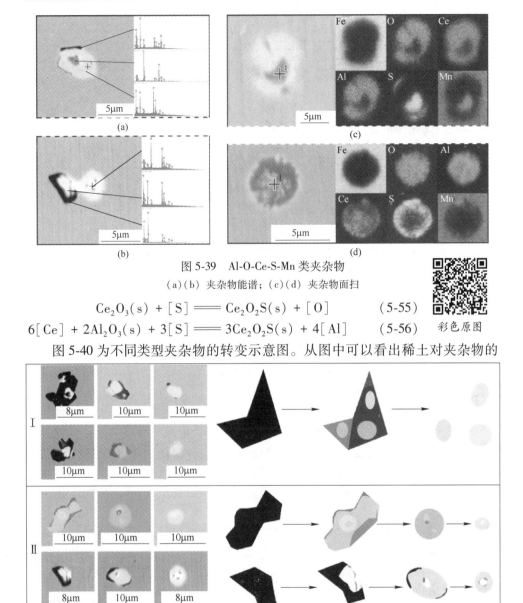

图 5-39 Al-O-Ce-S-Mn 类夹杂物

（a）（b）夹杂物能谱；（c）（d）夹杂物面扫

$$Ce_2O_3(s) + [S] = Ce_2O_2S(s) + [O] \quad (5-55)$$

$$6[Ce] + 2Al_2O_3(s) + 3[S] = 3Ce_2O_2S(s) + 4[Al] \quad (5-56)$$

彩色原图

图 5-40 为不同类型夹杂物的转变示意图。从图中可以看出稀土对夹杂物的

图 5-40 不同类型稀土型夹杂物转变规律

变质作用体现在以下几点：

（1）稀土型夹杂物表面比较光滑，一般呈球形或者椭球形，尺寸较小；

（2）Ce 与 Al_2O_3 发生反应首先对 Al_2O_3 夹杂物形成包裹，之后逐渐形成均匀的 $CeAlO_3$ 类稀土型夹杂物；

（3）完全均匀后的 $CeAlO_3$ 类夹杂物，外层没有反应剩余的 Al_2O_3 夹杂物，之后继续吸附周围的 Al_2O_3 夹杂物；

（4）$CeAlO_3$ 类复合夹杂物包裹 MnS 型，由内到外 MnS 逐渐被变性为 Ce_2O_2S 类夹杂物；

（5）内部为成分均匀的 $CeAlO_3$ 类夹杂物，最外层被 MnS 包裹，由外到内 MnS 逐渐被变性为 Ce_2O_2S 类夹杂物。

5.4　RH 铝氧升温工艺对钢液洁净度的影响

5.4.1　RH 铝氧升温的条件

超低碳钢的生产过程中，碳、氧、温度的协同控制对钢液洁净度和工序流程匹配至关重要。转炉出钢温度较高时，容易引起钢液的过氧化；当转炉温度较低时，通常需要采用化学升温技术来进行温度补偿。其原理是利用发热剂与钢液中的氧反应的化学热升温钢液，常用发热剂为铝粒[21,22]。

某钢厂由于低温出钢的限制，近 19.5% 的炉次采用化学升温，而铝粒化学升温导致 Al_2O_3 夹杂超标，对钢液洁净度不利；如何合理地控制化学升温过程，同时降低化学升温对钢液洁净度的危害尤为重要[23]。针对国内某钢厂生产 IF 钢的 RH 工艺，设计了两种不同的化学升温工艺进行对比。

工艺 I：铝加入分为两个步骤，在脱碳反应开始 6min 后第一次加铝化学升温，在脱碳结束时第二次加铝终脱氧；

工艺 II：提高 RH 脱碳结束时氧浓度，并在脱碳结束时一次加铝进行升温及终脱氧。

为保证试验对比的一致性，两组化学升温工艺目标升温均控制在 10℃，并进行全流程取样，如图 5-41 所示，真空开始处理时间设定为 0 时刻。

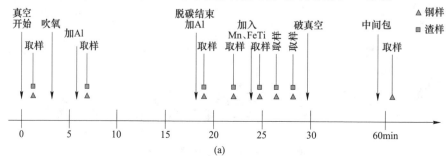

(a)

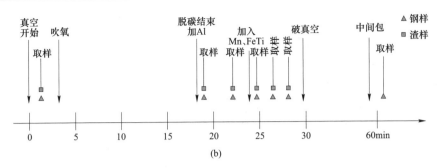

图 5-41　RH 精炼过程合金加入及取样示意图
(a) 工艺 I；(b) 工艺 II

5.4.2　RH 铝氧升温对钢中夹杂物的影响

RH 铝氧升温会影响钢液洁净度，加铝前钢液中溶解氧浓度越高，铝加入量越大，升温量越大，但夹杂物生成量也越多。不同工艺条件下，试验工艺参数见表 5-9。

表 5-9　不同工艺条件试验工艺参数[24]

过程	钢水重量 /t	升温前 [O] /ppm	升温 Al /kg	脱氧前 [O] /ppm	脱氧 Al /kg
正常工艺	308	—	—	389	358
工艺 I	311	475	88	359	316
工艺 II	314	—	—	423	402

对于工艺 I，铝的加入分为两部分：一部分 Al 在脱碳过程加入用于升温；另一部分在脱碳结束用于钢液终脱氧。为了分析洁净度变化，对工艺 I 化学升温 2min 及 RH 脱碳结束（加铝前）钢中夹杂物分布进行分析，结果如图 5-42 所示。

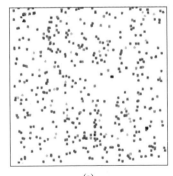
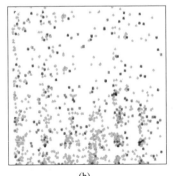

(a)　　　　　　　　　(b)
■Al$_2$O$_3$　●(Fe，Mn)O　◆Al$_2$O$_3$包裹(Fe，Mn)O

图 5-42　前期加铝升温不同时间夹杂物分布
(a) 工艺 I 加铝升温 2min；(b) 脱碳结束

彩色原图

工艺 I 加铝升温 2min，主要为 Al_2O_3、$(Fe，Mn)O$ 及 Al_2O_3 包裹的 $(Fe，Mn)O$ 夹杂物（见图 5-42（a）），占到总量的 96.6%；脱碳结束后钢中主要夹杂物类型为 $(Fe，Mn)O$（见图 5-42（b）），铝氧升温形成 Al_2O_3 和 Al_2O_3 包裹 $(Fe，Mn)O$ 复合夹杂物（见图 5-43）去除率达到 72.3%（见图 5-44）。因此，当采用前期加铝升温时，铝氧升温产物 Al_2O_3 及 Al_2O_3 包裹的 $(Fe，Mn)O$ 在真空循环过程能够得到有效去除，终脱氧前主要夹杂物接近于常规炉次。

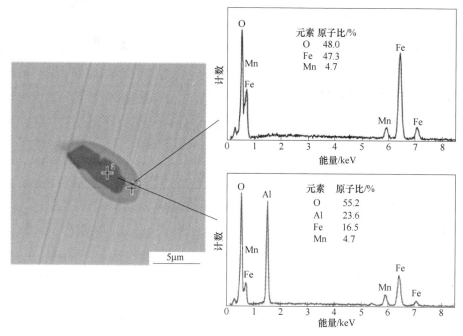

图 5-43　Al_2O_3 包裹的 $(Fe，Mn)O$ 夹杂 SEM-EDS 结果

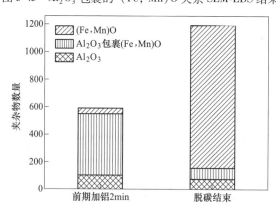

图 5-44　前期加铝升温不同时间夹杂物数量分布

工艺 II 是终脱氧前提高溶解氧含量，试验炉次达到 423ppm，明显高于常规工艺及工艺 I，通过终脱氧一次性加入铝粒升温的同时完成脱氧合金化。图 5-45

和图 5-46 为两种不同升温工艺下不同时间夹杂物数量及密度分布。加铝后 4min（加钛前）主要夹杂物类型为 Al_2O_3，工艺 I 夹杂物数量为 392 个，工艺 II 为 547 个。加 Ti 后主要夹杂物为 Al_2O_3 及 Al-O-Ti 复合夹杂物，此时工艺 I 中 Al_2O_3 夹杂物数量为 217 个，Al-O-Ti 为 58 个，工艺 II 中 Al_2O_3 夹杂物数量为 395 个，Al-O-Ti 为 115 个。两种工艺真空处理时间相同，顶渣氧化性及渣对夹杂物吸附能力相近的条件下，工艺 II 的夹杂物数量明显高于工艺 I。因此，对于 RH 过程的化学升温，采用脱碳期加铝升温既能保证升温效果也能最大化消除化学升温对于钢液洁净度的影响。

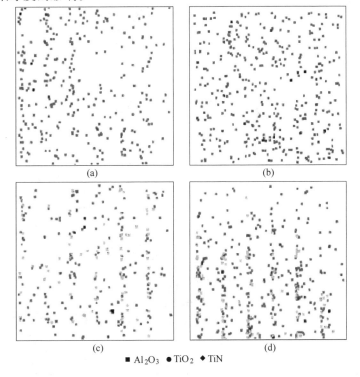

彩色原图

■ Al_2O_3 ● TiO_2 ◆ TiN

图 5-45　不同精炼过程夹杂物分布

（a）工艺 I 加铝 4min；（b）工艺 II 加铝 4min；（c）工艺 I 加 Ti 后 6min；（d）工艺 II 加 Ti 后 6min

　　进一步地对不同铝氧升温工艺炉次铸坯夹杂物分布进行跟踪，结果如图 5-47 所示。从图中可知，在相同的扫描面积下，工艺 II 铸坯表面夹杂物分布明显多于工艺 I 及正常工艺，正常炉次铸坯表面夹杂物分布明显少于升温炉次。铸坯中不同尺寸 Al_2O_3 和 Al-O-Ti 夹杂数量分布如图 5-48 所示，正常工艺铸坯中 Al_2O_3 和 Al-O-Ti 夹杂数量为 118 个，包括 92 个 Al_2O_3 夹杂及 26 个 Al-O-Ti 夹杂；工艺 I 铸坯中 Al_2O_3 和 Al-O-Ti 夹杂数量为 156 个，包括 118 个 Al_2O_3 夹杂及 38 个 Al-O-Ti 夹杂；工艺 II 铸坯中 Al_2O_3 和 Al-O-Ti 夹杂数量为 295 个，包括 237 个 Al_2O_3 夹杂及 58 个 Al-O-Ti 夹杂，比较两种不同升温工艺及正常工艺，工艺 II 夹杂物数量

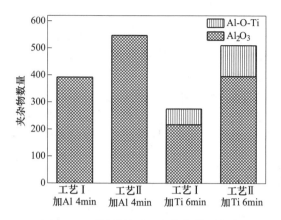

图 5-46 不同精炼过程夹杂物数量分布

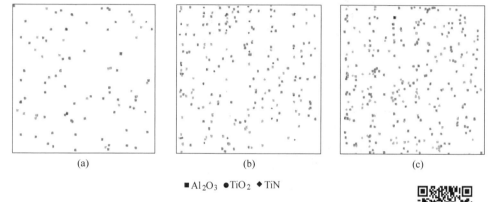

(a)   (b)   (c)

■ Al₂O₃ ● TiO₂ ◆ TiN

图 5-47 不同升温方式下铸坯夹杂物分布
（a）正常炉次；（b）工艺Ⅰ；（c）工艺Ⅱ

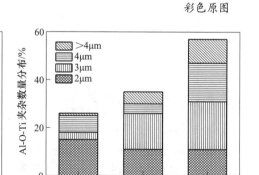

彩色原图

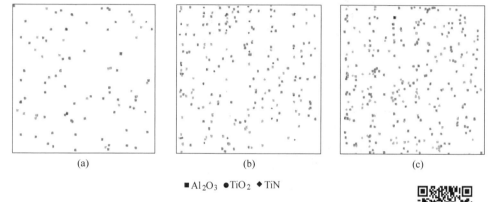

图 5-48 铸坯中 Al₂O₃ 夹杂数量分布（a）和铸坯中 Al-O-Ti 夹杂数量分布（b）

是工艺 I 的 1.8 倍，是正常工艺的 2.5 倍。工艺 II 中 Al-O-Ti 夹杂数量是工艺 I 的 1.5 倍，是正常工艺的 2.2 倍。工艺 II 中 Al$_2$O$_3$ 和 Al-O-Ti 夹杂超过 4μm 的数量明显多于工艺 I 及正常工艺。

图 5-49 可以看出，工艺 I 与正常工艺，Al$_2$O$_3$ 夹杂所占扫面面积百分比接近，分别为 0.0076% 和 0.0075%，但是工艺 II 中 Al$_2$O$_3$ 类夹杂所占扫面面积百分比达到 0.014%；并且工艺 II 中 Al-O-Ti 类夹杂所占面积百分比同样明显高于工艺 I 和正常炉次。

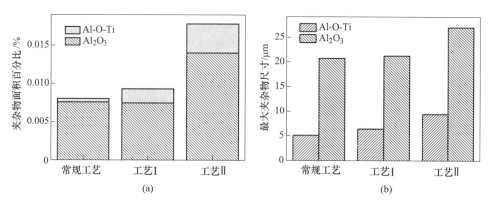

图 5-49　不同工艺夹杂物所占面积百分比（a）和不同工艺最大 Al$_2$O$_3$ 及 Al-O-Ti 尺寸（b）[1]

对不同工艺 Al$_2$O$_3$ 及 Al-O-Ti 最大夹杂物尺寸进行统计，从图 5-49（b）中可以看出，正常工艺最大 Al$_2$O$_3$ 夹杂物尺寸为 20.7μm，工艺 I 为 21.2μm，工艺 II 为 27μm；正常工艺最大 Al-O-Ti 类夹杂物尺寸为 5.1μm，工艺 I 为 6.4μm，后期工艺 II 为 9.4μm；工艺 II 中 Al$_2$O$_3$ 及 Al-O-Ti 类夹杂尺寸明显大于正常炉次及前期升温炉次。

5.4.3　RH 铝氧升温工艺控制

对于超低碳钢化学升温过程而言，虽然前期化学升温有利于钢液洁净度，但是和常规工艺相比，夹杂物数量仍然较多。合理控制化学升温过程是提升钢液洁净度关键因素。王林珠[12] 和凌海涛[13] 的研究结果已经表明，在夹杂物的去除过程中，随着时间的推移，夹杂物之间的碰撞率会不断增加，而在一定时间范围内夹杂物的数量密度会不断降低。对于超低碳铝镇静钢来说，Al 加入后要保证夹杂物有足够的去除时间，再加入 FeTi 合金，这样既能保证 Ti 的收得率，同时又能保证钢液洁净度。

雷诺数 Re 与夹杂物上浮速度之间的关系如式（5-57）～式（5-60）所示。

$$v_{\text{terminal}} = \frac{(\rho_{\text{m}} - \rho_{\text{p}})gd_{\text{k}}^2}{18\mu} \quad (\text{Stokes}; Re < 2) \quad (5\text{-}57)$$

$$v_{\text{terminal}} = \left[\frac{4(\rho_m - \rho_p)^2 g^2}{225\mu\rho_m} \right]^{1/3} d_k \qquad (\text{Allen}: 2 \leqslant Re < 500) \qquad (5\text{-}58)$$

$$v_{\text{terminal}} = \left[\frac{3.03(\rho_m - \rho_p)gd_k}{\mu\rho_m} \right]^{1/2} \qquad (\text{Newton}: Re > 500) \qquad (5\text{-}59)$$

$$Re = \frac{v}{\mu}\rho_m D \qquad (5\text{-}60)$$

式中　ρ_m——钢液密度，kg/m³；

　　　　ρ_p——夹杂物密度，$\rho_{\text{Al}_2\text{O}_3} = 4 \times 10^3 \text{kg/m}^3$；

　　　　g——重力加速度；

　　　　μ——钢液的动力学黏度，$\mu = 0.005\text{Pa} \cdot \text{s}$；

　　　　d_k——夹杂物的当量直径，m；

　　　　v——流体的平均速度，m/s，v 范围为 0.05~0.3m/s；

　　　　D——夹杂物的特征尺寸，m。

　　夹杂物尺寸 0~100μm 范围内，不同钢液运动速度下夹杂物直径与 Re 之间的关系如图 5-50 所示。以 $v = 0.3$ m/s 为例，当钢中夹杂物尺寸小于 5μm 时，满足 Stokes 公式，当大于 5μm 时，满足 Allen 公式。两种不同公式条件下夹杂物直径与夹杂物去除时间的关系如图 5-51 所示，当夹杂物尺寸小于 5μm 时，根据 Stokes 公式计算的结果，钢液中的夹杂物很难去除，而当夹杂物尺寸大于 5μm 时，随着时间的增加，大颗粒的夹杂物不断去除。因此，在加铝之后及合金化之后需要保证大颗粒夹杂有充足的上浮去除时间。

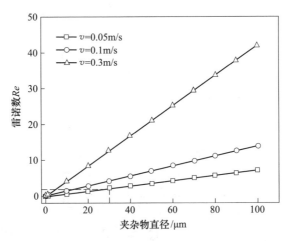

图 5-50　夹杂物直径与雷诺数的关系

　　本节研究超低碳钢化学升温过程 Al、Ti 时间间隔及纯循环时间对钢液洁净度的影响，确定化学升温过程合理的控制工艺。

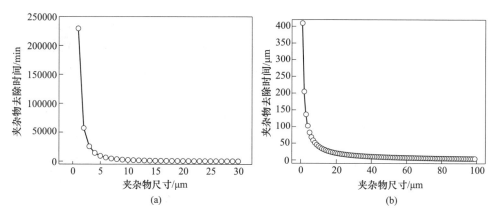

图 5-51 Stokes 公式条件下（a）和 Allen 公式条件下夹杂物去除时间（b）

某钢厂 IF 钢生产过程中，RH 铝脱氧后 4min 加 FeTi 合金化，合金化后循环 6min 破空。为了研究升温过程 Al、Ti 时间间隔及纯循环时间对钢液洁净度的影响，在化学升温 10℃ 的条件下，将铝脱氧后 Al、Ti 时间间隔延长至 6min，并从 4min 之后每隔 1min 进行跟踪桶样，将加 FeTi 合金化后的纯循环时间延长至 10min，从 6min 之后每隔 2min 取提桶样，分析精炼过程钢液洁净度变化。

5.4.3.1 Al、Ti 时间间隔的控制

A 钢液 T.O 变化

从图 5-52 中 T.O 变化可以看出，两个炉次加铝之后 T.O 变化有相似的规律，加铝后 2～5min 为 T.O 主要降低区域，在 5min 之后，随着钢液的循环，钢中 T.O 变化较小。从钢液 T.O 可以看出，适当延长加铝之后时间间隔有助于钢中 T.O 含量的降低。

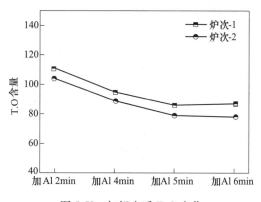

图 5-52 加铝之后 T.O 变化

B　夹杂物变化

对脱碳结束加铝后 4~6min 钢中夹杂物变化进行分析,如图 5-53 所示。不同时间点夹杂物尺寸分布如图 5-54 (a) 所示,不同时间点夹杂物所占面积百分比如图 5-54 (b) 所示。加铝后 4min 钢中 Al_2O_3 夹杂物数量为 394 个,钢中夹杂物尺寸较小,平均尺寸为 1.8μm,其中 4μm 以下夹杂物占到总数的 98%, Al_2O_3 夹杂物占扫描面积 0.012%;加铝后 5min,夹杂物开始聚集,此时钢中夹杂物分布不均匀,夹杂物数量降至 187 个,夹杂物尺寸增加,平均尺寸 2.6μm,4μm 以下夹杂物占到总数 93%, Al_2O_3 夹杂物占扫描面积 0.0042%;加铝后 6min 时,钢液夹杂物数量相比于 5min 时区别较小,但夹杂物尺寸继续增加,平均尺寸为 2.8μm,4μm 以下夹杂物占到总数 91%, Al_2O_3 夹杂物占扫描面积 0.0059%。从夹杂物分布的角度考虑,加铝后 4~5min 钢中夹杂物数量持续下降,但在加铝后 5min 钢中夹杂物去除趋势减慢,夹杂物去除效果趋于稳定,因此在加铝升温 10℃ 的条件下,延长加 Al、Ti 之间的时间间隔 1~2min。

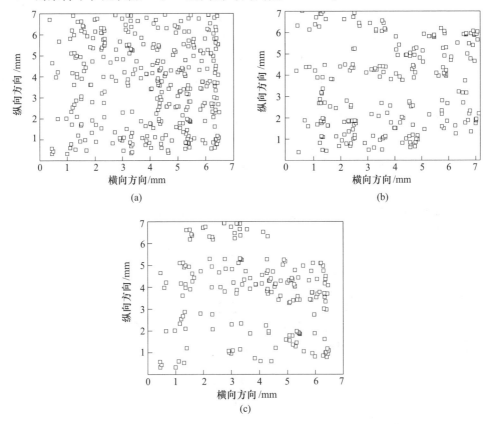

图 5-53　加铝后夹杂物分布
(a) 加铝后 4min;(b) 加铝后 5min;(c) 加铝后 6min

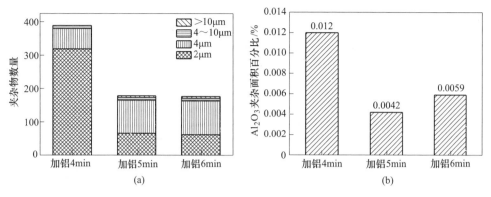

图 5-54 夹杂物数量分布（a）和夹杂物面积百分比（b）

5.4.3.2 纯循环时间的控制

A 钢液 T.O 变化

从图 5-55 中 T.O 变化可以看出，两个炉次加铝之后 T.O 变化同样有相似的规律，纯循环前 6min 为 T.O 主要降低区域，在 6min 之后，钢中 T.O 仍然降低，但是降低趋势变缓。

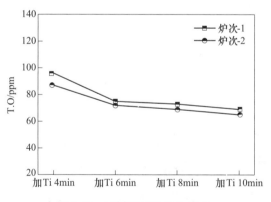

图 5-55 纯循环过程 T.O 变化

B 夹杂物变化

图 5-56 为纯循环过程钢中夹杂物分布变化规律，不同时间点夹杂物尺寸分布如图 5-57（a）所示，不同时间点夹杂物所占面积百分比如图 5-57（b）所示。加 Ti 后 4min 时，Al_2O_3 共 411 个，Al-O-Ti 类夹杂物共 117 个，平均尺寸为 2.3μm，此时夹杂物所占扫描面积 0.0063%；加 Ti 后 6min 时，夹杂物数量开始减少，Al_2O_3 共 227 个，Al-O-Ti 类夹杂物共 89 个，夹杂物尺寸开始增加，平均尺寸为 2.5μm，但夹杂物所占面积下降至 0.0023%；当纯循环时间延长到 8min

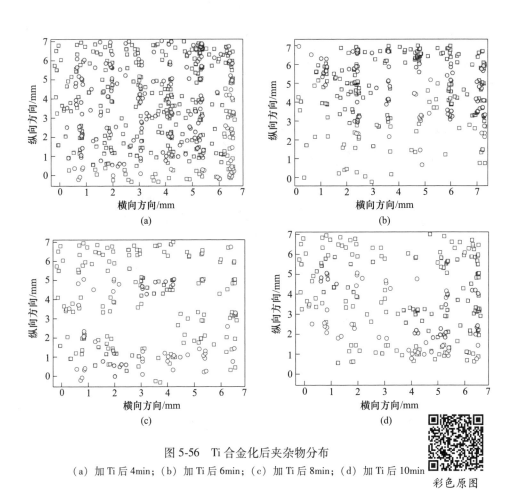

图 5-56   Ti 合金化后夹杂物分布

（a）加 Ti 后 4min；（b）加 Ti 后 6min；（c）加 Ti 后 8min；（d）加 Ti 后 10min

彩色原图

图 5-57   夹杂物数量分布（a）和夹杂物面积百分比（b）

时，Al_2O_3 共 177 个，Al-O-Ti 类夹杂物共 60 个，平均尺寸为 3.1μm，夹杂物所占扫描面积 0.0026%；随着纯循环时间的延长，夹杂物数量尺寸密度分布并未出现明显变化。因此，适当延长加 Ti 后纯循环时间同样有助于夹杂物去除，但在纯循环时间达到 8min 时，钢中夹杂物数量、尺寸、密度分布区域稳定。

对化学升温过程进行系统研究，在脱碳反应开始 6min 后第一次加铝化学升温，在脱碳结束时第二次加铝终脱氧能有效提高钢液洁净度，并且在化学升温过程适当延长加铝、加钛之间的时间间隔及加钛之后的纯循环时间能降低化学升温对钢液洁净度的影响。

5.5　RH 精炼过程全氧控制

5.5.1　Ti 合金化过程对钢中夹杂物影响

Ti-IF 钢主要依靠 Ti 元素来固定钢液中游离的 C、N 原子，使其转变成 TiN、Ti(C,N)，从而改善钢材的冲压性能，完全固定 C、N 原子，钢液中理论 Ti 含量需满足式（5-61），实际 Ti 的控制还要在此基础上考虑 0.02%~0.04% 的过剩 Ti。由于合金 Ti 的价格昂贵，因此如何有效提高合金化过程中 Ti 的收得率对 Ti-IF 钢冶炼非常重要。

$$Ti_{stabilize} = 3.42N + 1.5S + 4C \tag{5-61}$$

在 Ti-IF 钢冶炼过程中，RH 氧脱碳后加 Al 粒进行终脱氧，脱氧结束后 2~5min 进行 Ti 合金化；Ti 合金化过程会一定程度上影响钢液洁净度，一方面 Ti 合金化过程中会导致真空室吸气或液面波动引起二次氧化；另一方面，Ti 合金化的时机会影响钢液中夹杂物的去除速率。本节讨论 Ti 合金化过程中 Ti 收得率的影响因素及 Ti 合金化过程对夹杂物的影响，提出合理的 Ti 合金化时机提高钢液洁净度。

5.5.1.1　Ti 收得率影响因素的分析

影响 Ti 收得率 η_{Ti} 的主要因素有：

（1）加 Al 前氧活度 $a_{[O]}$；

（2）加 Ti 前 $[Al]_s$；

（3）Al、Ti 时间间隔 t；

（4）渣氧化性 T.Fe；

（5）合金粒径。

实际生产中统一采用 FeTi70，合金粒度相近（3~5mm）。因此，这里主要讨论加 Al 前氧活度 $a_{[O]}$、加 Ti 前钢液中 $[Al]_s$、加入 Al 和 Ti 时间间隔等因素对

Ti 收得率的影响。在国内某厂试验 62 炉次 M3A33（Ti-IF）钢，分析影响 Ti 收得率各因素之间的关系。

图 5-58 表明，$a_{[O]}$、t 一定时，η_{Ti} 随钢液中 [Al]$_s$ 增加而增加；以图 5-58 为例，$a_{[O]}<0.025\%$，Al、Ti 加入时间间隔控制在 2～3min 时，[Al]$_s$ 从 0.035% 增加到 0.042% 时，η_{Ti} 从 83% 提高到了 91%；相同 [Al]$_s$ 情况下，η_{Ti} 随着加 Al 前钢液中 $a_{[O]}$ 增加而降低；以图 5-58 为例，[Al]$_s$ = 0.039%，$a_{[O]}<0.025\%$ 时，Ti 收得率可达到 90%，当 $a_{[O]}$ = 0.05%～0.06% 时，Ti 收得率为 78%。

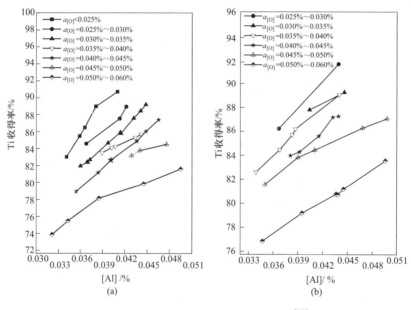

图 5-58　Ti 收得率与 [Al]$_s$ 含量关系[25]

（a）$t=2\sim3$min；（b）$t=3\sim5$min

图 5-59 中，$a_{[O]}$ = 0.025%～0.030% 与 $a_{[O]}$ = 0.030%～0.035%，η_{Ti} 随 [Al]$_s$ 变化非常接近，相同 $a_{[O]}$ 下，η_{Ti} 随 [Al]$_s$ 增加而增加，但相同 [Al]$_s$，η_{Ti} 随 $a_{[O]}$ 变化很小。当 $a_{[O]}>0.035\%$ 时，相同 [Al]$_s$ 情况下，η_{Ti} 随 $a_{[O]}$ 增加显著降低。可以判断，当 $a_{[O]}<0.035\%$ 时，Al、Ti 加入时间间隔应保证至少 3min；当 $a_{[O]}>0.035\%$ 时，需延长 Al、Ti 加入时间间隔到 4min 以上保证 Ti 收得率。

对比图 5-58 和图 5-59 可知，相同 $a_{[O]}$ 和 [Al]$_s$ 情况下，延长加 Al 后加 Ti 时间间隔可以有效提高 Ti 收得率。以图 5-59 为例，$a_{[O]}$ = 0.035%～0.040%，[Al]$_s$ = 0.40% 时，当 Al、Ti 加入时间由平均 2.5min 延长到 3.5min，η_{Ti} 从 84% 提高到 87%。控制 [Al]$_s>0.035\%$，$a_{[O]}<0.045\%$，$t=2\sim3$min，平均 Ti 收得率大于 82%；$a_{[O]}>0.050\%$，平均 Ti 收得率小于 80%。控制 [Al]$_s>0.035\%$，$a_{[O]}<$

0.045%, $t = 3 \sim 4\mathrm{min}$, 平均 Ti 收得率大于 85%, $a_{[O]} >$ 0.050%, 平均 Ti 收得率小于 80%。

当加 Al 前活度氧 $a_{[O]}$, Al、Ti 加入时间间隔 t 及钢液中 $[Al]_s$ 一定时, Ti 的收得率随渣中 (T. Fe+MnO) 的增加而降低。如图 5-60 所示, $t = 2 \sim 3\mathrm{min}$, $[Al]_s = 0.04\% \pm 0.002\%$, $a_{[O]}$ 控制在 300×10^{-6} 以下, Ti 的收得率降低不明显, 但当 $a_{[O]} >$ 0.030% 时, Ti 的收得率降低明显。控制 $a_{[O]} < 0.035\%$, Al、Ti 时间间隔不小于 3min, 渣中 (T. Fe+MnO) < 15%, 可以保证 Ti 收得率在 85% 以上。

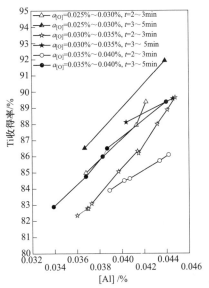

彩色原图

图 5-59 不同 Al、Ti 时间间隔下 Ti 收得率与 $[Al]_s$ 关系

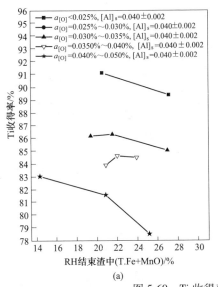

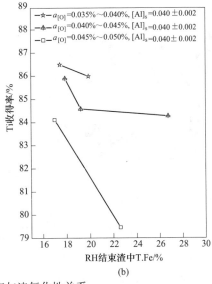

图 5-60 Ti 收得率与渣氧化性关系

(a) $t = 2 \sim 3\mathrm{min}$; (b) $t = 3 \sim 5\mathrm{min}$

5.5.1.2 夹杂物去除效果对比

加 Al 后钢液中出现大量不同类型的 Al_2O_3 夹杂, 钢液中形成 Al_2O_3 类型主要

与以下几个因素有关：

（1）加 Al 前钢液中自由氧 $a_{[O]}$；

（2）熔池搅拌条件；

（3）铝的加入量。

当 $a_{[O]}$ 高、熔池搅拌强时，铝加入后容易形成团簇状的 Al_2O_3，如图 5-61（a）所示；当 $a_{[O]}$ 相对较低，熔池搅拌弱时更容易形成树枝状 Al_2O_3，如图 5-61（b）所示；颗粒状和板条状 Al_2O_3 更容易在脱氧初期形成，如图 5-61（c）和（d）所示。

图 5-61　不同类型的 Al_2O_3 夹杂

（a）团簇状 Al_2O_3；（b）树枝状 Al_2O_3；（c）颗粒状 Al_2O_3；（d）板条状 Al_2O_3

Al_2O_3 夹杂经形核、扩散后形成 $1\sim2\mu m$ 的颗粒，之后随着钢液流动颗粒之间互相靠近、碰撞、长大；经碰撞长大后，大颗粒的 Al_2O_3 夹杂更容易上浮到渣/钢界面去除[11]。Al 加入后需根据生成 Al_2O_3 的量保证夹杂物有足够上浮去除时间，之后再加入 FeTi70 合金，既可以保证 Ti 的收得率，同时又可保证钢液洁净度。

图 5-62 表明，RH 处理过程中，钢包内当量直径大于 200μm 的 Al_2O_3 夹杂物在 5min 内基本可以上浮去除，但相同尺寸的 $Al_2O_3 \cdot TiO_2$ 的去除时间要比 Al_2O_3 高 1~2min。因此，在 FeTi70 合金化前需保证大颗粒 Al_2O_3 夹杂有充分的时间上浮去除，否则 FeTi70 合金化后形成的 TiO_x 会增加夹杂物上浮去除的难度，不仅影响钢液洁净度且会影响 Ti 的收得率。

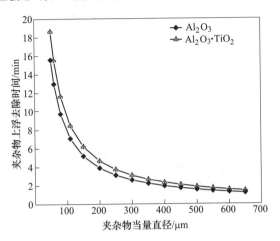

图 5-62 夹杂物当量直径与上浮去除时间关系

5.5.1.3 夹杂物物相和形貌对比

图 5-63~图 5-65 为加 Ti 后不同各类型夹杂物形貌及成分的变化。Ti 加入后 [Ti] 会继续和钢液中已经存在的 Al_2O_3 夹杂反应在其周围形成 Al-Ti-O 夹杂或 TiN 夹杂，如图 5-63 是 Ti 加入后在团簇状 Al_2O_3 周围形成的 Al-Ti-O 复合夹杂物和 TiN 夹杂；树枝状和板条状 Al_2O_3 周围同样有类似的夹杂物形成，如图 5-64 和图 5-65 所示。

TiN 夹杂和 Al_2O_3-TiN 夹杂如图 5-66 所示，Al_2O_3-TiN 复合夹杂物形成机理由图 5-67 示意。由 TiN 活度积与温度关系图 5-68 表明，在目前 Ti-IF 钢成分范围内钢液在液相下不能形成稳定的 TiN，只有当温度降低到 1427℃（1700K）下 TiN 才能稳定存在，但实际冶炼过程中加入 FeTi70 后试样中存在大量细小的 TiN 夹杂，如图 5-66（a）所示，部分 TiN 粒子以 Al_2O_3 为核心在其周围生长形成，如图 5-66（b）所示。主要原因在于，FeTi70 合金加入后，在合金粒子周围会存在高 [Ti] 浓度区域，在此区域 $a_{[Ti]}a_{[N]}$ 远高于平衡活度积，如图 5-68 区域 A 所示；TiN 在此区域会析出、长大，部分甚至会在大颗粒的 Al_2O_3 周围生长，直到钢液中 FeTi70 粒子全部熔化，[Ti] 浓度趋于平衡，则图中 A 区域活度积逐渐向 B 区域转变，之后向该温度下的平衡活度积附近转变，在区域 A 生成的 TiN 会在过程中逐步发生溶解，尺寸变小，甚至可能会消失，此转变过程取决于达到平衡的时间。

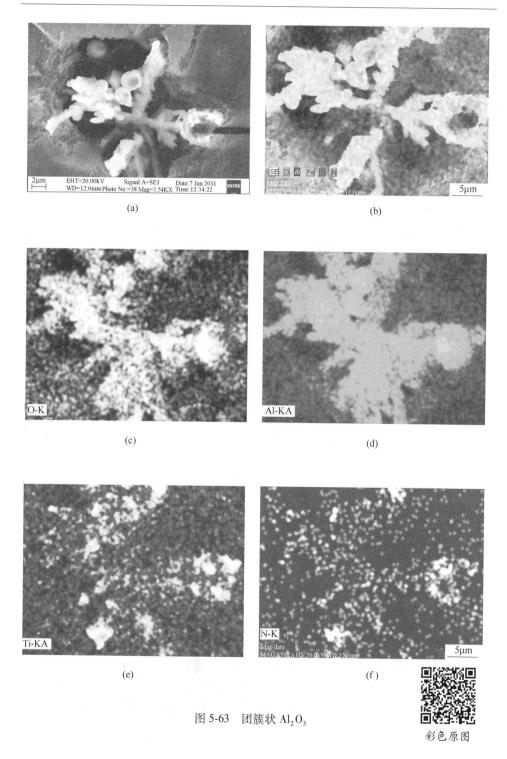

图 5-63　团簇状 Al$_2$O$_3$

彩色原图

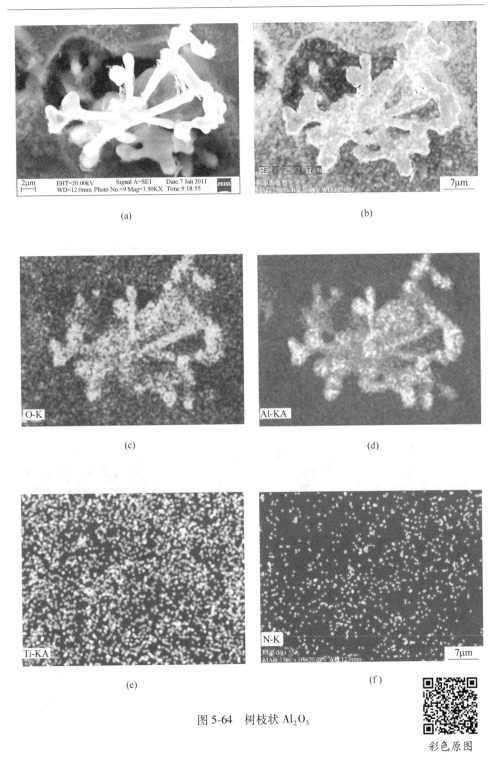

图 5-64　树枝状 Al_2O_3

彩色原图

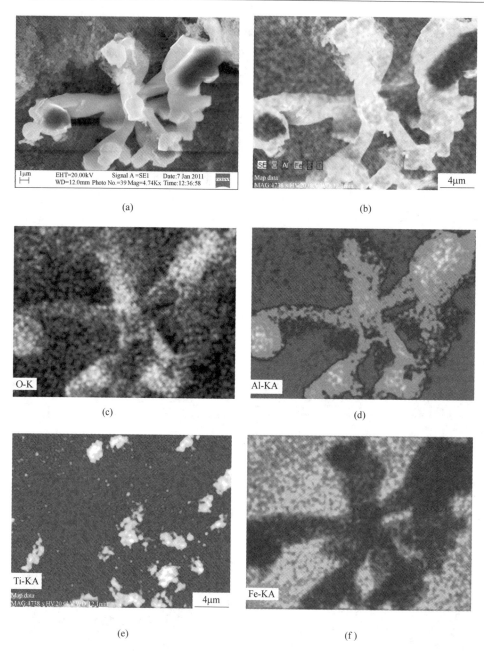

图 5-65 板条状 Al$_2$O$_3$

彩色原图

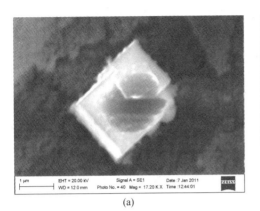

(a)   (b)

图 5-66   TiN 和 Al$_2$O$_3$-TiN 夹杂

（a）TiN 夹杂（加 Ti 后 3min）；（b）Al$_2$O$_3$-TiN 夹杂（加 Ti 后 2min）

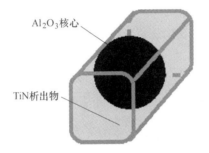

图 5-67   Al$_2$O$_3$-TiN 复合夹杂物示意图

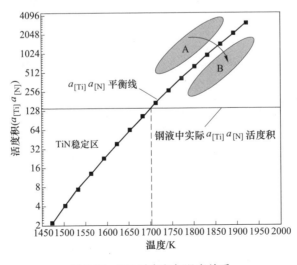

图 5-68   TiN 活度积与温度关系

　　大颗粒的夹杂在未去除之前和加入的 Ti 反应形成外表包裹钛化物的夹杂，这些夹杂物伴随着上浮去除加大了 Ti 的损失率，同时由于钛化物与钢液的润湿性较 Al_2O_3 好，增加了夹杂物的去除难度，此类夹杂物在后续还会造成严重的水口结瘤。因此，合理的 Ti 合金化时机非常重要，在保证真空精炼节奏和合金化需求的基础上，应该尽可能放宽加 Al 后加 FeTi70 合金的时间间隔，使 Al_2O_3 夹杂尽可能多地上浮去除，降低其对后续的影响。

5.5.2　RH 精炼过程 T. O 预测

5.5.2.1　熔渣对钢液的氧化机理

　　熔渣对钢液的二次氧化有两种机理：

　　（1）渣/钢界面进行的氧化反应。当渣中（FeO）在渣相中的传质是二次氧化的限制性环节时，反应发生在渣/钢界面；以 $[Al]_s$ 的氧化为例，反应通过 $2[Al]+3(MO)=(Al_2O_3)+3[M]$（M：Mn、Fe）进行，如图 5-69（a）所示。

　　（2）钢液内部进行的氧化反应。当 $[Al]_s$、$[Ti]_s$ 等脱氧元素在钢液中的传质是反应的限制性环节时，首先是（FeO）、（MnO）发生 $(MO)=[M]+[O]$（M：Fe、Mn）的自溶解反应，当 $[O]$ 的过饱和度达到一定程度时和脱氧元素发生 $2[Al]+3[O]=(Al_2O_3)$ 二次氧化反应，如图 5-69（b）所示。

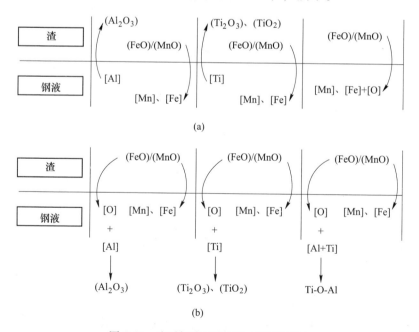

图 5-69　渣对钢液二次氧化反应示意图

（a）渣/钢界面二次氧化示意图；（b）钢液内部二次氧化示意图

实际生产中 $[Al]_s = 0.03\% \sim 0.06\%$、$[Ti] = 0.05\% \sim 0.07\%$，脱氧元素含量高且实际冶炼条件下钢液的动力学条件优于渣相，所以脱氧元素在钢液中的传质一般不会成为反应的限制性环节；当大量脱氧产物上浮到渣/钢界面时，会在渣/钢界面形成一层富 Al_2O_3 层，也会大大降低（FeO）向渣/钢界面的传质，所以此种工艺条件下熔渣对钢液二次氧化主要受第一种机理影响。

渣对钢液二次氧化受（FeO）在渣中扩散控速时，（FeO）通过渣/钢界面的扩散通量由下式表示：

$$n = Ak(C_{(FeO)} - C^*_{(FeO)}) \tag{5-62}$$

式中　　　　n——氧在渣中的摩尔扩散通量，mol/s；

　　　　　　A——渣/钢之间的表面积，m^2；

　　　　　　k——氧在渣中的传质系数，m/s；

$C_{(FeO)}$，$C^*_{(FeO)}$——渣中（FeO）、渣/钢界面处（FeO）的摩尔浓度。

$$3(FeO) + 2[Al] === 3[Fe] + (Al_2O_3)_s,\ \Delta G^\ominus = -853900 + 239.9T(J/mol) \tag{5-63}$$

$$\lg K_2 = 44654.9/T - 12.55 \tag{5-64}$$

$$K_2 = a^*_{(Al_2O_3)}/(a^{*3}_{(FeO)}a^2_{[Al]}) \tag{5-65}$$

$$(a^*_{FeO}/a_{FeO})^3 = a^*_{(Al_2O_3)}/(K_2 a^3_{(FeO)} a^2_{[Al]}) \tag{5-66}$$

式中　$a_{[Al]}$，$a_{(FeO)}$——钢中 [Al] 活度、渣中（FeO）活度；

　　　　　K_2——式（5-63）的平衡常数。

以渣/钢界面反应式（5-64）进行讨论，此时 $a^*_{[Al]} = a_{[Al]}$，式中平衡常数可以写成式（5-65），通过式（5-66）对比熔渣内部和渣/钢界面处（FeO）活度差别。量纲为 1 的摩尔浓度与质量浓度的转换关系 $C = a \cdot \rho/M$，式（5-66）由下式表示：

$$(C^*_{FeO}/C_{FeO})^3 = [(a^*_{FeO}\rho^*_m)/(\rho_m a_{FeO})]^3 \approx$$

$$a^*_{(Al_2O_3)}/(K_2 a^3_{(FeO)} a^2_{[Al]}) < 1/(10^{11.29} \times 0.2^3 \times 0.015^2) \ll 1$$

式（5-62）可以写成下式：

$$-\frac{dn_{(FeO)}}{dt} = n = AkC_{(FeO)} \tag{5-67}$$

转化成量纲为 1 的质量浓度为下式：

$$-\frac{da_{(FeO)}}{dt} = \frac{Ak}{V_{slag}}a_{(FeO)} \tag{5-68}$$

式（5-68）表明，若熔渣对钢液的二次氧化受（FeO）在渣相扩散控速，则（FeO）活度与时间满足指数关系，判断渣中（FeO）浓度与时间也有类似指数的关系。

5.5.2.2　熔渣（FeO+MnO）的变化规律

表 5-10~表 5-13 为实际冶炼过程中不同时刻渣成分，图 5-70 为渣中（FeO+MnO）含量随时间变化关系。

表 5-10　1 号炉不同时刻渣成分

时刻	取样时机	成分/%								
		SiO_2	Al_2O_3	CaO	MgO	FeO	MnO	S	P_2O_5	TiO_2
0	RH 脱碳结束	7.22	22.58	34.54	9.13	21.42	4.36	0.02	0.28	0.45
3	加 Al 后 3min	6.54	30.90	30.44	8.91	18.47	4.04	0.02	0.24	0.44
7	加 Ti 后 3min	6.48	31.35	30.51	9.18	17.70	3.98	0.02	0.23	0.55
11	加 Ti 后 6min	6.62	31.50	30.55	9.20	17.29	3.93	0.02	0.23	0.66
18	RH 处理结束	7.09	28.62	31.61	9.64	18.17	3.84	0.02	0.28	0.73

注：规定 RH 处理脱碳结束为 0 时刻，1 号为开浇炉。

表 5-11　2 号炉不同时刻渣成分

时刻	取样时机	成分/%								
		SiO_2	Al_2O_3	CaO	MgO	FeO	MnO	S	P_2O_5	TiO_2
0	RH 脱碳结束样	7.19	19.58	39.85	5.43	21.12	5.51	0.02	0.51	0.79
3	加 Al 后 3min	6.88	23.57	38.63	5.61	18.84	5.36	0.02	0.49	0.59
5	加 Ti 后 3min	6.57	25.55	36.56	6.76	18.18	5.20	0.02	0.45	0.71
7	加 Ti 后 6min	6.74	26.45	37.01	5.60	17.65	5.23	0.02	0.45	0.84
9	RH 处理结束	6.71	25.82	37.55	5.45	18.02	5.20	0.02	0.46	0.77

注：规定 RH 处理脱碳结束为 0 时刻。

表 5-12　3 号炉不同时刻渣成分

时刻	取样时机	成分/%								
		SiO_2	Al_2O_3	CaO	MgO	FeO	MnO	S	P_2O_5	TiO_2
0	RH 脱碳结束样	6.23	18.68	39.87	7.16	21.66	5.51	0.03	0.34	0.52
3	加 Al 后 3min	6.09	24.31	37.02	6.52	19.74	5.39	0.03	0.32	0.58
9	RH 处理结束	5.75	27.80	35.85	6.57	18.02	4.99	0.02	0.28	0.72

注：规定 RH 处理脱碳结束为 0 时刻。

图 5-70 表明，渣中（FeO+MnO）随时间有呈指数下降的趋势，判断此过程渣对钢液的二次氧化受（FeO）、（MnO）在渣相的传质控速，反应主要发生在渣/钢界面。假设渣的氧化性随时间变化满足下式：

$$(\%FeO + \%MnO)_t = a\exp(-bt) + c \tag{5-69}$$

表 5-13 4 号炉不同时刻渣成分

时刻	取样时机	成分/%								
		SiO$_2$	Al$_2$O$_3$	CaO	MgO	FeO	MnO	S	P$_2$O$_5$	TiO$_2$
0	RH 脱碳结束样	6.14	19.84	32.86	6.41	28.16	5.65	0.02	0.34	0.59
3	加 Al 后 3min	5.65	25.53	30.38	6.50	25.76	5.32	0.02	0.31	0.51
7	加 Ti 后 3min	5.50	27.51	29.83	6.66	24.43	5.22	0.02	0.29	0.54
11	RH 处理结束	5.44	30.63	30.88	6.53	20.97	4.59	0.02	0.24	0.71

注：规定 RH 处理脱碳结束为 0 时刻。

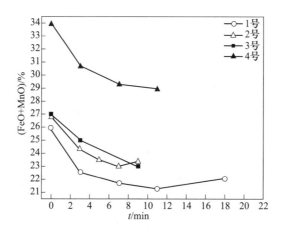

图 5-70 渣中（FeO+MnO）与时间变化关系[26]

将表 5-10~表 5-13 数据和方程（5-69）用 Origin7.0 进行回归得到下式：

$$(\%FeO + \%MnO)_t = 0.1526(\%FeO + \%MnO)_0 \exp\left[\frac{-t}{8.69(\%FeO + \%MnO)_0}\right] +$$
$$0.848(\%FeO + \%MnO)_0 \tag{5-70}$$

式中，a，b，c 为跟渣中初始（FeO+MnO）有关的常数。（FeO+MnO）$_0$ 为 0 时刻渣中（FeO+MnO）含量。

图 5-71 为不同炉次（FeO+MnO）随时间变化规律的预测值和实测值的关系图。图 5-71 表明预测值与实测值在试验误差范围内吻合很好（相关系数 R = 0.9947），此种工艺条件下熔渣对钢液二次氧化受（FeO）在渣中的传质控速，要提高钢液纯净度须严格控制钢/界面的活跃状态，减少搅拌，避免渣对钢液的二次氧化和渣/钢界面产生的二次氧化产物再次进入钢液，同时增大渣对夹杂物的吸收能力。

当渣的氧化性高时，减少渣对钢液二次氧化的同时应保证脱氧产物有足够时间上浮去除，所以此种工艺条件下需对钢液做镇静处理。图 5-72 为冶炼过程不同时期［Al］$_s$、［Al］$_t$ 随时间的变化规律。1 号在 RH 加铝脱氧后 10min 内

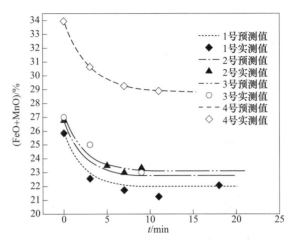

彩色原图

图 5-71 （FeO+MnO）随时间变化预测值和实测值关系

［Al］$_s$、［Al］$_t$分别降低了 0.013% 和 0.016%，加铝脱氧后会产生大量的脱氧产物上浮去除会使得［Al］$_s$、［Al］$_t$有很大程度的降低。在镇静的 40min 中［Al］$_s$、［Al］$_t$变化很小，这是由于脱氧后钢液内部的溶解氧接近平衡已经很低，如果没有外界传氧，［Al］$_s$、［Al］$_t$变化很小。在镇静过程中钢液面较平稳且由于生成的大量脱氧产物上浮到渣/钢界面会形成一层富 Al$_2$O$_3$ 层会阻碍（FeO）扩散，所以钢液中［Al］$_s$、［Al］$_t$在镇静过程中变化较小。开浇后的 10min 内［Al］$_s$、［Al］$_t$分别降低了 0.012% 和 0.0105%，图 5-73 也表明浇注过程中由于钢液流动的加速使得钢渣界面活跃从而促进了渣中（FeO）向钢液的传质，因此［Al］$_s$、［Al］$_t$有较大损失，2 号也有类似的变化趋势。

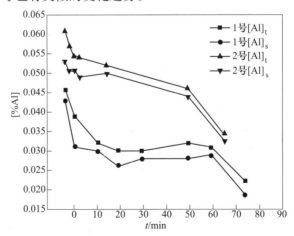

图 5-72 ［Al］$_s$ 和 ［Al］$_t$ 随时间变化关系

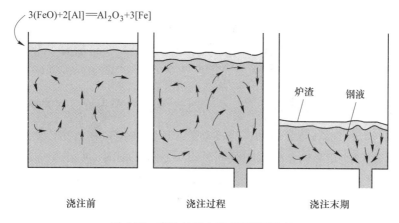

$$3(FeO)+2[Al]=Al_2O_3+3[Fe]$$

浇注前 浇注过程 浇注末期

炉渣 钢液

图 5-73 浇注过程中渣/钢界面反应

5.5.2.3 RH 冶炼过程 T. O 预测模型的建立

有学者对钢液 T. O 的预测进行过研究，但未考虑熔渣氧化性随时间变化对 T. O 的影响。钢液的表观脱氧速率由式（5-71）决定，考虑熔渣氧化性随时间变化对 T. O 的影响时，钢液的表观脱氧速度可以用式（5-72）表示。

$$-\frac{d[O]_t}{dt} = k_1[O]_t - k_2'$$ (5-71)

$$-\frac{d[O]_t}{dt} = k_1[O]_t - k_2(\%FeO + \%MnO)_t$$ (5-72)

式中 $[O]_t$——t 时刻钢液中全氧含量，ppm；

k_1——夹杂物去除速率常数，min^{-1}；

k_2——渣的传氧速率常数，min^{-1}；

k_2'——渣向钢液的供氧速率，ppm/min。

式（5-71）、式（5-72）等号左边为钢液的表观脱氧速率，表示单位时间内钢液中表观 T. O 的增量，右边第一项表示单位时间内夹杂物上浮去除引起的 T. O 的减少量，第二项表示单位时间内钢渣对钢液的传氧引起的 T. O 的增加量。

将式（5-70）代入式（5-72）并在 $t=0$，$[O]_t=[O]_0$；$t=t$，$[O]_t=[O]_t$ 上积分得到下式：

$$[O]_t = \frac{k_2 m}{k_1 - 1/n}(e^{-t/n} - e^{-k_1 t}) + \frac{k_2 p}{k_1}(1 - e^{-k_1 t}) + [O]_0 e^{-k_1 t}$$ (5-73)

$m = 0.1526(\%FeO + \%MnO)_0$；$n = 8.69(\%FeO + \%MnO)_0$；$p = 0.848(\%FeO + \%MnO)_0$。式中，$k_1$ 为夹杂物去除速率常数，$k_1 = 0$ 表示钢液中脱氧产物不能去除，$k_1 = 1$ 表示钢液脱氧产物全部去除。实际冶炼过程中 $0 < k_1 < 1$，为了降低钢液中

T. O，提高 k_1 很关键，实际冶炼过程中通过增加 RH 循环流量、钢包吹气搅拌等促进夹杂物聚合长大，上浮去除，可以很有效地提高 k_1。k_2 为渣传氧速率常数，图 5-71 中曲线斜率表示单位时间内渣中（FeO+MnO）含量的减少量。假设渣中减少的（FeO + MnO）对钢液的氧化产物全部进入钢液，则 $k_2 = \dfrac{\Delta(\%\text{FeO}+\%\text{MnO})W_{\text{slag}}}{100\Delta t W_{\text{steel}}}\times\dfrac{56}{72}\times10^6$（式中，$W_{\text{slag}}$、$W_{\text{steel}}$ 分别为渣、钢的质量），估算得 $0<k_2\leqslant1.3$。由前面推导可知，当反应受（FeO+MnO）在渣相传质控速时，反应主要发生在渣/钢界面，生成的脱氧产物不会进入钢液，所以实际冶炼过程 k_2 值低于上限；为减少渣对钢液的二次氧化，需降低 k_2 值，冶炼过程中减少搅拌可以降低渣/钢界面的活跃性，减少渣对钢液的二次氧化，但是减少搅拌的同时会降低 k_1，对降低 T. O 不利，因此为了增加 k_1 的同时降低 k_2，就必须降低渣的氧化性。不同工艺条件下得到的 k_1、k_2 有较大差别，根据不同工艺条件下取样数据进行拟合得到 k_1、k_2 的近似值可以用式（5-73）预测过程 T. O 的变化。

　　RH 脱碳结束渣中（% FeO +% MnO）= 34，钢液中初始活度氧 $[\text{O}]_0 =$ 300ppm，加铝后在不同夹杂物去除速率情况下钢液中 T. O 随时间变化关系如图 5-74 所示，时刻 0 代表 RH 脱碳结束时刻。

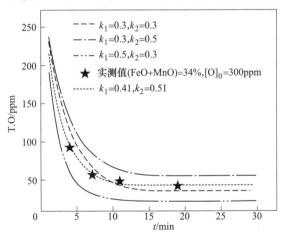

彩色原图

图 5-74　不同夹杂物去除速率下 T. O 随时间变化关系

　　图 5-74 表明，初始渣氧化性和钢液中活度氧相同情况下，夹杂物去除速率常数越大，达到平衡时钢液中 T. O 越低。相同 k_2 情况下，增大 k_1 可以显著降低过程 T. O，相同 k_1 情况下，随着 k_2 增大，过程 T. O 增加，k_1 对 T. O 影响要大于 k_2。因此在冶炼过程中在保证不过分增大 k_2 的情况下应增大钢液搅拌促进夹杂物聚合长大，上浮去除，提高 k_1。若要增大 k_1 的同时降低 k_2，则需降低渣氧化性，并增加搅拌。铝脱氧 10min 后 T. O 有显著降低且达到平稳，试验得到该工艺条件下 $k_1=0.41$、$k_2=0.51$。

参 考 文 献

[1] 薛正良，李正邦，张家雯. 钢的纯净度的评价方法 [J]. 钢铁研究学报，2003 (1)：62-66.

[2] Li X, Bao Y, Wang M. Peeling defects of cold rolled interstitial-free steel sheet due to inclusion movement [J]. Ironmaking & Steelmaking, 2018：1-5.

[3] Wang M, Bao Y. Source and negative effects of macro-inclusions in titanium stabilized ultra low carbon interstitial free (Ti-IF) steel [J]. Metals and materials international, 2012, 18 (1)：29-35.

[4] 唐复平，常桂华，栗红，等. 洁净钢中夹杂物快速检测技术 [J]. 北京科技大学学报，2007 (9)：890-895.

[5] Bao Y, Wang M, Jiang W. A method for observing the three-dimensional morphologies of inclusions in steel [J]. International Journal of Minerals, Metallurgy, and Materials, 2012, 19 (2)：111-115.

[6] Li X, Wang M, Bao Y P, et al. Characterization of 2D and 3D morphology of Al_2O_3 inclusion in hot rolled ultra-low carbon steel sheets [J]. Ironmaking & Steelmaking, 2020, 47 (4) .

[7] Gu C, Lian J, Bao Y, et al. Microstructure-based fatigue modelling with residual stresses：Prediction of the fatigue life for various inclusion sizes [J]. International Journal of Fatigue, 2019, 129 (12)：105158. 1-105158. 12.

[8] Gu C, Lian J, Bao Y, et al. Microstructure-based fatigue modelling with residual stresses：Prediction of the microcrack initiation around inclusions [J]. Materials Science and Engineering：A, 2019, 751 (3)：133-141.

[9] 王敏. 超低碳 IF 钢工艺控制及夹杂物行为研究 [D]. 北京：北京科技大学，2008.

[10] Wang M, Bao Y, Xing L. Characteristic transformation of manganese-containing inclusions during Al-killed process in ultra-low carbon interstitial-free steel [J]. ISIJ International, 2018, 58：886-891.

[11] Wang M, Bao Y P, Cui H, et al. The composition and morphology evolution of oxide inclusions in Ti-bearing ultra low-carbon steel melt refined in the RH process [J]. ISIJ International, 2010, 50 (11)：1606-1611.

[12] 王林珠. 铝脱氧钢中非金属夹杂物细微弥散化的基础研究 [D]. 北京：北京科技大学，2017.

[13] 凌海涛. 连铸中间包内夹杂物碰撞长大和去除的研究 [D]. 北京：北京科技大学，2017.

[14] 王睿. 邯钢超低碳 IF 钢冶炼工艺及冷轧板缺陷控制研究 [D]. 北京：北京科技大学，2017.

[15] Wang M , Bao Y P , Zhao L H , et al. Difference analysis in steel cleanness between two RH treatment modes for SPHC grade [J]. ISIJ International, 2015, 55 (8)：1652-1660.

[16] Wang H, Bao Y, Zhi J, et al. Effect of rare earth ce on the morphology and distribution of Al_2O_3 inclusions in high strength IF steel containing phosphorus during continuous casting and rolling

process［J］. ISIJ International, 2021, 61（3）.

［17］Gao S, Wang M, Guo J, et al. Characterization transformation of inclusions using rare rarth Ce treatment on Al-killed titanium alloyed interstitial free steel［J］. Steel research International, 2019, 90.

［18］Gao S, Wang M, Guo J, et al. Extraction, distribution, and precipitation Mechanism of TiN-MnS complex inclusions in Al-killed titanium alloyed interstitial free steel［J］. Metals and Materials International, 2019.

［19］高帅, 王敏, 郭建龙, 等. IF 钢铸坯厚度方向夹杂物分布及洁净度评估［J］. 工程科学学报, 2020, 42（2）: 194-202.

［20］Wang H, Bao Y, Duan C, et al. Effect of rare earth Ce on deep stamping properties of high-strength interstitial-free steel containing phosphorus［J］. Materials, 2020, 13（6）.

［21］Wang R, Bao Y, Li Y, et al. Effect of slag composition on steel cleanliness in interstitial-free steel［J］. Journal of Iron and Steel Research, International, 2017, 24（6）: 579-585.

［22］王敏, 包燕平, 杨荃, 等. IF 钢铸坯厚度方向洁净度演变［J］. 工程科学学报, 2015, 37（3）: 307-311.

［23］Wang M, Gao S, Li X, et al. Reaction behaviour between cerium ferroalloy and molten steel during rare earth treatment in the ultra-low carbon Al-killed steel［J］. ISIJ International, 2021, 61（5）.

［24］Guo J, Bao Y, Wang M. Cleanliness of Ti-bearing Al-killed ultra-low-carbon steel during different heating processes［J］. International Journal of Minerals, Metallurgy, and Materials, 2017, 24（12）: 1370-1378.

［25］王敏, 包燕平, 杨荃. 钛合金化过程对钢液洁净度的影响［J］. 北京科技大学学报, 2013, 35（6）: 7.

［26］王敏, 包燕平, 崔衡, 等. RH 纯循环对 Ti_IF 钢洁净度的影响［J］. 北京科技大学学报, 2011, 33（12）: 5.

6 RH 真空过程钢液喷溅行为及控制

RH 真空室是高温"黑箱"，真空处理过程钢液的喷溅行为很大程度上影响钢液的脱气、脱碳效果。钢液喷溅形成的结瘤物沉积附着在真空槽耐火材料表面，后续与钢液反应或者结瘤物剥落会极大影响 RH 设备运行的稳定性和钢液的洁净度。真空处理过程中钢液喷溅容易导致如下问题：（1）喷溅的渣钢导致摄像孔黏死，无法判断真空槽内冶金反应进程；（2）顶枪孔黏结渣钢导致顶枪升降受阻，无法正常吹氧作业；（3）氧枪枪头积渣导致氧枪点火困难；（4）热弯管内积聚渣钢多导致真空系统抽气能力下降，热弯管更换频次增加。RH 真空槽易结瘤部位如图 6-1 所示。

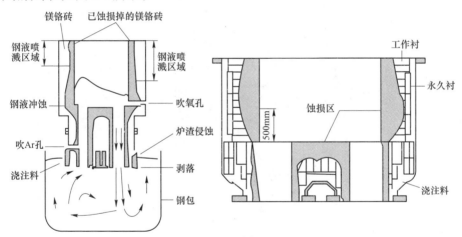

图 6-1　真空室内黏钢渣示意图

RH 真空过程造成喷溅的原因很多，主要影响因素概括如下[1~3]：（1）真空室压降速率快导致的钢液喷溅；（2）提升气体流量过大造成钢液喷溅；（3）耐火材料壁面喷补后喷补料中水分不能充分散出导致喷溅；（4）顶枪吹氧脱碳时，高射流的氧气冲击钢液表面造成喷溅；（5）耐火材料或者冷钢脱落掉入钢液中造成喷溅；（6）真空过程剧烈碳氧反应、脱气反应、易挥发元素的气化导致喷溅。

目前针对 RH 真空处理过程钢液喷溅行为的预测模型较少，深入研究 RH 真空处理过程钢液的喷溅结瘤机理及结瘤物在耐火材料壁面沉积/剥落行为，是 RH 高效、低成本、稳定化运行的关键。

6.1　RH 真空过程钢液喷溅结瘤的特征

真空处理过程钢液的喷溅容易导致真空室内结瘤、结渣。以某特钢厂 120t RH 为例，真空处理过程中钢液的喷溅导致了浸渍管内侧（见图 6-2（a））、上下部槽体连接位置（见图 6-2（b））及热弯管处经常出现异常结瘤和结渣，真空槽体平均 20 炉就需要进行放瘤处理，而 RH 浸渍管平均寿命为 73 炉，下部槽体平均使用寿命为 158 炉，RH 真空室钢液的喷溅结瘤极大地影响了精炼的生产节奏、降低了耐火材料使用寿命、增加工艺成本。

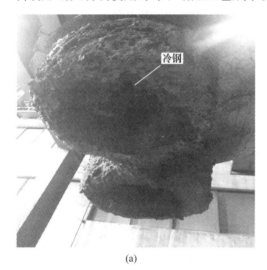

(a)　　　　　　　　　　　　　　　　　　　　(b)

图 6-2　RH 喷溅结瘤位置

（a）浸渍管内壁；（b）上下部槽体连接处

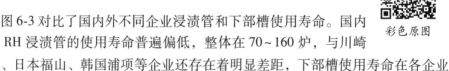

彩色原图

图 6-3 对比了国内外不同企业浸渍管和下部槽使用寿命。国内企业 RH 浸渍管的使用寿命普遍偏低，整体在 70 ~ 160 炉，与川崎制钢、日本福山、韩国浦项等企业还存在着明显差距，下部槽使用寿命在各企业之间也相差极大。

6.1.1　RH 真空槽内部喷溅现象

RH 为间歇式生产，真空室内部结瘤物会在耐火材料壁面累积沉积且会对后续炉次的钢液造成影响。图 6-4 为同一 RH 槽体固定点摄像头跟踪的一个槽役下不同生产炉次（第 1、11、21、31、41、51、61、71、81 炉）真空槽体内的结瘤状态。可以看出，随着处理炉次增加，真空槽体内部结瘤物逐渐增多，真空槽体内径逐渐缩小，导致实际处理钢液体积减少。

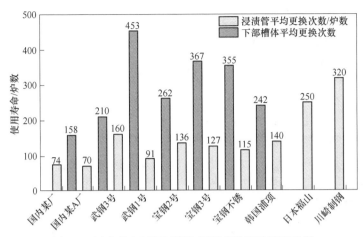

图 6-3　国内外各厂浸渍管与下部槽体平均更换次数

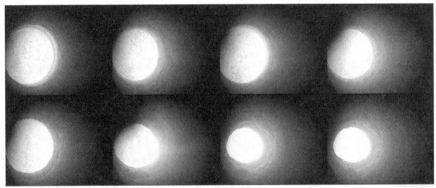

图 6-4　RH 真空槽内部结瘤状态随使用炉次的变化

彩色原图

图 6-5 为 RH 入站前已经脱氧后的钢液在抽真空阶段出现的液滴飞溅。快速压降阶段，真空室内钢液喷溅明显，且喷溅后的液滴直接附着在真空槽体内壁上。

图 6-5　RH 真空压降阶段内部钢液的喷溅现象

彩色原图

6.1.2　RH 真空槽结瘤状态定量表征

　　RH 真空室内涉及气（Ar 气、CO 气泡）/液（钢液）/固（耐火材料、合金、夹杂物）等多相反应，是一个典型的高温"黑箱"。RH 真空过程钢液喷溅导致的结瘤结渣直接影响真空室耐火材料的使用寿命和钢液洁净度。

　　实际生产过程中，RH 真空槽体的结瘤状态一般通过监测真空过程钢液的铝损进行间接评价；精炼过程影响铝损的因素很多，单纯通过铝损判定真空槽体的结瘤状态会导致误判风险高、预判不准确的问题，这也是真空槽体用耐火材料异常下线和使用寿命低的重要原因。提高真空槽体用耐火材料的使用寿命，一方面需要准确地判定和评价真空室内结瘤结渣的状态；另一方面需要定量分析结瘤结渣对钢液洁净度的影响规律。

　　我国专利公布了一种测量 RH 真空室内部结瘤和侵蚀状态的装置和方法（ZL 201920568390.0），其核心装置是一套固定在 RH 顶枪升降装置头部可 360°旋转的红外测距仪（见图 6-6）。当测距仪发出的红外线触碰到耐火材料壁面后反射，

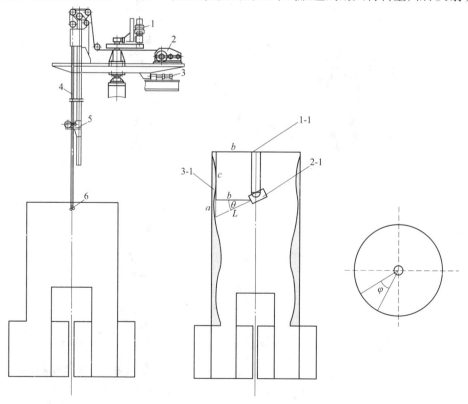

图 6-6　RH 真空室内部结瘤状态测试原理

1—旋转机构；2—升降机构；3—定位装置；4—升降枪；5—活动导向小车；6—红外测距仪；
1-1—升降枪；2-1—红外测距仪；3-1—RH 冶金反应器结瘤结渣示意图

测距仪接收反射信号后根据红外线从发出到接收的时间及传播速度得到信号源与壁面间的距离。通过测定不同高度、不同方向上结瘤后槽体内部的轮廓特征，并与未上线前新槽体的轮廓特征对比，自动判定真空槽体不同位置的结瘤或者侵蚀状态。

RH 真空室内部结瘤状态的测试过程描述如下：

（1）RH 破真空结束后，利用旋转机构 1 和定位装置 3 将测量装置移动到 RH 顶部中心位置，记录初始高度；

（2）利用升降机构 2、升降枪 4、活动导向小车 5 将红外测距仪 6 降到待测位置，过程中记录下降的高度，记录 c 值；

（3）利用升降装置测出距离 L 及与水平 θ 角度，通过 L 与 θ 计算得到距离顶部的高度 $h = a + c = L \cdot \sin\theta + c$ 和距离中心位置的距离 $b = L \cdot \cos\theta$；

（4）同一 L 与 θ 下，方向每隔 φ 角度进行一组测量，旋转 360°测试不同角度的 b 值，取平均值 $\bar{b}$。不同 h_n 下的测量均值 b_n 与 h_n 变化曲线与未上线前真空槽体轮廓区域的差值综合反应 RH 真空室整体结瘤或侵蚀状态。

图 6-7 为 RH 真空室上部槽体的典型结瘤特征，槽体内壁存在不同程度的结瘤。图 6-7（a）中部分区域无结瘤，但该区域两侧均为凝钢结瘤物，且无结瘤物

彩色原图

图 6-7　RH 真空室上部槽体典型的结瘤特征

区域与凝钢结瘤物区域边界带有撕裂状的棱角，可以判断该区域发生了结瘤物脱落。图 6-7（c）为槽体初生结瘤的形成区域，钢液发生喷溅后在高温条件下结瘤物会沿着内壁向下流动。

采用上述方法对 RH 真空室内壁结瘤状态进行测量，结果如图 6-8 所示。RH真空槽高度方向结瘤物的厚度分布见表 6-1。可以看出，真空室上部槽底部及上部存在不同程度的结瘤，中下部区域则存在侵蚀。上部槽底部与下部槽体通过法兰联结，连接位置通过水冷装置防止法兰高温变形，因此，该区域喷溅后的液滴容易直接凝结形成结瘤层。距上部槽 2m 以上区域的结瘤物源于喷溅液滴和挥发物在耐火材料壁面的沉积附着。

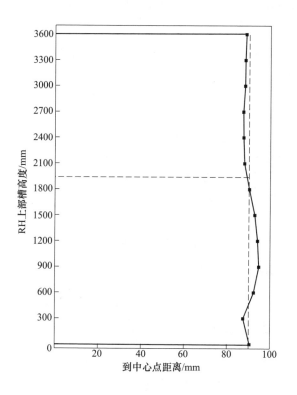

图 6-8 RH 上部槽结瘤物剖面

上部槽体中下部（300~2000mm）为耐火材料受侵蚀区域，主要由于该区域是氧枪烘烤放瘤覆盖的高温区，氧枪烘烤放瘤可以快速清除耐火材料壁面沉积的结瘤结渣物，但也造成高温区耐火材料的烧损侵蚀，从解剖结瘤物成分也可以看出，该区域结瘤物中含有较高含量的 Cr_2O_3。

表6-1 RH真空室内不同角度和高度到中心点的距离分布 （mm）

高度/mm	角度						平均值
	60°	120°	180°	240°	300°	360°	
3600	87.5	90.3	92.3	88.5	85.1	88.7	88.7
3300	86.6	92	90	88.9	86.8	85.6	88.32
3000	88.7	90.4	90.4	89.1	85.9	84.6	88.18
2700	88.7	89	87.7	87.8	83.7	87.7	87.43
2400	88.2	91.1	90.5	87.5	86.5	81.5	87.55
2100	89.1	89.9	89.3	89.6	86.4	83.6	87.98
1800	90.9	93.5	92.7	87.3	87	90.6	90.33
1500	92.2	97.3	87.5	89.8	89	101.5	92.88
1200	97.1	95.7	94.1	89.5	92.2	96.6	94.2
900	94.5	101.3	95.7	95.5	88.6	93.3	94.82
600	95.6	96.9	89	88.2	92.3	92.6	92.43
300	92.1	87.8	84	83.1	85.9	92.4	87.55
0	93	89.9	85.7	90	92.4	92.3	90.55

6.1.3 RH真空结瘤物的特征解剖

选择连续处理16炉次后下线的RH真空槽，对RH不同部位结瘤物（冷钢结瘤物、结渣物、与结瘤物接触的耐火材料）进行取样（见表6-2），判断结瘤物的形成原因和来源，为降低真空槽冷钢结瘤提供依据。

表6-2 RH结瘤结渣物取样位置

编　号	位　　置	编　号	位　　置
1	热弯管入口	4	上部槽底部
2	热弯管出口	5	上部槽上部
3	上部槽体中部		

图6-9（a）为真空槽内壁不同位置的结瘤和侵蚀特征，不同位置结瘤物SEM结果如图6-9（b）~（j）所示，（b）~（d）是将试样打磨平整的区域，这一部分锰和铁以复合氧化物形式以结瘤物的形式存在，并且周围复合了一些Ca/Si/Al氧化物；（e）~（j）为铁锰氧化物暴露后的三维特征，可见锰和铁的氧化物以球状、椭球状形式存在。结瘤物XRD结果如图6-10所示，利用标准PDF卡片比对，主要成分是FeO（JCPDS卡片：74-1886）与Mn_3O_4（JCPDS卡片：13-162），

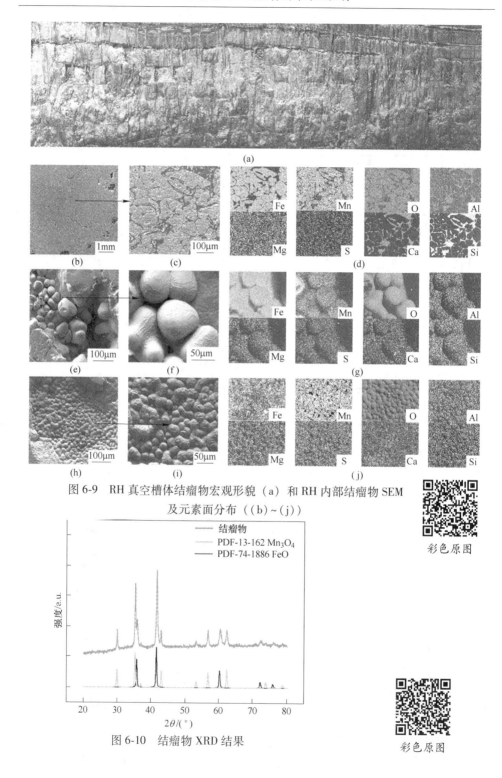

图 6-9　RH 真空槽体结瘤物宏观形貌（a）和 RH 内部结瘤物 SEM
及元素面分布（（b）~（j））

彩色原图

图 6-10　结瘤物 XRD 结果

彩色原图

物相鉴定结果和 SEM 面扫结果一致。不同位置结瘤物成分分析结果见表 6-3，结瘤物中 MnO 含量在 14%~70% 波动，整体上从真空室的底部到顶部呈现出增长趋势，在热弯管入口区域 MnO 高达 70%，铁锰氧化物占 90%；可以判断，RH 真空处理过程中 Mn 元素的气化挥发是导致钢液喷溅的重要原因之一，说明 RH 真空过程中存在着 Mn 的气化损失和喷溅。

表 6-3　RH 结瘤物中各部位成分　　　　　（wt. %）

项　　目	热弯管出口	热弯管入口	上部槽顶部	上部槽中部	上部槽下口
Fe₂O₃	53.727	13.678	38.985	67.179	78.994
MnO	35.783	70.401	50.397	24.665	14.190
MgO	3.676	7.463	4.050	2.905	2.331
SiO₂	3.532	1.207	2.576	2.093	2.042
SO₃	0.663	0.859	0.928	0.752	0.873
CaO	1.418	—	1.291	0.928	0.767
Cr₂O₃	0.452	0.416	0.851	1.214	0.614
Al₂O₃	—	—	0.771	—	—

6.2　RH 真空过程合金元素的损失行为

　　真空室槽体中结瘤物特征表面，真空过程中存在合金元素的挥发，尤其 Mn 元素的挥发较为严重。以某厂生产的含锰钢为例，工艺流程为：电弧炉（EAF）→钢包精炼炉（LF）→120t RH 炉→连铸（CCM）。RH 真空能力强，正常真空模式下 3min 内可以达到极限真空度（67Pa 以下），RH 真空过程钢液的脱气和去夹杂效果好，但快速的压降速率也导致了真空前期严重的钢液喷溅。因此，RH 真空处理过程元素 Alₛ、Mn、Ca 损失大且不稳定（见图 6-11）。RH 真空过程喷溅液

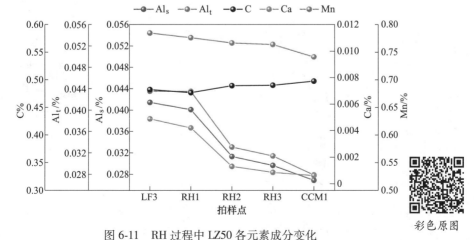

彩色原图

图 6-11　RH 过程中 LZ50 各元素成分变化

滴在真空槽内壁附着沉积，当炉次处理结束后，真空槽内高温状态下结瘤物与空气发生二次氧化形成铁锰氧化物，在下一炉次处理过程中氧化的结瘤物成为钢液的二次氧源造成钢液中易氧化元素烧损。

6.2.1　真空过程易氧化合金元素损失规律

为了准确判断 RH 真空过程 Al_s、Mn、Ca 合金的烧损环节，对 RH 真空过程进行密集取样，分析 RH 过程中不同合金元素的变化规律。

6.2.1.1　RH 真空过程 Al_s 变化规律

RH 真空过程钢液中 Al_s 变化如图 6-12 所示。可以看出，Al_s 的损失主要发生在两个阶段，LF 出站到 RH 进站阶段 Al_s 会有较大幅度的损失；真空阶段在 RH 进站到真空处理前 5min，尤其是达到极限真空（≤100Pa）阶段是 Al_s 损失的主要阶段。从真空过程酸溶铝的损失可以判断，其损失主要源于与真空室内壁结瘤氧化物的反应，而并非真空过程元素的挥发。在真空处理 5min 后一直到出站阶段，钢液中 Al_s 均保持在较窄的波动范围，说明在高真空度下其并未出现持续挥发的损失。

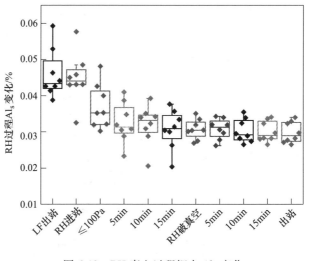

图 6-12　RH 真空过程钢中 Al_s 变化

彩色原图

6.2.1.2　RH 真空过程 Mn 变化规律

钢液中锰含量较高时，真空过程会出现 Mn 的挥发，元素挥发导致真空过程产生大量烟气，同时也引起钢液的喷溅结瘤，对后续炉次钢液造成污染。图 6-13

为 RH 真空过程钢中 Mn 元素的变化。可以看出，Mn 元素的损失伴随 RH 入站到 RH 破真空整个阶段，因此，此类钢种真空过程锰元素的损失与真空环境直接相关，元素损失主要源于真空挥发。预抽真空阶段大量元素挥发伴随粉尘进入真空排气系统，烟气粉末中也证明有大量 Mn_3O_4 存在。

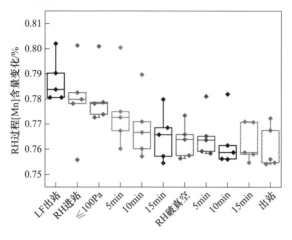

彩色原图

图 6-13　RH 真空过程钢中 Mn 元素变化

为了研究 RH 过程锰的损失和 RH 入站锰含量的关系，对某 A 厂实际生产过程不同炉次成分锰元素进行统计分析，锰含量在 0.68%～0.84% 范围内，以间隔 0.03% 进行划分，每个区间选择 10 炉次数据进行相互对比，数据结果如图 6-14 所示。通过数据结果可以得出，随着进站［Mn］的含量增加，RH 进站到 RH 破真空阶段的损失量在 200ppm 范围波动，且随着进站［Mn］含量的增加，过程中［Mn］的损失量有增加的趋势。

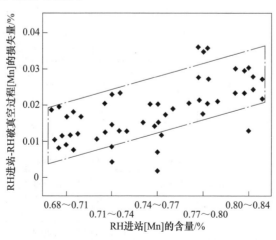
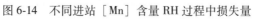

彩色原图

图 6-14　不同进站［Mn］含量 RH 过程中损失量

6.2.1.3　RH 真空过程 Ca 元素变化规律

图 6-15 反映 RH 冶炼过程中的 Ca 含量的变化。对于有钙处理的炉次，RH 入站 Ca 含量较高，RH 进站到真空处理 10min 后降低至较低水平，保持相对稳定。不同炉次 Ca 含量降低量在 30~60ppm 不等，RH 出站的 Ca 含量在 10ppm；对比无钙处理炉次，其过程中 Ca 含量基本上保持在 5~8ppm，RH 出站的 Ca 含量在 2~4ppm（见表 6-4）。

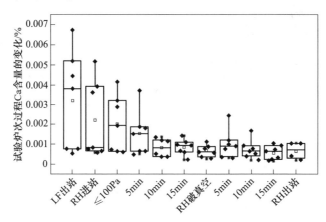

彩色原图

图 6-15　试验炉次 Ca 含量的变化

表 6-4　试验炉次过程 Ca 含量　　　　　　　　（%）

炉次号	1	2	3	4	5	6	7
LF 出站	0.00441	0.0038	0.0052	0.00674	0.00056	0.00077	0.00075
RH 进站	0.00391	0.00362	0.00517	0.00076	0.00057	0.00083	0.00065
≤100Pa	0.00289	0.00194	0.00321	0.00414	0.00063	0.00071	0.0006
5min	0.00188	0.00152	0.00065	0.0037	0.00063	0.00182	0.00049
10min	—	0.00121	0.00134	0.00114	0.00037	0.0005	0.00037
15min	0.00109	0.00142	0.00097	0.00093	0.00059	0.00065	0.00022
RH 破真空	0.00087	0.00077	0.00109	0.0006	0.00027	0.00036	0.00056
5min	0.00099	0.00076	0.0009	0.00119	0.00031	0.00037	0.00243
10min	0.00075	0.00065	0.00091	0.00166	0.0005	0.0004	0.00019
15min	0.00103	0.00073	0.00092	0.00063	0.00023	0.00032	0.00016
RH 出站	—	—	0.00102	0.00104	0.00021	0.00039	—

6.2.2　RH 真空过程元素的损失机理

综上所述，真空过程中钢液中的 Mn、Ca、Al 均存在着不同程度的损失，主要可以概括为几个阶段：（1）快速压降抽真空阶段（真空处理 3min 以内），即真空压力从大气压降低到极限真空压力（67Pa）；（2）真空度达到稳定阶段（真空处理 3~5min）；（3）极限真空保持阶段（真空处理 5min 到破真空）。真空过程钢液中铝和钙元素的损失主要发生在前两个阶段，而锰元素的损失则在整个真空阶段均有发生。

6.2.2.1　Mn 元素真空过程的损失途径

RH 真空处理过程中锰元素的迁移机理和主要损失途径可以概括为图 6-16。

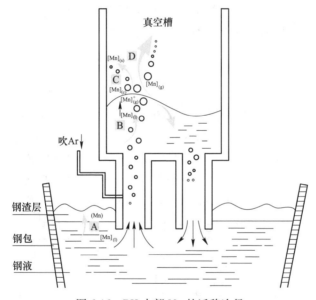

图 6-16　RH 内部 Mn 的迁移途径

（1）锰元素在钢包-渣界面的传质过程：锰元素钢液内穿过钢液一侧边界层向钢渣界面迁移，进而到达渣钢界面，最终产物（Mn^{2+}）穿过钢液边界层向金属液内部迁移；这一部分主要在钢包内进行，如图 6-16 中 A 所示；对于 RH 工艺来说，过程渣量小，这一部分传质过程对于锰的损失的影响可以忽略不计。

（2）锰元素在 RH 内部挥发过程：钢液中的锰元素在液-气相界面发生相变，由液-气相界面向真空室气相中传质，如图 6-16 中 B 所示，形成的锰蒸气最终由于烟气管道内温度的降低发生气-固转变，在 RH 出口的位置沉积附着于真空室内壁形成管道灰，这一点从真空泵管道内部和烟道积灰中大量 MnO 得到证明。由于钢液在 RH 真空室和钢包间不断循环，Mn 元素从钢液向液-气界面传质不应是反应的限制性环节。因此，决定 Mn 元素的气化挥发速率主要由后两步决定，主要跟真空度有关。真空室内气体压力越低，Mn 元素向气相中传质的驱动力越大，传质速率越大。

（3）富含 [Mn]$_1$ 元素的钢液随钢液喷溅被带到 RH 真空室内壁，具体包括两个部分：1）部分大颗粒喷溅物，与 RH 真空室内壁瞬间接触后激冷凝固附着于 RH 真空壁内，如图 6-16 中 C 所示；2）另一部分小颗粒喷溅物，伴随抽真空过程的烟气和粉尘气流直接被抬升进入 RH 真空室顶部，最终附着在 RH 中上部壁上，如图 6-16 中 D 所示。

因此，含锰量较高钢液 RH 真空处理时，应该结合其损失途径弱化各个环节锰元素迁移的动力学条件，降低其真空过程的损失率。目前针对钢液 Mn 在真空条件下的气化动力学研究还不够深入，缺乏准确的动力学模型预测 Mn 的气化行为，如钢液比表面积、熔渣厚度和钢液中其他元素等因素对 Mn 气化的量化影响规律，这也是含锰钢液真空过程合金元素精准化控制需要重点考虑的研究方向。

6.2.2.2　钢液中 Mn 元素的挥发热力学

不同温度时，几种常见金属挥发的平衡蒸气压可以用式（6-1）~式（6-3）计算得到，几种纯金属的平衡压见表 6-5。

$$\lg(p_{\text{Fe}}^{\ominus}/\text{mmHg}) = -19710/T - 1.27\lg T + 13.27 \tag{6-1}$$

$$\lg(p_{\text{Mn}}^{\ominus}/\text{mmHg}) = -14520/T - 3.02\lg T + 19.24 \tag{6-2}$$

$$\lg(p_{\text{Si}}^{\ominus}/\text{mmHg}) = -20900/T - 0.565\lg T + 10.78 \tag{6-3}$$

表 6-5　不同温度时各种金属元素的平衡蒸气压　　　　　　（Pa）

温度/K	硅	铁	锰
1033	0.04	0.33	893
1733	0.10	0.81	1604
1793	0.26	1.86	2760

试验条件下，硅与锰的平衡蒸气压在 1673K、1733K 和 1793K 温度下之比为：44.8×10^{-6}、62.3×10^{-6}、94.2×10^{-6}。此外，硅在钢种 A 的摩尔分数低，可以认为，硅的挥发量相对于锰的挥发量可以忽略不计。

应用多组元活度计算公式：

$$\ln a_m = \ln x_m + \ln \gamma_m^{\ominus} + \sum_{i=1}^{n} \varepsilon_x^i x_i + \sum_{i=1}^{n} \rho_m^i x_i^2 + \sum_{i=1}^{n} \rho_m^{i,j} x_i x_j \tag{6-4}$$

式中　　　a_m——m 的活度系数；

　　　　　$\gamma_m^{\ominus}$——标准状态下 m 的活度系数；

　　x_m，x_i，x_j——m、i、j 的摩尔分数；

ε_x^i——i 对组元 x 的一次相互作用系数;

ρ_m^i——i 对组元 m 的二次相互作用系数;

$\rho_m^{i,j}$——组元 i, j 对组元 m 的二次相互作用系数。

$$\ln\gamma_{Mn}^{\ominus} = -1.1 + 2431/T \tag{6-5}$$

式中，$\gamma_{Mn}^{\ominus}$ 为 Mn 在标准状态下的活度系数。

将式（6-2）和式（6-5）代入式（6-4），可以得到锰元素随温度、真空度、含量的变化模型，由此可得不同温度和摩尔分数时锰元素的平衡蒸气压，对应锰铁熔体中锰的平衡蒸气压（p_{Mn}）可由下式近似计算，计算结果如图 6-17 所示。

$$p_{Fe} = p_{Fe}^{\ominus}x_{Fe} \tag{6-6}$$

式中　$p_{Fe}^{\ominus}$——纯铁的平衡蒸气压;

x_{Fe}——锰铁熔体中铁摩尔分数。

图 6-17（a）反映出温度、钢液中 Mn 的含量以及真空度均对 Mn 蒸气压有直

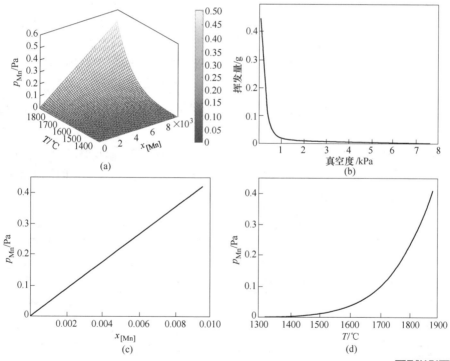

(a)

(b)

(c)

(d)

图 6-17　不同温度和成分下，钢液中锰合金平衡蒸气压变化（a）；
在 1873K 下，锰的挥发量与真空度的变化关系（b）；在 1873K 下，锰
合金蒸气压与浓度变化关系（c）和在 $x_{[Mn]} = 0.0078([Mn] = 0.80\%)$ 下，
锰合金蒸气压与温度变化关系（d）

彩色原图

接影响，呈正相关的关系。随着钢液中 Mn 活度增加和钢液温度升高，Mn 的蒸气压随之增大，钢液中的 Mn 更容易因气化而挥发，这一点在压降模式的研究中也得到验证。进一步通过 FactSage 热力学计算模拟钢液在 1873K 不同真空度下的挥发行为（见图 6-17（b）），随着真空度的降低，Mn 的蒸气压大幅度增高，将导致锰的挥发量加大；图 6-17（c）和（d）为钢液中 Mn 含量、温度单变量对 Mn 的挥发的影响；在实际 RH 生产过程中，在保证连铸工序温度控制的前提下，降低 RH 入站温度有助于减少真空过程锰的挥发损失；适当减缓预抽真空时间控制压降速率，可以降低真空过程钢液的喷溅和减少真空过程钢液中锰的挥发。

6.2.3 RH 真空压降模式对元素损失的影响

6.2.3.1 RH 真空压降模式控制方案

为了合理评价 RH 真空过程压降模式对元素挥发损失的影响，在某企业 120t RH 设计了两种不同的真空压降模式与原工艺压降模式进行对比。选择两个全新的 RH 真空槽体，一个槽体采用原有真空压降模式，另一个槽体采用步进式抽真空压降模式（1、2 号试验方案），完全跟踪到两个槽体下线。试验过程中对整个槽役同寿命对比炉次的高清摄像头实时监测录像进行图像截图，采用图像识别的方法对真空槽体内部结瘤结渣进行定量，记录两个槽体全工序成分数据，用于对比分析真空过程合金元素的损失规律。

试验钢种为铝镇静含锰钢 A，排除 RH 真空过程脱碳反应对喷溅的影响。钢种成分见表 6-6，钢液中 Mn 含量在 0.7%~0.8%，真空过程锰元素的挥发是造成锰收得率不稳定的重要因素。

表 6-6 钢种 A 在 RH 过程成分 （wt. %）

工序点	C	Al_t	Al_s	Mn	Ca
RH 入站	0.475	0.044	0.041	0.777	0.0042
RH 出站	0.491	0.031	0.029	0.764	0.0008
成品	0.499	0.028	0.027	0.768	0.0006

原真空压降模式是在开启四级泵 50s 后开启三级泵，真空 90s 后开启二级泵，真空 150s 开启一级泵，真空 180s 达到极限真空度（30~40Pa）。原真空压降模式下，真空泵在 3min 达到极限真空，压降速率非常快；前述研究可知，RH 真空前期压降过程对元素损失的影响大，尤其在快速压降模式下钢液的喷溅严重，合金元素的损失量也大。

　　实际生产过程中，通过控制各级真空泵的开启时间可以达到减缓压降速率的目的，从而减少真空槽体内部钢液的喷溅和元素损失。与原有工艺对比，真空压降模式改进方案见图 6-18 和表 6-7。

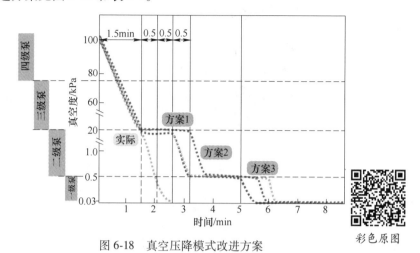

图 6-18　真空压降模式改进方案

表 6-7　真空压降模式设计方案

真空泵开启时间	四级泵	三级泵	停顿/s	二级泵	停顿/s	一级泵	到达 30~40Pa 时间
原工艺模式	0min00s	0min50s	0	1min30s	0	2min30s	3min00s
改进方案 1	0min00s	0min50s	60	2min30s	90	5min00s	5min30s
改进方案 2	0min00s	0min50s	60	3min30s	150	6min30s	6min30s

6.2.3.2　RH 真空过程合金元素挥发特征

　　选择两个全新 RH 真空槽体，一个槽体采用原工艺压降模式（方案 A），一个槽体采用改进方案 2 的步进式抽真空压降模式（方案 B），跟踪两种工艺模式下真空室内烟尘和钢液特征变化，判断真空过程元素的挥发和钢液的喷溅[4]。

　　图 6-19 记录了两种对比工艺实际真空压降的变化，通过对两个槽役同寿命炉次现场摄像监测图像数据对比分析其真空过程元素的挥发和喷溅。将真空根据监测图像的信息分为 4 个阶段：阶段 1 为无喷溅区域；阶段 2 为烟气覆盖无法监测区域；阶段 3 为喷溅严重区域；阶段 4 为微小喷溅区域。

　　图 6-20 为 RH 内部高清摄像头的记录监测实例图。由图 6-19 可知当真空度达到 40kPa 时真空槽内开始产生大量烟气；由图 6-20 可见，30kPa 时真空室内完全被烟尘覆盖无法直接观测到内部状态；大量的烟雾说明真空室内气体和粉尘产

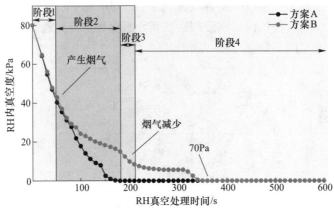

图 6-19　两种工艺实际真空压降变化[5]

生量大，也容易引发喷溅；一步法快速压降模式下（方案 A），当达到极限真空后的一定时间内仍然由于烟尘无法监测到真空室内钢液的流动，区域覆盖阶段 2 和阶段 3，说明此阶段一直存在元素的挥发。采用步进式抽真空模式（方案 B），真空度达到 9kPa 后，RH 真空室内烟气量减少，开始可以观测到真空室内钢液；真空度在 9kPa~70Pa 区间时，真空室内烟气量少，钢液流动可清晰观测。进一步从摄像头的监测发现，真空度从 9kPa 降低到 7kPa 过程中，真空室内存在明显的钢液喷溅，液滴可飞溅到真空室 2m 左右的高度，而从 7kPa 减低到 70Pa 过程几乎没有钢液喷溅现象。

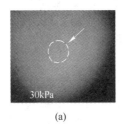
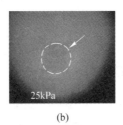
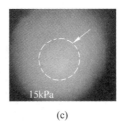
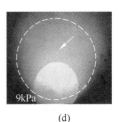

(a)　　　　　　　　(b)　　　　　　　　(c)　　　　　　　　(d)

图 6-20　RH 内部高清摄像头记录情况

　　综合烟气产生区域特征以及真空室内部图像监测，可以判定步进式压降模式下，产生喷溅的区间主要在真空度 45~7kPa，即：从真空烟气大量开始产生（45kPa）到烟气基本消失（7kPa）存在钢液的喷溅行为。一步法快速压降模式下产生喷溅的区间覆盖 45kPa~极限真空。综上判断，采用一步法快速压降模式下（方案 A），RH 真空过程元素挥发的周期更长，且真空条件下液滴飞溅的区域也更大。采用步进式真空压降模式后，由于元素挥发导致的烟尘覆盖区域持续时间缩短，且真空室内液滴飞溅量变小。

6.2.3.3 RH真空过程合金损失量变化

一步法快速压降模式（原工艺）与步进式真空压降模式（改进工艺）下，RH真空过程元素的损失规律分别进行了两组平行试验对比。每组试验分别选择两个全新RH真空槽体，一个槽体采用原工艺压降模式，一个槽体采用改进方案的步进式抽真空压降模式，槽体同时上线，处理相同炉数钢液做同炉次的对比。

第一组对比试验模拟改进方案一进行压降模式控制，第二组改进方案模拟改进方案二进行压降模式控制。试验过程实际压降控制曲线如图6-21所示。

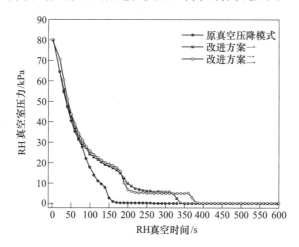

图6-21 不同工艺实际真空压降控制曲线

A 方案一下合金元素损失规律

方案一达到极限真空时间在350s，原真空压降模式达到极限真空时间在180s，每个真空槽试验炉次为连续生产的31炉钢液。图6-22、图6-23为两种方案真空过程钢液中全铝和酸溶铝损失量变化。由表6-8可以看出，采用步进式压降模式后，RH进站到破真空阶段的Al_t和Al_s损失量分别由原工艺的0.0143%和0.0127%降低至0.0118%和0.0117%，该阶段Al_t和Al_s分别降低了25ppm和10ppm；RH进站到出站阶段Al_t和Al_s损失量由原工艺的0.0171%和0.0154%降低至0.0134%和0.0129%，该阶段Al_t和Al_s分别降低了37ppm和25ppm。酸溶铝和全铝损失量的降低可以间接说明，采用步进式压降模式后真空结瘤物减少，由于结瘤物反应导致的钢液铝损降低。

RH真空过程钢液中锰元素的含量变化如图6-24和表6-9所示。可以看出，采用步进式压降模式后，RH进站到破空阶段钢液中锰元素损失量由原工艺的0.0263%降低至0.0143%，降低幅度为120ppm，降低幅度很明显。RH真空处理过程，真空压降导致的锰元素挥发损失，已在前面的结瘤物解剖结果得到验证，

表 6-8　真空压降模式改进后

项目	原压降模式		步进式压降模式		减少量/ppm	减少量/ppm
	进站-破真空	进站-出站	进站-破真空	进站-出站	进站-破真空	进站-出站
Al_s 损失/%	0.0127	0.0154	0.0117	0.0129	10	25
Al_t 损失/%	0.0143	0.0171	0.0118	0.0134	25	37

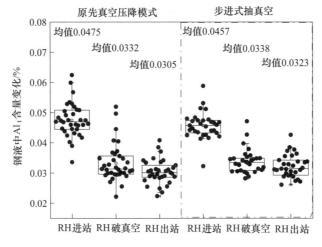

图 6-22　RH 过程中钢液中 Al_t 含量变化

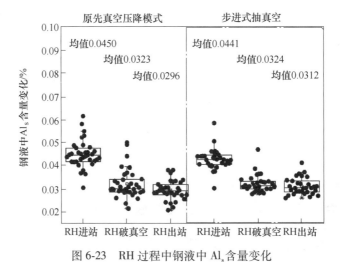

图 6-23　RH 过程中钢液中 Al_s 含量变化

结瘤物成分中含有大量的铁锰氧化物，包括在 RH 烟气管道内部均存在大量的铁锰氧化物。

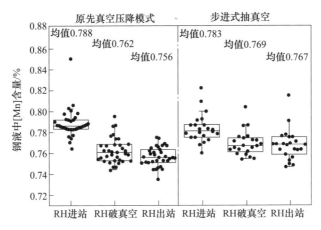

图 6-24　不同方案下钢液中锰元素的变化

彩色原图

表 6-9　不同方案下钢液中锰元素损失量变化

项目	原压降模式		步进式压降模式		减少量/ppm	减少量/ppm
	进站-破真空	进站-出站	进站-破真空	进站-出站	进站-破真空	进站-出站
Mn 的损失/%	0.0263	0.0317	0.0143	0.0157	120	160

B　方案二下合金元素损失规律

方案二是在方案一步进式真空压降模式的基础上，进一步延长了二级真空泵和一级真空泵之间的开启时间差，继续延长到达极限真空时间到 6min30s。

图 6-25 和图 6-26 分别为采用方案二与一步法快速压降模式的对比结果，每个真空槽试验炉次为连续生产的 18 炉钢液。由表 6-10 可以看出，采用方案二步进式压降模式后，RH 进站到破真空阶段钢液中 Al_t 衰减由原压降模式的 133ppm 降低到 106ppm，减少量为 27ppm。RH 进站到破真空阶段钢液中锰元素损失量由原工艺 250ppm 降低到 140ppm，减少量为 110ppm。

表 6-10　钢液中元素损失量变化

合金损失量	一步法压降模式	步进式抽真空	减少量/ppm
	进站-破真空	进站-破真空	进站-破真空
Al_t 衰减/%	0.0133	0.0106	27
Mn 衰减/%	0.0250	0.0140	110

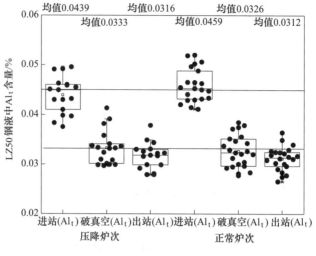

彩色原图

图 6-25　压降改进前后钢种 A 的 Al$_t$ 损失

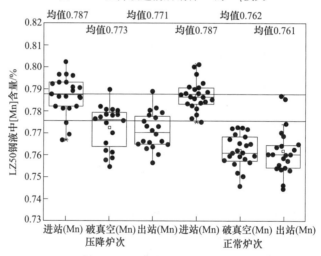

彩色原图

图 6-26　方案二压降改进前后钢种 A 的 Mn 元素损失

对比一步法快速压降模式与步进式压降模式可以看出，采用步进式真空压降模式后，RH 真空处理过程锰元素的损失量大幅度减小，说明此过程有效地控制了真空过程的喷溅，同时铝元素的烧损也降低；结合前述分析可知，真空过程铝的烧损与真空室结瘤物反应直接相关，也说明改进后的压降模式在降低锰元素挥发的同时能够抑制钢液喷溅。对比方案一和方案二，分别为延长到达极限真空时间为 5min30s 与 6min30s，其真空过程锰元素和铝元素的损失量相差不大，可以确定方案一对降低易挥发元素和抑制喷溅有很好效果，同时对 RH 整体处理效率影响不大。

6.2.3.4 RH 真空压降对槽体结瘤状态影响

为了对比真空压降改进前后真空槽结瘤状态的差异，对试验槽体采用步进式真空压降模式和原工艺模式下，通过跟踪 RH 顶部高清在线监测摄像视频，截取每一炉次 RH 真空过程高清照片，横向对比真空槽内结瘤程度的变化。为了定量对比，利用 Photoshop 和 Image J 图像处理软件选取钢液面区域，计算该区域占整个截面积的比值，间接反应结瘤状态变化规律。Image J 图像处理过程示意图，如图 6-27 所示。

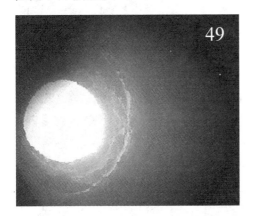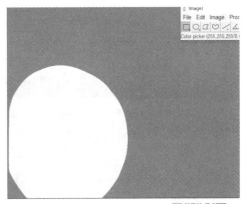

图 6-27 Image J 图像处理软件示意图

图 6-28 中分别为采用步进式压降模式和原工艺压降模式槽体连续使用炉次的特征对比。通过槽体图像特征可以看出，随着处理炉次的增加，槽体状况逐渐恶化，槽体内部处理钢液的面积大幅度降低。因此，RH 连续生产多炉次后需要对 RH 真空槽体进行放瘤烘烤，去除 RH 真空室内壁的结瘤结渣物。

彩色原图

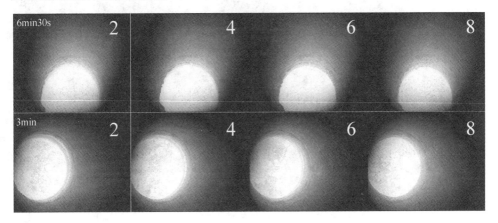

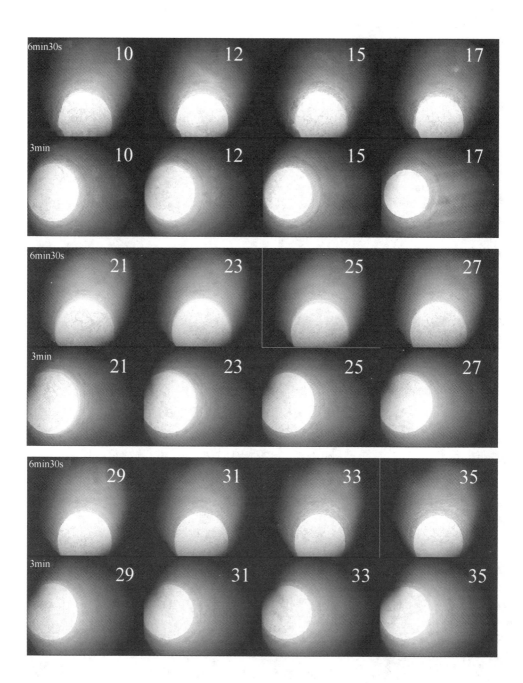

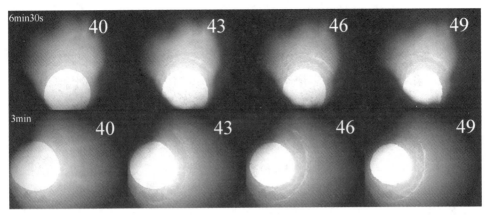

图 6-28　不同使用寿命下槽体状况

彩色原图

　　为了准确对比真空压降模式改进前后真空槽体结瘤物厚度的变化规律，对结瘤照片进行图像处理，考虑到两个工位摄像头摆放位置的不同，对图像面积做归一化处理，结果如图 6-29 所示。结果表明，随着真空槽体使用炉次的增加，真空室内处理钢液的面积逐渐下降，过程中两个上升趋势阶段是由于在该炉次后对 RH 进行了放瘤处理，清除了部分内壁沉积的冷钢结瘤物。采用步进式抽真空模式后，在相同处理炉次下真空室内钢液可处理面积均较原工艺（快速压降模式）高。这也表明，采用步进式真空压降模式降低了真空过程钢液的喷溅。

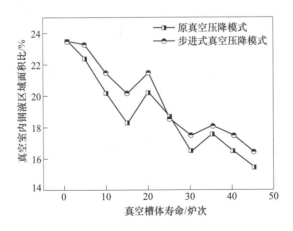

图 6-29　钢液面积分数与真空槽体寿命变化关系

6.3　RH 真空过程钢液喷溅行为模拟

RH 真空过程存在着比较严重钢液喷溅现象，钢液喷溅导致真空槽体内部出现不同程度的结瘤和结渣。多炉连续生产时，真空室内壁结瘤造成钢液处理面积下降影响真空处理效率，同时结瘤和结渣物会造成钢液二次氧化影响钢液洁净度。以某企业为例，120t RH 真空处理预抽真空过程前期存在比较严重的喷溅，造成真空室内壁结瘤结渣严重的问题，真空槽平均 20 炉就需要做放瘤处理，极大地影响生产节奏、延长处理周期、增加检修成本[6]。

本节结合 120t RH 现场真空处理过程钢液的喷溅问题，通过物理模拟和三维数学模型对 RH 真空过程钢液的喷溅行为进行分析，对比不同工艺参数及真空压降模式对 RH 真空喷溅的影响，提出降低 RH 钢液喷溅的工艺控制条件，为 RH 高效和顺行提供指导。

6.3.1　RH 真空过程钢液喷溅物理模拟

6.3.1.1　物理模型建立

以 A 厂实际生产中 RH 真空精炼装置为原型，利用有机玻璃制作出 1∶4 的冶金物理水模型（尺寸参数见图 6-30），以水代替钢液，以经过压缩的空气充当提升气体。为保证试验的准确性与科学性，试验过程中运用的物理模型在尺寸上需要保持与该厂中 RH 精炼装置比例相同，具体参数见表 6-11。

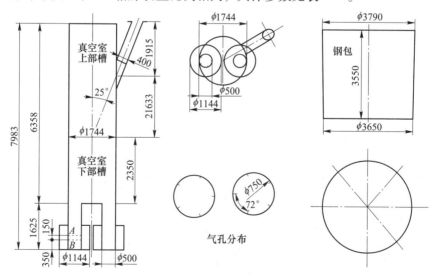

图 6-30　RH 水模型试验装置尺寸

表 6-11 RH 精炼装置原型与物理模型参数对照表

参数名称	单位	原型	物理模型
钢包深度	m	3.55	0.8875
钢包上口直径	m	3.79	0.9475
钢包下口直径	m	3.65	0.9125
真空室直径	m	1.744	0.436
浸渍管内径	m	0.50	0.125
浸渍管外径	m	1.04	0.26
浸渍管长度	m	0.975	0.244
气相密度	kg/m³	1.784	0.30
液相密度	kg/m³	7000	1000
液相黏度	Pa·s	0.0064	0.0009
表面张力	N/m	1.5	0.06

6.3.1.2 RH 真空喷溅表征方法

为了解不同 RH 工艺参数对喷溅行为的影响，在 RH 真空室内壁设计了一个喷溅液滴收集槽，利用有机玻璃做成弧形槽的插板，并向上倾斜一定角度，第一层收集槽与真空室内钢液面及相邻两层收集槽之间的高度均匀，高度水平上收集槽的分布如图 6-31（a）所示，真空室内喷溅液滴收集槽如图 6-31（b）所示。每次试验结束破空后，喷溅液滴在重力的作用下自然流出，分层收集并采用电子天平称量，计算出真空室内不同高度的单位时间喷溅量[7]。

6.3.1.3 不同工艺参数对喷溅的影响

RH 真空处理过程中，钢液面波动与液滴飞溅量直接相关，液面波动越剧烈，液滴飞溅产生喷溅的可能性越大。图 6-32 为相同真空室液面高度、不同提升气体流量条件下，真空室液面的波动特征。随着提升气体流量不断增大，真空室内上升管上方的液体凸起的程度越来越高，液面的波动更加剧烈。吹气量增加促进液体中气体体积分数增加导致液面波动更剧烈，容易发生液滴飞溅。

图 6-33 为保持提升气体流量不变，改变真空室液面高度后的液面的波动结果对比。真空室内液位高低反应真空度的大小，其他参数不变条件下，真空室内液面的高度越高，说明真空室内压力越低。随着真空室液位增高，液面波动程度有加剧的趋势，但当液位升高到一定程度后液面波动逐渐趋于平稳。

为了定量反映真空处理过程钢液的喷溅特征，以提升气体流量和浸渍管浸入深度为变量，通过液滴收集装置对不同工艺参数下 RH 真空室钢液喷溅量进行监测，具体见表 6-12。

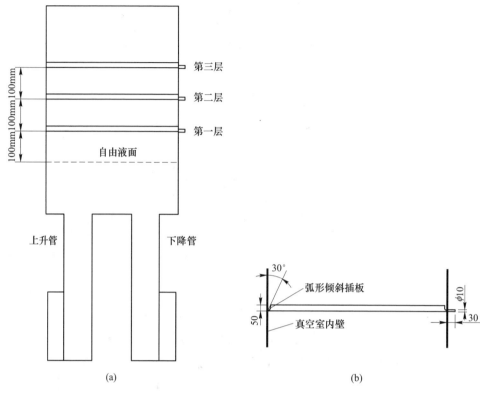

图 6-31 RH 真空室收集槽位置示意图（a）和收集槽形态示意图（b）

图 6-32 不同提升气体流量时液面的波动情况
（真空室液面高度 120mm）

彩色原图

　　真空室内液面高度与浸渍管浸入深度正相关，在真空度不变的情况下，当浸渍管浸入深度越大，真空室内液面高度越高；水模型过程中，碳氧反应并不发生，液滴喷溅主要由于大吹气量和前期快速压降造成。

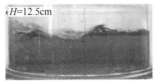

彩色原图

图 6-33　不同真空室液面高度下液面的波动情况（提升气体流量 84.5m³/h）

表 6-12　模型吹气量、浸入深度与喷溅量对照表[8]　　　　　　（g）

浸入深度 /mm	模型吹气量/m³·h⁻¹					
	73.5	79	84.5	90	95.5	101
420	0	0	0	0	0	1.1
480	0	0	0	1.33	1.25	1.64
540	0	0	0.63	4.15	8.73	10.2
600	0	0	4.35	4.69	6.55	13.68
660	0.35	15.37	12.62	25.66	25.66	25.66
720	4.60	11.37	25.66	25.66	25.66	25.66

图 6-34 为试验过程中高清摄像机记录的液滴飞溅情况。由于液滴飞溅具有随机性，故对 RH 真空室液面达到设定高度开始计时，所有不同参数下均设定 8min 为液滴收集时间，对比不同工艺参数下的喷溅情况。

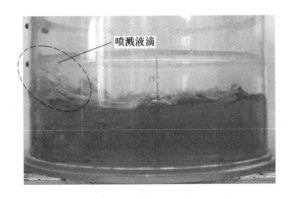

喷溅液滴

彩色原图

图 6-34　RH 真空过程液滴飞溅

图 6-35 为 RH 真空室中从下往上第一层收集槽收集到喷溅液滴的质量。从图

中可以看出，浸入深度为 420mm 时，低吹气量的情况在第一层收集槽的高度基本没有收集到喷溅液滴，而随着浸入深度的增加，不同提升气体流量下收集到的喷溅液滴的质量可以看出明显的不同，吹气量越大，收集到的喷溅液滴的质量越大。结合前面两小节得出的结论，首先在浸入深度为 540mm、提升气体流量为 84.5m³/h 时，收集到的喷溅量仅为 0.63g，；在浸入深度为 540mm、提升气体流量为 90m³/h 时，收集到的喷溅量为 4.15g；在浸入深度为 600mm、提升气体流量为 84.5m³/h 时，收集到的喷溅量为 4.35g；在浸入深度为 600mm、提升气体流量为 90m³/h 时，收集到的喷溅量为 4.69g。而随着浸入深度的增加，在浸入深度为 720mm 和 660mm 时，随吹气量增大到一定程度，收集槽内收集到的液滴达到一个极值，说明已经收集满了，可能存在更多的未收集到的喷溅量。由此可见，合理的工艺参数不仅对精炼效果有极大提升，还能够控制非化学反应喷溅的程度。

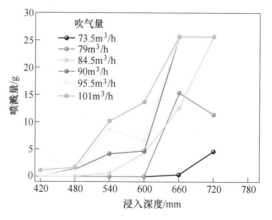

图 6-35　不同工艺参数下的喷溅量

彩色原图

6.3.2　RH 真空过程钢液喷溅行为数值模拟

针对国内某特钢公司 120t RH 真空处理预抽真空过程前期喷溅造成的真空室内壁结瘤严重结渣的问题，结合现场实际工况建立了三维数学模型研究真空压降模式对 RH 真空喷溅的影响，确定减小 RH 钢液喷溅、降低 RH 真空槽结瘤的合理压降模式[9]。

6.3.2.1　几何模型建立

通过 SolidWorks 进行三维建模后，采用 ANSYS ICEM CFD 进行六面体网格划分，经检查网格质量良好，网格数量为 1281873 个，如图 6-36 所示。基于商用软件 FLUENT 的有限体积法，建立了考虑多相流和离散相的耦合模型，RH 模拟的计算参数和热性能参数见表6-13。

6.3.2.2 模型描述

RH精炼过程十分复杂，为了方便数学模型的建立和计算，对模型进行了如下基本假设：

（1）真空室内钢液为自由液面，各个壁面无滑移；

（2）空气、氩气和钢液相均为牛顿流体，且空气和钢液是不可压缩的牛顿流体；

（3）假设钢液表面为平面，不考虑炉渣对钢液面的影响；

（4）液体表面平滑，气泡大小均匀；

（5）假设真空室内气体具有与钢包顶部空气相同的物理性质；

彩色原图

图6-36 整个RH装置的几何模型和网格

表6-13 RH模拟用的物性参数

参数	值	参数	值
钢包底直径/mm	3650	液体密度/kg·m⁻³	7020
钢包顶直径/mm	3790	黏度/Pa·s	0.006
钢水包深度/mm	3250	气体密度/kg·m⁻³	1.623
浸渍管内径/mm	500	液体表面张力/N·m⁻¹	1.823
浸渍管长度/mm	975	液体温度/K	1873
吹气孔直径/mm	6	吹气孔数	10

（6）假设氩气泡为球状，忽略气泡间的聚合、破碎及其相互作用。

控制方程采用VOF模型处理连续相（钢液、渣和顶部气相），用DPM处理离散相（氩气相）。

A VOF模型

VOF模型通过在欧拉框架下求解连续相的体积分数方程来追踪相界面，可以模拟两种或多种不混溶的流体：

$$\frac{1}{\rho_i}\left[\frac{\partial}{\partial t}(\alpha_i\rho_i) + \nabla\cdot(\alpha_i\rho_i\boldsymbol{u})\right] = 0 \tag{6-7}$$

式中 α_i——顶部气相（$i=t$，RH原型和模型中都表示顶部气相）、液相（$i=l$，RH原型中表示钢液，模型中表示水）和渣相（$i=s$）的体积分数；

ρ_i——相的密度，kg/m³；

$\boldsymbol{u}$——混合相平均速度，m/s。

　　VOF 模型中，三种连续相共用一个速度场。主要相（钢液相）的体积分数方程不直接求解，是由约束条件（$\alpha_t + \alpha_l + \alpha_s = 1$）计算确定。所有连续相共用如下的一套动量守恒方程：

$$\frac{\partial}{\partial t}(\rho_m \boldsymbol{u}_m) + (\rho_m \boldsymbol{u}_m \cdot \nabla)\boldsymbol{u}_m = -\nabla p + \nabla \cdot [(\mu_m + \mu_{t,m})(\nabla \boldsymbol{u}_m + \nabla \boldsymbol{u}_m^T)]\rho_m g + \boldsymbol{F}_m f_\sigma \tag{6-8}$$

式中　ρ_m——混合相的体积平均密度，$\rho_m = \alpha_t \rho_t + \alpha_l \rho_l + \alpha_s \rho_s$，$kg/m^3$；

　　　μ_m——混合相的体积平均动力黏度，$\mu_m = \alpha_t \mu_t + \alpha_l \mu_l + \alpha_s \mu_s$，$kg/(m \cdot s)$；

　　　$\mu_{t,m}$——混合相的湍流黏度，$kg/(m \cdot s)$；

　　　$\boldsymbol{F}_m$——离散相与连续相之间的动量交换，N/m^3；

　　　f_σ——界面张力项，N/m^3。

　　界面张力项由 Brackbill 等提出的连续表面张力模型（Continuum Surface Force，CSF）模型计算：

$$f_\sigma = \sum_{i<j}\left[\sigma_{ij}\frac{\alpha_i \rho_i k_j \nabla \alpha_j + a_j \rho_j k_i \nabla \alpha_i}{(1/2)(\rho_i + \rho_j)}\right] \tag{6-9}$$

式中　σ_{ij}——两相之间的界面张力，N/m。

　　界面曲率 k_i 由下式计算：

$$k_i = \nabla\left(\frac{\nabla \alpha_i}{|\nabla \alpha_i|}\right) \tag{6-10}$$

B　DPM 模型

　　钢液中的氩气泡被视为离散相，由 DPM 模型进行处理。通过在 Lagrangian 框架下整合气泡所受到的力，可以追踪每个气泡的运动轨迹：

$$\frac{\mathrm{d}\boldsymbol{u}_g}{\mathrm{d}t} = \boldsymbol{F}_g^{drag} + \frac{\boldsymbol{g}(\rho_g - \rho_i)}{\rho_g} \tag{6-11}$$

式中　$\boldsymbol{u}_g$——单个氩气泡的速度，m/s；

　　　$\boldsymbol{F}_g^{drag}$——单个气泡受到的曳力，m/s^2。

　a　曳力

　　DPM 模型中，只追踪主相（钢液相）中的离散相，而不追踪其他连续相（顶部气相和渣相）中的离散相。因此，钢液中每个气泡受到的曳力为：

$$\boldsymbol{F}_g^{drag} = \frac{18\mu}{\rho_g(d_g)^2}\frac{C_{D,lg}Re_g}{24}(\boldsymbol{u}_m - \boldsymbol{u}_g) \tag{6-12}$$

式中　d_g——气泡的直径，m；

　　　$C_{D,lg}$——气液间的曳力系数，可由 Schiller 和 Naumann 提出的关系式计算：

$$C_{D,lg} = \max(24(1 + 0.15Re_g^{0.687})/Re_g, 0.44) \tag{6-13}$$

式中 Re_g——气泡雷诺数，$Re_g = \left(\dfrac{\rho_i d_g |\boldsymbol{u}_g - \boldsymbol{u}_1|}{\mu_1} \right)$。

b 动量传递

$$\frac{\partial (\rho_m \boldsymbol{u}_m)}{\partial t} + \nabla (\rho_m \boldsymbol{u}_m \boldsymbol{u}_m) = - \nabla p + \nabla \left[(\mu_m + \mu_{tm})(\nabla \boldsymbol{u}_m + (\nabla \boldsymbol{u}_m)^T \right] +$$
$$\rho_m \boldsymbol{g} + \nabla \cdot (- \alpha_g \rho_g \boldsymbol{u}_{D,g} \boldsymbol{u}_{D,g}) \qquad (6-14)$$

式中 $\mu_{t,m}$——湍流黏度，Pa·s，可依据 k-s 湍流模型计算；

$\boldsymbol{g}$——重力加速度矢量，m/s^2；

$\nabla \cdot (- \alpha_g \rho_g \boldsymbol{u}_{D,g} \boldsymbol{u}_{D,g})$——相对运动引起的动量扩散；

μ_m——混匀相黏度，Pa·s，由式（6-15）表示。

$$\mu_m = \alpha_g \mu_g + \alpha_1 \mu_1 \qquad (6-15)$$

C 湍流模型

湍流动能方程表示如下：

$$\frac{\partial (\rho_m k)}{\partial t} + \nabla (\rho_m \boldsymbol{u}_m k) = \nabla \left[\frac{\mu_{t,m}}{\sigma_k} (\nabla k) \right] + G_{k,m} - \rho_m \varepsilon C_P K_{eff} \qquad (6-16)$$

式中 σ_k——湍流常数；

$G_{k,m}$——由湍流动能产生，表示如下：

$$G_{k,m} = \rho_m C_\mu \frac{k^2}{\varepsilon} \left[\nabla \boldsymbol{u}_m + (\nabla \boldsymbol{u}_m)^T \right] : \nabla \boldsymbol{u}_m \qquad (6-17)$$

湍流动能耗散方程：

$$\frac{\partial (\rho_m \varepsilon)}{\partial t} + \nabla (\rho_m \boldsymbol{u}_m \varepsilon) = \nabla \left[\frac{\mu_{t,m}}{\sigma_\varepsilon} (\nabla \varepsilon) \right] + \frac{\varepsilon}{k} (C_{1\varepsilon} G_{k,m} - C_{2\varepsilon} \rho_m \varepsilon) \qquad (6-18)$$

以上湍流模型中常数取值分别为：$\sigma_k = 1$，$\sigma_\varepsilon = 1.3$，$C_{1\varepsilon} = 1.44$，$C_{2\varepsilon} = 1.92$，$C_\mu = 0.99$。

模型边界条件设定如下：

（1）压力入口：RH 钢包液面采用压力入口边界条件，离散相气体可以从该边界条件逃逸；该边界条件允许钢液面的自由波动和运动。

（2）壁面：耐火材料内壁面均设置为无滑移壁面，壁面上速度的 3 个分量为零；壁面上的离散相气体设置为反射。

（3）压力出口：真空室顶部采用压力出口边界条件，该边界条件允许钢液面的自由波动和运动，离散相气体可以从该边界条件逃逸。

（4）面喷吹：喷嘴处采用面喷吹边界条件，用于引导离散相气泡进入钢液中。

6.3.2.3 试验方案

为减缓真空过程前期液面波动，从真空压降模式入手对不同的压降模式对喷溅的影响进行数值模拟。每次开启下一级真空泵前停顿一定时间，使钢液波动稳定后再开启下一级真空泵。不同压降模式设定如表 6-14 及图 6-37 所示，方案 A 为一步抽真空模式，方案 B 和方案 C 为步进式抽真空模式。

表 6-14   不同的压降模式[10]

项目	四级泵开启时间/s	三级泵开启时间/s	停顿时间/s	二级泵开启时间/s	停顿时间/s	一级泵开启时间/s	达到极限真空度时间/s
方案 A	0	2	0	5.2	0	7.2	7.6
方案 B	0	2	0.8	6	0	8	8.4
方案 C	0	2	0.8	6	0.8	8.8	9.2

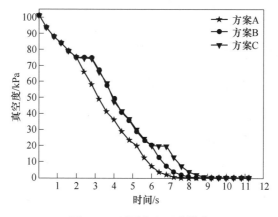

图 6-37   不同真空压降模式

6.3.2.4   RH 内钢液的流动特征

流体波动的剧烈程度可以用湍动能耗散率进行表征。湍动能耗散率表示湍流流动能力的损失速度，其值越大，流体损失的速度越大，说明液面波动程度越剧烈。选取同一时间真空室自由液面 $Z=4.1\mathrm{m}$ 横截面不同位置的湍动能耗散率进行统计，如图 6-38（a）所示，不同工况下各位置的结果如图 6-38（b）所示。结果表明，湍动能耗散率高的区域主要集中在真空室中，通过合理的压降模式，可以达到降低湍动能耗散率减少液面波动的目的。

6.3.2.5   不同压降模式下真空室喷溅特征

计算过程中对钢液流动全程进行监控，根据浮力公式 $F=\rho gh$，求出在不同真空度下真空室内钢液的高度，从而判断不同时刻真空室内的压力大小，确定不同级数真空泵的开启时间。对每次开启不同级数的真空泵后的 0.5s 的真空室内的喷溅进行观察，结果如图 6-39 所示。对真空室内的钢液喷溅最高点进行监测，

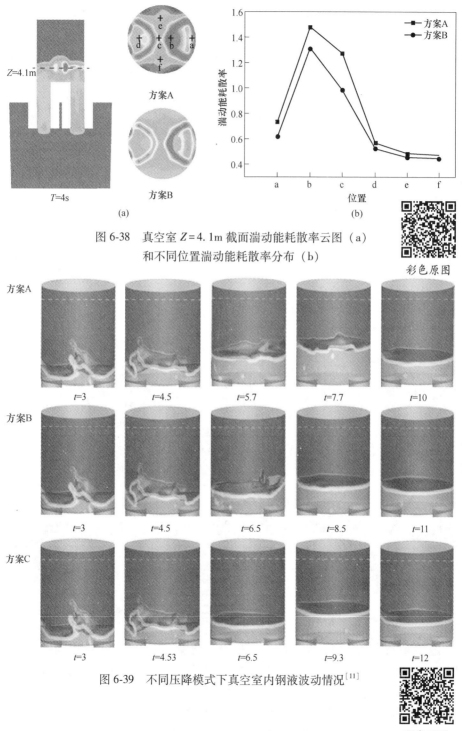

图 6-38 真空室 $Z = 4.1\mathrm{m}$ 截面湍动能耗散率云图（a）
和不同位置湍动能耗散率分布（b）

彩色原图

图 6-39 不同压降模式下真空室内钢液波动情况[11]

彩色原图

测量高度示意图如图 6-40（a）所示，得出液面波动变化情况，如图 6-40（b）所示。

图 6-39 可以看出，真空压降初期，钢液进入真空室后的一段时间内，液位波动最大，但不同压降方式下液位的波动存在差异。与方案 A 相比，方案 B 和方案 C 液位波动较为平稳，液位稳定后调整压力有助于减少飞溅的发生。

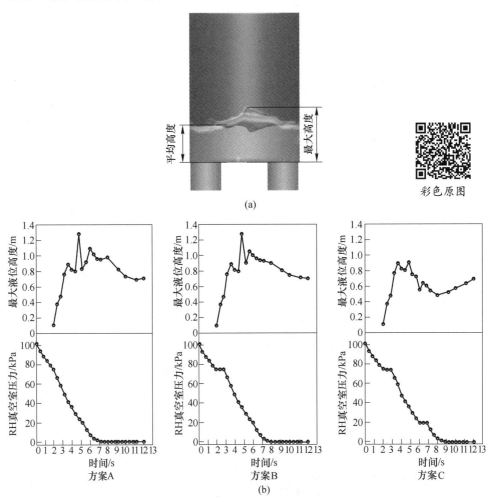

图 6-40　液滴最高点示意图（a）和真空室液面波动示意图（b）

图 6-40 可以看出，一步式抽真空模式（方案 A）达到最终稳定液位所需时间最短，但前期的液位波动也最严重；方案 C 液位波动相对稳定，但获得最终稳定液位所需时间有所延长。上述结果表明，步进式抽真空模式更有利于稳定液位波动，减少抽真空过程的液滴飞溅；达到极限真空的时间并非越短越好，需要综合考虑钢液真空过程的精炼效果及钢液喷溅的控制。

图 6-41 为 RH 内典型钢液速度矢量云图。选择上升管进入真空室出口的上中心为测点，记录了不同真空压降方案下该位置的钢液流速，结果如图 6-42 所示。采用步进式抽真空模式后，压降速率降低使得进入真空室钢液动能相对较小，可以有效降低钢液波动和飞溅的可能性。

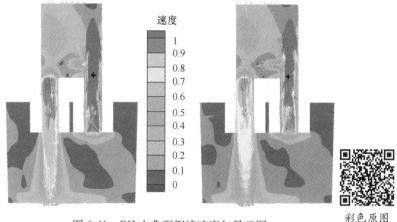

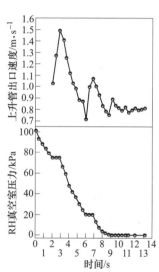

彩色原图

图 6-41 RH 内典型钢液速度矢量云图

图 6-42 RH 上升管出口速度

6.4 RH顶枪吹氧参数对真空室烘烤放瘤的影响

本节通过建立数学模型对不同烘烤工艺参数下 RH 真空室内温度场的分布规

律进行研究，为真空过程放瘤工艺参数优
化提供支撑。

6.4.1　RH 真空室烘烤放瘤数值模拟

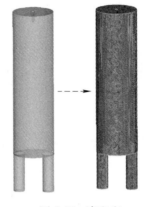

以某厂 120t RH 为原型，通过软件
SolidWorks 建立 1∶1 数学模型，利用
ANSYS-ICEM 商业软件进行网格划分，生成
了约 2163542 个网格单元的计算阈，模型
尺寸如图 6-43 所示，相关模拟参数见表
6-15。模拟过程为瞬态，时间步长为 0.003s。

图 6-43　真空室
模型及网格划分

彩色原图

模型重点研究真空氧枪喷吹燃烧过程
对真空室内部温度场的影响，评价燃烧对
真空室的烘烤效果，模型进行了如下假设[12]：

（1）将氧枪枪头的复杂结构简化为圆环面，分别为氧气出口和天然气出口；

（2）忽略顶枪管壁的厚度和真空室内耐火材料的厚度；

（3）假设氧气出口和天然气出口的气体温度、速度和成分稳定；

（4）假设壁面为灰体；

（5）将燃烧过程通过概率密度函数（PDF）简化为混合过程；

（6）假设气体为理想气体，气体的密度变化为理想气体的变化规律。

表 6-15　RH 参数变化

参数名称	尺寸
真空室内部高度/mm	6025
真空室内径/mm	1744
浸渍管长度/mm	1580
氧枪内径/mm	80
浸渍管内径/mm	480

模型计算过程的流体控制方程描述如下。

6.4.1.1　流动基本方程

流体流动采用标准 $k\text{-}\varepsilon$ 模型，动量方程和连续性方程由下式表示：

$$\frac{\partial p}{\partial t} + \nabla \cdot (\rho v) = 0 \tag{6-19}$$

$$\frac{\partial}{\partial t}(\rho \boldsymbol{v}) + \rho(\boldsymbol{v} \cdot \nabla)\boldsymbol{v} = -\nabla p + \nabla \cdot [\mu_{\text{eff}}(\nabla v + \nabla v^{\text{T}})] + \rho g \tag{6-20}$$

式中　t——时间；

　　　g——重力加速度；

v——速度矢量；

p——压强；

μ_{eff}——有效黏度；

ρ——密度。

湍动能方程和扩散方程如下：

$$\frac{\partial(\rho k)}{\partial t} + \frac{\partial(\rho k \boldsymbol{u}_i)}{\partial x_i} = \frac{\partial}{\partial x_i}\left[\left(\mu + \frac{\mu_i}{\sigma_k}\right)\frac{\partial k}{\partial x_j}\right] + G_k + G_d - \rho\varepsilon \tag{6-21}$$

$$\frac{\partial(\rho\varepsilon)}{\partial t} + \frac{\partial(\rho\varepsilon\boldsymbol{u}_i)}{\partial x_i} = \frac{\partial}{\partial x_j}\left[\left(\mu + \frac{\mu_i}{\sigma_\varepsilon}\right)\frac{\partial\varepsilon}{\partial x_j}\right] + C_{1\varepsilon}\frac{\varepsilon}{k}(G_k + C_{3\varepsilon}G_b) - C_{2\varepsilon}\rho\frac{\varepsilon^2}{k}$$

$$\tag{6-22}$$

式中，i、j 为不同的方向；k 为湍动能；ε 为湍动能耗散率；u_i 为速度 $\boldsymbol{v}$ 不同方向的分量；$C_{1\varepsilon}=1.444$，$C_{2\varepsilon}=1.92$，$C_{3\varepsilon}=1.0$，均为常数；G_k 为平均速度引起的湍动能；G_b 为密度不均匀引起的湍动能。

6.4.1.2　燃烧模型

由于 RH 真空室烘烤过程主要为天然气与氧气在真空室内的燃烧放热过程，可以采用非预混的概率密度函数 PDF 来模拟此燃烧过程。天然气与氧气的平均混合分数与其均方根脉动值阶的输送方程如下式所示：

$$\frac{\partial}{\partial x_j}\left(\rho u_j f - \frac{\mu_t \partial f}{\sigma_t \partial x_j}\right) = 0 \tag{6-23}$$

$$\frac{\partial}{\partial x_j}\left(\rho u_j gf - \frac{\mu_t}{\sigma_t}\frac{\partial gf}{\partial x_j}\right) = C_g\mu_t\left(\frac{\partial f}{\partial x_j}\right)^2 - C_d\rho\frac{\varepsilon}{k}gf \tag{6-24}$$

式中，$\sigma_t=0.7$；$C_g=2.86$；$C_d=2.0$。

C　辐射模型

RH 真空室烘烤传热的一个重要方式是真空室内部辐射换热，这里选用 Discrete Ordinates（DO）辐射模型，DO 模型为离散坐标模型，考虑 RTE 方向性，可以计算散射介质，适用于小尺度到大尺度的辐射计算，特别是进行流动、燃烧和传热过程的耦合计算。

6.4.2　顶枪参数对真空室温度场的影响

RH 真空烘烤是通过氧枪中的氧气和天然气在真空室内燃烧放热及辐射升温实现，真空室放瘤效果主要取决于真空室内温度场分布。因此，通过对比不同烘烤模式下真空室内壁温度可以预测和评价放瘤效果。结合现场 RH 放瘤工艺操作制度，图 6-44 给出了不同氧枪枪位高度（氧枪枪头距离真空室底部的距离）、天然气流量为 250m³/h、氧燃比为 3 的工艺参数下，保持相同烘烤时间后真空室温度分布云图。有文献研究指出，天然气在有氧气助燃且加热情况下的燃烧温度超过 2573K，本模型计算结果与文献报道一致，证明模型计算具有可靠性。图 6-44 可以看出，氧气与天然气进入真空室时速度大，在距离氧枪枪头较近（1~1.5m）的区域无法完全混合燃烧，导致该区域温度偏低，最高温度均在氧枪枪头下方 1.5~2m 的区域。

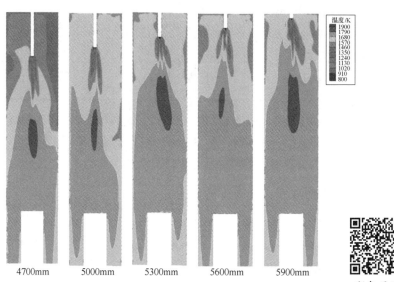

图 6-44　不同枪位高度下 RH 真空室内的温度分布云图

图 6-44 表明，高温分布区域与氧枪位置直接相关。随着氧枪枪位的增加，高温区域上移，且真空室内温度分布在高枪位下更加均匀。在烘烤时间及氧燃比一致的条件下，整个燃烧过程放热的总量相同，低枪位的燃烧会造成大部分热量消耗在下部槽，导致上部槽的烘烤不足。枪位在 4700mm 时，真空室内中高温区域主要分布在真空室下部槽位置，有利于真空室下部槽冷钢的放瘤，但是整体热量损失大。

图 6-45 为不同枪位下沿真空室内壁从顶部到底部每隔 1m 的温度变化。随着枪位增加，真空室上部区域温度逐渐增

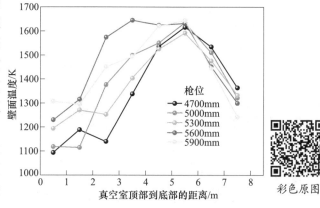

图 6-45　不同枪位下真空室内壁的温度值

加；当枪位达到 5600mm 时，整个真空室内高温区域分布最宽，烘烤效果好。现场实际烘烤过程中无法对各个位置都进行测温，研究中通过上下部槽连接位置附近的热电偶对真空室内的温度进行测量。现场在枪位 5600mm 处热电偶记录的壁面平均温度为 1130℃，即 1403K，与模型计算值相差 80K，误差在 5.6%，说明模型可以为现场放瘤工艺提供工艺参数改进。

6.4.3 RH 真空室放瘤效果对比

采用上述模型分别对现场 120t RH 原放瘤工艺和优化后放瘤工艺进行模拟，工艺方案参数见表 6-16。

表 6-16 放瘤工艺参数

方案	氧燃比	氧气流量/Nm³·h⁻¹	天然气流量/Nm³·h⁻¹	枪位/m
原工艺	2.4	435	185	5.5
优化工艺	3.3	1000	300	5.5

图 6-46 为放瘤工艺优化前后真空室内部气体速度分布。可以看出，原放瘤

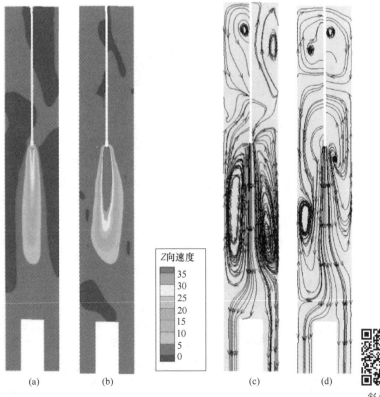

图 6-46 速度场对比

彩色原图

（a）原工艺速度云图；（b）优化工艺速度云图；（c）原工艺迹线图；（d）优化工艺迹线图

工艺中速度整体偏低且中高速区域细小狭长,原工艺下真空室内存在较大的回旋区,不利于燃烧气体热量向下传递。改进后的放瘤模式,真空室内回旋区域明显减少,可以更好地达到热量输送的效果。

　　图 6-47 为放瘤工艺优化前后真空室温度分布。原工艺模式下(天然气流量 185Nm³/h、氧燃比 2.4),火焰细长,由于天然气流量小、氧燃比低,燃烧产生的反应热较少,整体高温区域窄,此时对于真空室底部和浸渍管直接与钢液接触的部分烘烤较弱。工艺优化后,提升天然气流量为 300Nm³/h,增加氧燃比到 3.3,此时煤气在 RH 真空室内部燃烧较充分,真空室内壁温度整体提高且高温区的覆盖范围扩大,更加有利于真空室烘烤和内部放瘤(见图 6-48)。

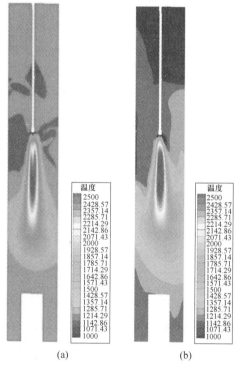

彩色原图

图 6-47　温度场对比
(a)原工艺温度分布;(b)优化工艺温度分布

　　结合上述研究结果,通过对现场氧枪改造提高氧燃比和天然气流量,对改进前后连续 4 个月的生产数据进行跟踪对比,结果表明,放瘤工艺优化前,放瘤间隔炉数在 15~25 炉占 76.54%,放瘤间隔数在 25 炉以上占 23.49%;改进放瘤工艺后,放瘤间隔数在 20 炉以下的全部消除,放瘤间隔数在 25 炉以上的比例占 85.68%,如图 6-49 所示。

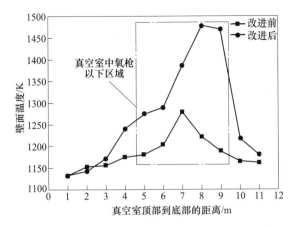

图 6-48 放瘤工艺优化前后真空室内壁的温度值

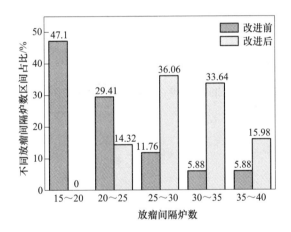

图 6-49 放瘤模式改进前后放瘤间隔数对比

图 6-50 为不同钢种放瘤前连续生产炉次的 Al_s 损失。经过烘烤工艺优化，真空槽放瘤间隔炉数由 20 炉提高至 35 炉后 Al_s 损失并没有呈现异常增加，增加放瘤间隔炉数可以极大地提高 RH 精炼效率，降低因放瘤对生产节奏和精炼周期的影响，增加真空槽耐火材料使用寿命。

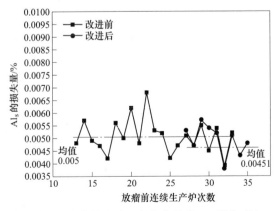

图 6-50 放瘤前连续生产炉次数的 Al_s 损失对比

6.5　本　章　小　结

（1）RH 真空室内涉及气（Ar 气、CO 气泡）/液（钢液）/固（耐火材料、合金、夹杂物）等多相反应，是一个典型的高温"黑箱"。钢液喷溅形成的结瘤物沉积附着在真空槽耐火材料表面后续与钢液反应或者结瘤物剥落会极大影响 RH 设备运行的稳定性和钢液的洁净度。

（2）RH 真空过程中钢液中易氧化元素的损失可以概括为几个阶段：1）快速压降抽真空阶段（真空处理 3min 以内），即真空压力从大气压降低到极限真空压力（67Pa）；2）真空度达到稳定阶段（真空处理 3~5min）；3）极限真空保持阶段（真空处理 5min 到破真空）。钢液中铝和钙元素的损失主要发生在前两个阶段，而锰元素的损失则贯穿整个真空阶段。

（3）RH 真空过程元素的挥发及真空过程钢液的喷溅可以通过控制真空压降模式得到缓解，定量评价喷溅结瘤量可以通过对高清摄像头的图像处理结合过程钢液的 Al_s、Mn 损失来评价，也可以在炉次间隔或者放瘤后采用红外测距仪进行真空室内腔的整体状态表征。

（4）建立 RH 真空喷溅的数值模型结合物理模型，可以用来对真空过程喷溅控制和工艺优化提供指导。

参 考 文 献

[1] 吴全明. RH 真空炉脱碳过程喷溅的控制 [J]. 真空, 2012, 49 (5): 21-24.

[2] Li Y, Bao Y, Wang M, et al. Influence of process conditions during Ruhrstahl-Hereaeus refining process and effect of vacuum degassing on carbon removal to ultra-low levels [J]. Ironmaking & Steelmaking, 2015, 42 (5): 366-372.

[3] Chen G, He S. Modeling fluid flow and carbon removal in the Ruhrstahl-Heraeus reactor: considering the pumping process [J]. Industrial & Engineering Chemistry Research, 2019, 58 (40): 18855-18865.

[4] Chu J, Bao Y, Li X, et al. Kinetic study of Mn vacuum evaporation from Mn steel melts [J]. Separation and Purification Technology, 2021, 255: 117698.

[5] 宋磊, 王敏, 李新, 等. 含锰钢 RH 真空过程锰的迁移行为 [J]. 工程科学学报, 2020, 42 (3): 331-339.

[6] 雷辉, 杨森祥, 黄登华. RH 脱碳过程喷溅控制的工艺优化 [C]. 第十五届全国炼钢学术会议. 中国金属学会, 2008.

[7] 赵立华, 郭建龙, 徐佳亮, 等. RH 真空室内气泡行为的研究 [J]. 工程科学学报, 2018, 40 (4): 453-460.

［8］宋磊. RH 真空过程喷溅和结瘤行为研究［D］. 北京：北京科技大学，2019.

［9］Zhao Z, Wang M, Song L, et al. Splashing simulation of liquid steel drops during the ruhrstahl heraeus vacuum process［J］. Metals, 2020, 10（8）: 1070.

［10］Chu J, Bao Y. Volatilization behavior of manganese from molten steel with different alloying methods in vacuum［J］. Metals, 2020, 10（10）: 1348.

［11］赵志坚. 120t RH 真空过程钢液流动行为及喷溅结瘤控制研究［D］. 北京：北京科技大学，2020.

［12］吴建龙，方杞青，张明，等. RH 真空槽高效顶枪烘烤技术的研究与应用［J］. 重型机械，2013（6）: 17-22.

7 RH 用耐火材料的功能化

<<<<<<<<<<<<<<<<<<<<<<<<<<<<<<<<<<<<<<<<<<<<<<<<<<<<<<<<<<<<<<<<

钢铁行业技术和装备的不断进步，对耐火材料提出新的挑战，需要在保证质量的前提下实现功能化，既有利于钢的质量优化，又具备一些特殊工艺要求的性能，还具有优良的综合性能。RH 耐火材料功能化是 RH 高效化和长寿命运行的重要保障。

7.1 RH 耐火材料要求

最初 RH 炉只作为真空脱气装置，工作层一般采用高铝砖与黏土砖砌筑。之后，随着技术的进步和工作环境的改变，传统的黏土砖与高铝砖已无法满足使用要求。经过不断地试验和探索，逐步将普通烧成镁铬砖应用在 RH 炉上，炉衬寿命提高数倍，后又开发了直接结合镁铬砖、半再结合镁铬砖以及再结合镁铬砖，它们应用在了 RH 炉的不同部位，使用效果良好。现在，一些具有特殊功能的 RH 炉需要吹气和喷粉，处于高温、高真空和高侵蚀的工作环境，同时作为间歇式工作设备，其服役的耐火材料要求具有良好的高温强度和优良热震稳定性和抗渣蚀性能[1]。

7.1.1 RH 耐火材料的种类

7.1.1.1 RH 用 $MgO\text{-}Cr_2O_3$ 砖

$MgO\text{-}Cr_2O_3$ 砖是一种以镁砂为主，与铬铁矿制成的耐火材料，其主要物相为方镁石和镁铬尖晶石。镁铬质耐火材料由于耐火度高，高温性能优良，体积稳定性好，抗碱性渣侵蚀性能较好，因此在炉外精炼、水泥窑以及有色冶金中得到了广泛应用。RH 浸渍管用镁铬质耐火材料包括直接结合镁铬制品、再结合镁铬制品、半再结合镁铬制品以及特种复合镁铬制品等产品[2]，其中使用效果最好的特种复合镁铬制品中 Cr_2O_3 的配入量为 20%上下。

A 硅酸盐结合镁铬砖

硅酸盐结合镁铬砖，即普通镁铬砖，是以烧结镁砂和一般耐火级铬矿为原料，按适当比例配合，以亚硫酸盐纸浆废液为结合剂，经混练和成型，于约 1600℃下烧成制得。在硅酸盐结合镁铬砖中，SiO_2 杂质含量较高（SiO_2 为

2.98%～4.5%），制品的烧结是在液相参与下完成的，在主晶相之间形成以镁橄榄石为主的硅酸盐液相黏结在一起的结合，又称陶瓷结合。由于 SiO_2 杂质含量高，硅酸盐结合镁铬砖的高温抗侵蚀性能较差，强度较低。在 RH 中，应用于非直接接触熔体的内衬部位。

B　直接结合镁铬砖

直接结合镁铬砖是以高纯镁砂和铬矿为原料，高压成型，于 1700～1800℃下烧成制得的优质固相直接结合的镁铬质耐火材料。在直接结合镁铬砖中，由于 SiO_2 杂质含量低（<2%）在高温下形成的硅酸盐液相孤立分散于主晶相晶粒之间，不能形成连续的基质结构。主晶相方镁石和尖晶石之间形成方镁石-方镁石、方镁石-尖晶石的直接结合。因此，直接结合镁铬砖的高温机械强度高，抗渣性好，高温下体积稳定。

C　直接结合镁铬砖

再结合镁铬砖，又称电熔颗粒再结合镁铬砖，系以菱镁矿（或轻烧镁粉）和铬矿为原料，按一定配比，投入电炉中熔化，合成电熔镁铬熔块，然后破碎、混练、高压成型，于 1750℃以上高温烧成制得。在这种制品中，方镁石为主晶相，镁铬尖晶石为结合相，硅酸盐相很少，以岛状孤立存在于主晶相之间。再结合镁铬砖的高温强度高和体积稳定性好，抗侵蚀，抗冲刷，抗热震性介于直接结合砖和熔铸砖之间。

D　半再结合镁铬砖

半再结合镁铬砖系以部分电熔合成镁铬砂为原料，加入部分铬矿和镁砂或烧结合成镁铬料作细粉，按常规制砖工艺，高温烧成制得。半再结合砖的主要矿物组成为方镁石、尖晶石和少量硅酸盐，方镁石晶间尖晶石发育完全，方镁石-方镁石和方镁石-尖晶石间直接结合，硅酸盐相呈孤立状态存于晶粒间。半再结合镁铬砖组织结构致密，气孔率低，高温强度高，抗侵蚀能力强，抗热震性能优于再结合镁铬砖，适用于 RH 的渣线部位。

E　预反应镁铬砖

预反应镁铬砖以轻烧镁粉和铬铁矿为原料，经共同细磨成小于 0.088mm 细粉，压制成荒坯或球，于 1750～1900℃煅烧成预反应烧结料，再按常规制砖工艺生产，经破碎、混练、高压成型在 1600～1780℃下烧成制得。预反应镁铬砖的主要矿物组成为方镁石、尖晶石和少量硅酸盐，晶间直接结合程度高。预反应镁铬砖的组织结构和成分均匀、致密，气孔率低，高温强度高，抗渣性好，抗热震性能较好。

7.1.1.2　RH 用 $MgO\text{-}MgO \cdot Al_2O_3$ 砖

$MgO\text{-}Cr_2O_3$ 砖在高温下具有很高的耐用性，已被广泛应用于二次精炼炉的耐火材料炉衬中。然而，由于含铬相存在环保的问题，近年来对于无铬耐火材料的呼声越来越高。因此，MgO-MgO·Al₂O₃砖取代 MgO-Cr₂O₃砖开始被应用。MgO-MgO·Al₂O₃砖中，由于 MgO 和 MgO·Al₂O₃的热膨胀性能差异容易产生微裂纹，抗热剥落性能较差。天然铬矿中带进一些杂质矿物可在烧成时产生硅酸盐液相促进 MgO-Cr₂O₃砖的烧结，提高耐火材料的高温强度，而 MgO-MgO·Al₂O₃砖基质往往显示出较差的结合组织，导致结构强度较低，抗热剥落性下降，如图7-1所示的 MgO-Al₂O₃二元系相图。此外，MgO·Al₂O₃中的 Al₂O₃与 Cr₂O₃相比更易溶于硅酸盐渣（低碱度渣）中，其应用于二次精炼炉，如 RH 真空脱气装置或者 VOD 钢包时，其耐蚀性能则难以满足要求。因此，有必要对 MgO-MgO·Al₂O₃砖的结合组织和抗蚀性能进行改进。

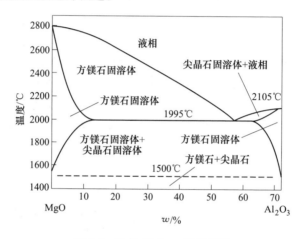

图 7-1 MgO-Al₂O₃ 二元系相图

7.1.1.3 RH 用 MgO-C 砖

镁碳质耐火材料由于导热系数高，具有良好的热震稳定性，抗热剥落和结构剥落性强等优点，同时由于含碳耐火材料与熔渣之间的润湿性差，可以抵抗渣的侵蚀渗透，抗渣性良好。因此，镁碳质耐火材料也是取代镁铬制品的理想产品之一，广泛地应用于钢包、转炉等熔炼设备上。然而 MgO-C 砖最显著的问题是其冷端容易发生氧化，脱碳层会随着钢液的冲刷而发生流失，从而降低炉衬的使用寿命。目前常采用的抗氧化方法是添加金属铝或铝系合金作为抗氧化剂，或采用 MgO 结合剂进行施工，以防止 MgO-C 砖气相氧化作用的发生，此外，使用含碳材料还会向钢液中增碳，不利于低碳钢和超低碳钢的冶炼。

7.1.1.4 RH 用 MgO-ZrO₂ 砖

ZrO₂质耐火材料抗渣侵蚀性好，耐磨性能优良，有良好的化学惰性，在高温下饱和蒸气压低，在与方镁石复合后利用其高温下的相变增韧作用可以有效地改善镁质耐火材料的热震稳定性能。ZrO_2 是一种弱酸性氧化物，可以有效地抵抗中、酸性渣的侵蚀，而碱性氧化物 MgO 对碱性渣有良好的抵抗能力，这就使得镁锆质耐火材料能良好地应用于熔渣碱度变化大的熔炼条件，同时 ZrO_2 在与渣反应过程中会生成高熔点、高黏度的 $CaZrO_3$，可以阻止熔渣的渗透和侵蚀，抗渣性优良。其次，ZrO_2 在烧结过程中因相变而引入的体积效应可以在耐火材料中引入大量微裂纹，从而改善镁质材料的热性和抗热震性能，使之能够很好地适应于温度波动大的间歇式冶炼设备 RH 上，同时还不会造成环境污染。但由于 ZrO_2 的价格高且获得困难，使得 MgO-ZrO_2 质耐火材料难以得到广泛应用。

7.1.1.5　RH 喷补用耐火材料

RH 真空炉真空处理过程中，喷补维护是提高浸渍管和环流管使用寿命的重要手段。在对 RH 真空炉中的钢液连续处理 2~3 炉后，对浸渍管进行一次薄喷，并对浸渍管侵蚀严重部位进行重点喷补。每浇次结束后，利用 1~2 炉的间歇时间对浸渍管进行全面清渣喷补维护，及时修复外部浇注料的裂纹。另外，在浸渍管和环流管使用的中后期，要采用镁铬质喷补料对环流管工作层进行热修补，以避免出现因循环管工作层变薄而产生钢壳发红的现象。

7.1.1.6　RH 用耐火泥和其他耐火材料

在真空槽的砌筑过程中，使用高铬火泥能够加强砖缝的烧结强度、提高抗侵蚀性能。槽体砌筑时，大部分平整面隔热层选用硅酸钙板，保温层选用高铝轻质砖，永久层选用直接结合镁铬砖，法兰交接面、合金加料孔、顶部氧枪口及其他边角、夹缝处采用硅酸铝耐火纤维毡作隔热材料。

7.1.1.7　RH 用耐火材料发展方向

含 Cr_2O_3 耐火材料在氧化气氛与强碱性氧化物如 Na_2O、K_2O 或 CaO 存在下，Cr^{3+} 能转变为 Cr^{6+}。六价铬化合物易溶于水，而 CrO_3 可以以气相存在，对人体有害，污染环境。因此，近年来，不少研究者针对无铬耐火材料进行了研究，希望取代含 Cr_2O_3 耐火材料。K. Shimizu 等开发了一种 MgO-Y_2O_3 砖并将其用于 RH 真空脱气装置下部槽作为耐磨里衬，在超低碳钢处理的比率相同时，其使用寿命达到了 MgO-Cr_2O_3 砖的水平。但是 Y_2O_3 价格昂贵，资源有限，难以大规模推广使用。虽然目前已经开发出多种无铬碱性耐火材料，然而这些耐火材料或多或少都存在问题，难以在 RH 上广泛应用。由于方镁石-尖晶石质耐火材料具有良好的高温性能、力学性能和抗侵蚀性能，因此冶金工作者又开发出了方镁石-尖晶石质耐火材料。同时为了进一步提高方镁石尖晶石质耐火材料的性能，在原有基础上又开发出了一系列镁尖晶石锆、镁尖晶石钛系新型方镁石-尖晶石质耐火材料[3]。

7.1.2　RH 耐火材料的成分

RH 工作衬通常选用直接结合 $MgO\text{-}Cr_2O_3$ 砖或碱性捣打整体衬，并按照不同部位的不同使用条件和产品质量采用分区砌衬（综合内衬），同时为延长 RH 耐火材料使用寿命，需要使用喷补料对耐火材料进行修复。

7.1.2.1　RH 用镁铬砖

镁铬砖的性能与晶界上生成的二次尖晶石的发育程度有关，同时也受到镁铬砖中化学成分对所形成的二次尖晶石的影响。其中镁铬砖中的 Cr_2O_3 配入量，以 Cr_2O_3/MgO 等于 0.2~0.4 的特种复合 $MgO\text{-}Cr_2O_3$ 砖为最好[4]，典型成分及特性见表 7-1。

表 7-1　RH 用镁铬砖典型成分及特征

产品种类	砖 1（传统）	砖 2（复合）	砖 3（特种）	砖 4（再结合）
$w(MgO)/\%$	63.7	61.7	60.0	59.8
$w(Cr_2O_3)/\%$	15.2	18.0	21.3	19.2
$w(CaO)/\%$	0.7	0.5	0.6	0.6
$w(SiO_2)/\%$	1.6	1.1	1.0	1.8
体积密度/kg·m⁻³	3.1	3.2	3.3	3.3
显气孔率/%	16	16	13	13
常温耐压强度/MPa	37	62	63	46

为改善其使用性能，可采用以下技术措施：

（1）选用高纯度镁砂和高纯度（SiO_2 极低的）铬矿为原料并提高铬矿的配入比例，以生产 Cr_2O_3/MgO 比较高的镁铬砖；

（2）配入一定数量的 Cr_2O_3 粉或者铬矿超细粉以促进镁铬系物料的烧结，并获得二次尖晶石发达的优质镁铬砖；

（3）添加适量的 Fe-Cr 等金属粉，通过它们在烧成时的氧化，以降低镁铬砖的气孔率并在基质中形成微气孔结构；

（4）将镁铬砖在高温条件下的氧化气氛中烧成，并在烧成后进行慢速冷却以获得二次尖晶石晶体发达的组织结构；

（5）添加一定数量热膨胀率比镁铬砖小的特殊外加剂或者 $CaCO_3$（0.1~2.0mm）以及 ZrO_2 等添加物以提高镁铬砖的抗热震性能。

通过采用上述措施，可以制成高温下强度大，耐侵蚀性优异和热稳定性高的优质镁铬砖。

7.1.2.2 RH 用碱性浇铸料

RH 炉间歇操作带来强烈的热震破坏和熔渣的侵蚀，导致升降管外衬浇注料因严重龟裂而损毁，同时，浸渍管外壁用耐火材料直接与钢包中的碱性渣接触，要求其能抗碱性渣侵蚀；为了使浇注料的寿命达到与内衬寿命同步的目的，研制了低水泥或无水泥浇注料，材质为高铝、刚玉或铝镁质，其典型成分及特性见表7-2。板状刚玉颗粒内含有许多圆形封闭微气孔，加热过程中体积稳定，抗热震性好。因此，所用刚玉以板状刚玉最适宜。为了提高刚玉浇注料的抗开裂性，还需加入不锈钢纤维，加入适量的 Al_2O_3 和 MgO 超细粉使材料的耐蚀性得到了提高；利用铝镁浇注料产生的膨胀性或加入4%左右的钢纤维增强，材料的抗热震性大大提高。

表 7-2 RH 浇注料典型成分及特征

产 品 种 类		浇注料 1	浇注料 2
$w(Al_2O_3)/\%$		≥80	≥93
$w(MgO)/\%$		≥8	
体积密度/kg·m^{-3}		≥2.9	≥2.9
常温抗压强度/MPa	110℃×24h	30	60
	1550℃×3h	60	70
常温抗折强度/MPa	110℃×24h	5	6
	1550℃×3h	7	10
线变化率/%		0~0.1	±0.5
使用温度/℃		1750	1750

7.1.2.3 RH 维修用喷补料

为了降低生成成本和达到炉衬材料的综合使用寿命，常常在 RH 精炼炉的两炉次之间对 RH 炉浸渍管内外耐火材料进行修补；或在更换浸渍管时对真空室下部、底部与喉部等侵蚀严重的部位进行喷补维修。喷补料多为镁铬质和镁质材料，其典型成分及特性见表7-3。为了获得致密的喷补料层，要求喷补料中的含水量要低，而流动性要好[5]。

表 7-3 RH 喷补料典型成分及特征

产 品 种 类	喷补料 1	喷补料 2
材质	镁质喷补料	镁铬质喷补料
使用部位	真空室下部、浸渍管	浸渍管，真空室上部
$w(MgO)/\%$	≥85	≥70

产　品　种　类		喷补料 1	喷补料 2
$w(Al_2O_3)/\%$			≥4
$w(Fe_2O_3)/\%$			≥5
$w(Cr_2O_3)/\%$			≥5
$w(SiO_2)/\%$		≤6	≤4
显气孔率/%		≤24	≤24
体积密度/kg·m^{-3}		≥2.2	≥2.3
常温耐压强度/MPa	110℃×24h	25	20
	1600℃×3h	20	15

7.1.3　RH 耐火材料的使用要求

　　RH 真空炉主要由热弯管、合金加料孔、上部槽、中部槽、下部槽、循环管和浸渍管等部位组成，如图 7-2 所示，由于 RH 真空炉不同部位的耐火材料具有不同的侵蚀损毁速率，因此不同部位对耐火材料具有不同的要求，只有选择合适的材质和砖型，才能够提高其使用寿命[6]。

　　热弯管是 RH 真空槽的废气烟道，由工作层、保温层、隔热层等组成。该部位工作层应具备良好的抗热震稳定性能和抗烟气冲刷性，以适应频繁的温度变化条件。保温层和隔热层要求选用导热系数低、体积稳定性好的耐火砖或隔热材料[7]。

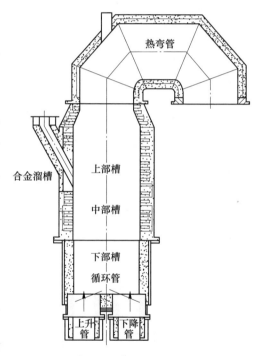

图 7-2　RH 炉砌筑结构图

　　上部槽不与钢液直接接触，没有剧烈的冲刷，但在处理钢液过程中有一定量的钢液喷溅到此处，而且此处的使用温度要高于热弯管，所以选择铬含量 12% 左右的直接结合镁铬砖。欧洲选择铬含量 19% 左右的镁铬砖，日本选择铬含量 16% 左右的镁铬砖。

　　合金加料口是向钢液中加入合金的通道，合金加料口要经受合金物料投掷的机械冲击磨损，工作环境恶劣，设计要求较高。由于合金加料口的特殊工作环境，垂直下料冲击区域属于高度机械磨损，常常会给冲击区形成冲击凹坑，降低合金加料口的使用寿命。因此在该部位一般采用强度较高的电熔再结合镁铬砖。

中部槽部分主要处于氧枪吹氧的开吹点以及合金口加料时的冲击位置；接触钢液和熔渣，受钢液的喷溅和冲刷，及熔渣侵蚀和温度剧变的影响，是该装置的高蚀区。故该部位工作层选用具有抗侵蚀性能优良和耐冲刷的半再结合镁铬砖，铬含量 20% 左右；次工作层选用 12% 铬直接结合镁铬砖；保温层用轻质高铝砖。

下部槽直接接触钢液，由于高温、热循环、真空及高速流动的钢液作用，下部槽体的工作环境非常恶劣。下部槽的炉衬侵蚀主要由渣与耐火材料热面反应及流动的钢液对耐火材料的磨损和热剥落引起，所以该部位工作层选用具有抗侵蚀性能优良和耐冲刷特性的 26% 铬电熔再结合镁铬砖，次工作层选用 12% 铬直接结合镁铬砖；保温层用轻质高铝砖。槽底部工作层和次工作层选用 26% 铬电熔再结合镁铬砖，最下层选用镁铬质捣打料[8]。

浸渍管、循环管是钢液的通道，其中浸渍管损毁最为严重，更换也最为频繁，其使用寿命则最短。它是 RH 炉的关键部位，影响着 RH 炉的整体使用效果。浸渍管是由气体喷射管（氩气管）、支撑耐火材料的钢结构和耐火材料等构成。由于气体喷射引起高温钢液的冲刷、侵蚀、温度变化、热震性破坏等因素导致浸渍管严重损毁。因此，浸渍管选用抗剥落的 26% 铬电熔再结合镁砂。循环管的侵蚀机理与浸渍管基本相同，主要是冲刷和处理间隙急冷急热引起的表面热剥落，故此处也采用抗冲刷性好的电熔再结合镁铬砖砌筑。

7.2　RH 耐火材料使用寿命及评价

7.2.1　RH 不同功能耐火材料的寿命

7.2.1.1　RH 用耐火材料损毁机理

A　高速循环流动钢液的冲刷侵蚀

RH 精炼过程中，由于真空室抽真空，浸渍管的上升管吹 Ar，使钢液产生速度很大的循环流动。例如 265t 的 RH 炉，其循环流动钢液的速度高达 200t/min。高速流动的钢液会使与其接触的真空室下部、底部、喉口与浸渍管等通道的耐火材料衬受到很大的冲刷，不断地产生新的表面而使侵蚀加剧。

B　温度波动造成的结构剥落

RH 精炼为间歇式生产，炉次之间的间歇时间长，会造成炉内温度有很大的波动。熔渣与耐火材料都是氧化物体系，它们之间的润湿性较好；熔渣易渗入耐火材料气孔中，并与耐火材料相互作用，形成一层很厚的与原砖（即未变层）化学、物理性质不同的致密变质层。图 7-3 为未变质镁铬砖的热膨胀率。由于变质层与未变层之间热膨胀性不同，当温度发生大的波动时，变质层与未变层的边界处会产生很大的应力，这些应力就导致一些平行于热面（工作面）的裂纹产生，从而使材料开裂、剥落。这种剥落称为结构剥落。结构剥落对耐火材料衬造成的危害要比高温下熔体的熔蚀大得多。根据对各钢厂 RH 精炼炉用后镁铬砖的观察、测量，发现都在距热面 10～30mm 处有平行于热面的裂纹，证明确实存在结构剥落。

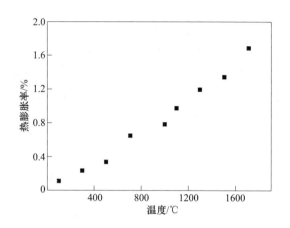

图 7-3　未变质镁铬砖的热膨胀率

C　真空、吹氧对镁铬砖的损害

在 RH 精炼过程中，既有吹氧，又有抽真空。在真空与吹氧条件下，镁铬砖中的一些成分的气化逸出，会导致镁铬砖中晶粒或颗粒之间的结合减弱、松弛，导致结构恶化，在高速钢流的冲击下，很容易被冲蚀掉。

D　铁硅酸性渣对真空室下部炉衬的侵蚀

RH-OB 是在真空室下部炉壁吹氧孔进行吹氧，RH-KTB 是从炉顶插入的氧枪吹氧。吹氧会使钢液中的脱碳反应 $[C]+[O]=CO(g)$ 加速；同时，由于 CO 二次燃烧，以及钢液中 Fe、Si、Mn 等元素氧化，使钢液升温，并形成氧化铁含量高的酸性渣 $FeO\text{-}SiO_2\text{-}MnO\text{-}Al_2O_3$。这种氧化铁含量高的酸性渣流动性很好，易渗入耐火材料内。图 7-4 为循环管残砖的体积密度和显气孔率变化曲线。从图中可以看出，从工作层向原砖层体积密度逐渐变小，显气孔率逐渐变大，这是由于熔渣沿着镁铬砖的基质部分向镁铬砖内渗透，填充镁铬砖内的气孔所致。

E　脱硫粉剂的侵蚀

钢的精炼过程中都要脱硫。脱硫粉剂主要由萤石与石灰构成，属 $CaF_2\text{-}CaO\text{-}Al_2O_3$ 渣系。脱硫粉剂无论从钢包向上升管喷入，还是从顶部插入的氧枪喷入，一般都会在循环流动的钢液中保留一定时间，以达到好的脱硫效果。这种保留在循环钢流中的 $CaF_2\text{-}CaO\text{-}Al_2O_3$ 渣，熔点较低，黏度低，流动性好，对耐火材料

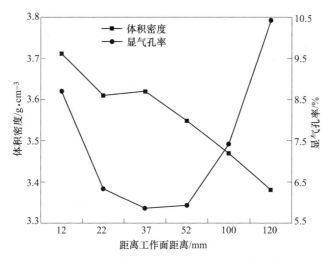

图 7-4　残砖的体积密度和显气孔率变化曲线

的侵蚀与渗透严重。渗入耐火材料内的熔渣会溶解耐火材料颗粒之间的一些结合物或基质，减弱结合，降低高温强度，从而更易被高速流动的钢液冲刷带走。

　　F　浸渍管耐火材料衬易蚀损的其他原因

　　浸渍管耐火材料衬是 RH 炉精炼过程中蚀损最快的部位。造成浸渍管耐火材料易蚀损的原因除高速流动钢液的冲刷侵蚀、温度波动造成的热剥落与结构剥落、真空吹氧对镁铬砖的损害、铁硅酸性渣与含 CaF_2 脱硫粉剂的侵蚀等因素外，还有以下一些特殊因素：

　　（1）由于抽真空与从浸渍管吹 Ar 产生的抽力，会使钢包中的碱性渣（从转炉带来的）卷入，进入浸渍管内，而在抗碱性渣的侵蚀方面，镁铬砖并不是很好的。

　　（2）浸渍管浸入钢包钢液中，浸渍管内外的耐火材料都同时处于高温状态下，加剧了其侵蚀与损害。浸渍管外壁一般用的是 Al_2O_3 含量较高的刚玉-尖晶石质整体浇注料，它直接与钢包中的碱性渣接触，如果抗碱性渣的侵蚀性不好，渣线部位的耐火材料衬厚度会变薄，就起不到保护浸渍管钢壳的作用，钢壳的温度就会升高，导致钢壳的过度膨胀与变形。钢壳的膨胀会引起浇注的整体衬出现裂纹，当温度波动时，这些裂纹就会扩展，钢液就会渗入钢壳，从而会导致浇注料衬脱落的事故发生。而浸渍管钢壳支撑着浸渍管内砌的镁铬砖。钢壳的膨胀与变形，又会使浸渍管内砌的镁铬砖衬受力松动，使砖缝侵蚀加速。

7.2.1.2　RH 用耐火材料寿命

　　目前我国 RH 浸渍管耐火材料衬平均寿命为 70～100 炉次，真空室下部为

200~400 炉次，真空室上部为 2000 炉次以上。一般情况下，浸渍管耐火材料衬的寿命是真空槽炉龄的制约性因素，目前国内 RH 浸渍管寿命先进水平已经达到 120 炉以上，国外先进水平已达 250 炉以上[9]。大部分冶金企业的 RH 精炼炉均经历耐火材料寿命从低到高的过程，在此过程中，重点针对浸渍管、环流管设计，耐火材料的选择、砌筑、维护开展研发工作，并取得较好的效果，国内外部分钢厂 RH 耐火材料使用寿命见表 7-4[10~16]。

表 7-4　国内外部分钢厂 RH 用耐火材料使用寿命统计

企业名称	能力/t	浸渍管/炉	下部槽/炉	中上部槽/炉	备注
宝钢	300	136	367	3200	
宝钢不锈钢	120	115	242	2500	
武钢	250	160	453	3500	
马钢四钢轧		100	240		
唐钢不锈钢		98			
邯钢	250	95			
柳钢转炉厂		100	190		
宁波钢铁		105			
韩国浦项		140			RH-OB
日本福山制铁		250			
川崎制钢		320			ULC

7.2.1.3　提高 RH 用耐火材料寿命的途径

提高 RH 炉衬寿命的途径可归纳为：

（1）不同钢种如超低碳钢与低碳钢，其精炼过程与条件不同，对炉衬耐火材质的要求也不一样。建议钢厂将不同钢种分别集中在不同炉役，以便根据精炼钢种选择相应的合适耐火材质。

（2）RH 炉不同部位的蚀损机理不同，因此，应根据不同部位在精炼时的具体条件来选择合适的耐火材质，进行综合砌炉。

（3）控制精炼温度，不要超过 1650℃。

（4）提高 RH 精炼炉的使用效率，增加每天的精炼炉次，缩短间歇时间，并在间歇期间采取保温措施，以减少炉内温度波动。

（5）监控浸渍管的侵蚀情况，在两炉次之间的停歇期间进行喷补维修。提高浸渍管寿命，减少浸渍管更换次数，可减轻真空室下部炉衬由于温度波动较大而造成的结构剥落。

（6）更换浸渍管时，可对真空室下部、炉底、喉口等部位即时进行喷补维修，也可在喉口采用套砖填入捣打料进行维修。

（7）根据 RH 炉精炼装置不断改进的新工艺、精炼的新钢种，开发符合环保要求的耐火材料新材质。

7.2.2　RH 不同功能耐火材料寿命评价

RH 用耐火材料的性能评价主要包括结构性能、热学性能、力学性能和使用性能[17]。

7.2.2.1　RH 用耐火材料结构性能

RH 耐火材料的结构性能包括气孔率、体积密度、吸水率、透气度、气孔孔径分布等。

A　气孔率、体积密度、吸水率

耐火材料中气孔的体积与制品体积的百分比叫气孔率。气孔率分显气孔率（即开口气孔率）、闭口气孔率和真气孔率。耐火材料的气孔率通常指显气孔率，以"%"表示。单位体积（包括气孔）材料的质量即为体积密度，以"g/cm^3"表示。耐火材料开口气孔中所充填的水的质量与该材料干燥后质量的百分比即为吸水率，以"%"表示。

称量试样的质量，再用液体静力称重法测定其体积，可计算显气孔率、体积密度、吸水率。

显气孔率（%）按下式计算：

$$P_a = \frac{m_3 - m_1}{m_3 - m_2} \times 100\% \tag{7-1}$$

吸水率（%）按下式计算：

$$W_a = \frac{m_3 - m_1}{m_1} \times 100\% \tag{7-2}$$

体积密度按下式计算：

$$D_b = \frac{m_1}{m_3 - m_2} D_1 \tag{7-3}$$

式中　m_1——干燥试样的质量，g；

　　　m_2——饱和试样的表观质量，g；

　　　m_3——饱和试样在空气中的质量，g；

　　　D_1——试验温度下，浸渍液体的密度，g/cm^3。

B　透气度

在一定的压差下，气体透过耐火材料的程度叫透气度，计量单位为 μm^2。即在 1Pa 的压差下，黏度为 1Pa·s 的气体透过面积为 1m^2、厚 1m 制品的气体体积

流量为 $1m^3/s$ 时，透气度为 $1m^2$，该值的 10^{-12} 即为 $1\mu m^2$。

用透气度测定仪可测量试样的透气度。所透过的气体为干燥空气或氮气。测量时应注意，对每一个试样，应至少在 3 个不同的压差下，测量透过试样两端的气体的流量。记录流量读数、压差读数、实验室温度和大气压力。

透气度按下式计算：

$$K = 2.16 \times 10^9 \eta \cdot \frac{h}{d^2} \cdot \frac{Q}{\Delta p} \cdot \frac{2p_1}{p_1 + p_2} \tag{7-4}$$

式中　K——试样的透气度，μm^2；

η——试验温度下气体的动力黏度，$Pa \cdot s$；

h——试样高度，mm；

d——试样直径，mm；

Q——气体的体积流量，L/min；

Δp——试样两端气体的压差，mmH_2O，$\Delta p = p_1 - p_2$；

p_1——气体进入试样端的绝对压力，mmH_2O；

p_2——气体逸出试样端的绝对压力，mmH_2O，即大气压力。

7.2.2.2　RH 用耐火材料热学性能

RH 耐火材料的热学性能包括热导率、热膨胀系数、比热、热容、导温系数、热发射率等。

A　热导率

单位时间内、单位温度梯度时，单位面积试样所通过的热量叫热导率，也称导热率或导热系数，单位为 $W/(m \cdot K)$。测定热导率的方法分稳态法和非稳态法两类。稳态法试验常用的是平板导热仪和蒸汽量热式平板导热仪。在使用平板导热仪测量试样的热导率时应注意护热板的放置，防止试样产生径向热流损失。当使用蒸汽量热式平板导热仪测量试样的热导率时应注意试样上、下表面中心热电偶的放置，务必使其紧密接触试样。通常采用的方法是黏结法。即将试样研成粉末，加入结合剂（例如水玻璃）调成糊状，以此将试样与热电偶紧紧地黏结在一起。用平板法测定的热导率按下式计算：

$$\lambda = \frac{Q}{\tau} \cdot \frac{\delta}{F\Delta t} \tag{7-5}$$

式中　λ——热导率，$W/(m \cdot K)$；

Q——传热量，J；

τ——传热时间，s；

δ——试样厚度，m；

F——传热面积，m^2；

Δt——热面与冷面的温差，K。

B　热膨胀系数

当温度升高 1K 时（1℃），物体的长度或体积的相对增长率叫热膨胀系数，单位为 K^{-1} 或 $℃^{-1}$，通常用来测定物体热膨胀系数的方法是顶杆式间接法或望远镜直读法。用顶杆式间接法测定物体的热膨胀系数时，应对炉温进行标定，并使恒温带比试样长 20mm。尽量减小顶杆与管壁的摩擦，保证顶杆将试样的膨胀量准确地传递出来。在试验过程中，顶杆与百分表接触端的温度不应高出室温5℃。当采用望远镜直读法测定物体的热膨胀系数时，由于试样较长，这就要求加热炉有足够的恒温带。其恒温带长度应比试样长度大 20mm。

线膨胀率按下式计算：

$$P = \frac{L_t - l_0 + A}{L_0} \times 100\% \tag{7-6}$$

式中　P——试样的线膨胀率，%；

　　　L_0——室温下试样的长度，mm；

　　　L_t——试验温度下试样的长度，mm；

　　　A——校正值。

平均线膨胀系数按下式计算：

$$\alpha = \frac{P}{(t - t_0) \times 100} \tag{7-7}$$

式中　α——试样的平均线膨胀系数，$℃^{-1}$；

　　　t_0——室温，℃；

　　　t——试验温度，℃。

7.2.2.3　RH 用耐火材料力学性能

RH 耐火材料的力学性能包括耐压强度、抗拉强度、抗折强度、抗扭转强度、剪切强度、抗冲击强度、耐磨性、蠕变性、黏结强度、弹性模量等。

A　耐压强度

单位面积试样所能承受的极限载荷叫耐压强度，以"MPa"表示。在室温下测定的试样耐压强度叫常温耐压强度，在高温下测定的试样的耐压强度叫高温耐压强度。制取试样时，应从制品的一个角上切取，且不应有缺边、掉角、裂纹等缺陷。试验时，试样的受压方向应与成型时的加压方向一致。测定常温耐压强度时，在试样上、下受压面与试验机压板之间垫一层厚约 2mm 的草纸板。用来测定耐压强度的试样，每组应为 3 个试样，计算结果应为试验结果的平均值。

耐压强度按下式计算：

$$S = \frac{F}{ab} \qquad (7\text{-}8)$$

式中　S——耐压强度，MPa；

　　　F——试验时指示的最大载荷，N；

　　　a——试样长度，mm；

　　　b——试样宽度，mm。

B　抗折强度

单位截面面积试样承受弯矩作用直至断裂的应力叫抗折强度，以"MPa"表示。在室温下测定试样的抗折强度叫常温抗折强度；在高温下测定试样的抗折强度叫高温抗折强度。由制品切取试样时，应保留垂直于成型时加压方向的一个原砖面作为试样的受压面。测定使用模型制备的不定形材料的抗折强度时，以成型时的侧面作为试样的受压面。用来测定抗折强度的试样，每组应为 6 个。计算结果应为平均值。

抗折强度按下式计算：

$$R_{\mathrm{e}} = \frac{3}{2} \times \frac{FL}{bh^2} \qquad (7\text{-}9)$$

式中　R_{e}——抗折强度，MPa；

　　　F——试样断裂时的最大载荷，N；

　　　L——下刀口间的距离，mm；

　　　b——试样截面宽度，mm；

　　　h——试样截面高度，mm。

C　高温蠕变性

在高温条件下，承受应力作用的耐火材料随时间变化而发生的等温变形叫高温蠕变性。由于制品承受外力的不同，可分为高温压蠕变、高温拉伸蠕变、高温弯曲蠕变和高温扭转蠕变。其中，经常测定的蠕变性是压缩蠕变，以"%"表示。其测定方法为国家标准 GB/T 5073—2005 所规定的耐火材料压蠕变试验方法[18]。

测定压蠕变时应注意试样的制备。试样应在制品的任一角钻取，其圆柱体制品的轴线应与制品成型加压方向一致。试样应不存在缺边、裂纹等缺陷。试样顶面和底面平整且互相平行，试样任何两点的高度差不得大于 0.2mm。试样上下两个平面应与侧面垂直。其垂直度用角尺检查，试样侧面与角尺之间的间隙不得大于 0.4mm。

压蠕变率的计算公式如下：

$$P = \frac{L_{\mathrm{n}} - l_0}{L_{\mathrm{i}}} \times 100\% \qquad (7\text{-}10)$$

式中　P——蠕变率，%；

　　　L_i——试样原始高度，mm；

　　　L_0——试样恒温开始时的高度，mm；

　　　L_n——试样恒温 n 小时的高度，mm。

7.2.2.4　RH 用耐火材料使用性能

RH 耐火材料的使用性能包括耐火度、荷重软化温度、重烧线变化、抗热震性、抗渣性、抗酸性、抗碱性、抗水化性、抗 CO 侵蚀性、导电性、抗氧化性等。

A　耐火度

表示材料抵抗高温作用而不熔化的性能叫耐火度。按照国标 GB/T 7322—2017 所规定的试验条件[19]，将耐火原料或制品制成的试锥与标准锥进行比较，以同时弯倒的标准锥序号来表示试锥的耐火度。我国的标准测温锥采用锥号乘以 10 即为所测试样的温度。在制造测定耐火度用试样时，应注意不掺入影响耐火度的杂质，例如铁屑。若掺入了铁，需用磁铁吸出。测定时，当任一试锥的尖端弯倒并接触锥台时，均需立即观测标准锥的弯倒程度，直至最后一个试锥弯倒并接触锥台。

B　荷重软化温度

耐火材料在承受高温和恒定压负荷的条件下，产生一定变形时的温度叫荷重软化温度。测定荷重软化温度的方法分为示差升温法和非示差升温法两大类。用示差升温法测定耐火材料荷重软化温度时加压 $0.2N/mm^2$，其升温速度为 $4.5\sim5.5K/min$。用位移传感器自动测量和记录试样膨胀至最高点后压缩原试样高度 0.5%、1%、2%、5% 变形的相应温度。用非示差升温法测定制品的荷重软化温度时加压 $0.2N/min$，按规定的升温速度升温，用百分表测量试样膨胀至最高点后压缩原试样高度 0.6% 时的变形温度为荷重软化开始温度；压缩 20% 时的变形温度为荷重软化终止温度。国标 GB/T 5989—2008 规定，用示差荷重法测定荷重软化温度[20]。制备试样时应注意试样的受压方向应与制品成型时的加压方向一致，且上、下两底面相互平行并与试样轴线垂直。

C　重烧线变化

耐火材料加热至一定温度，冷却后制品长度不可逆的增加或减小叫重烧线变化，以"%"表示。正号"+"表示膨胀，负号"-"表示收缩。试样的加热温度和升温速度因材质不同而异。试样加热前、后可用液体静力称量法测定加热前、后试样体积（或长度）变化的百分率。从制品上切取试样时，应注意试样最大边长不得超过 80mm，体积在 $50\sim200cm^3$ 之间。试样不应有明显的缺边、掉角、裂纹等缺陷。

重烧线变化率按下式计算：

$$G_v = V_1 - V_2 \qquad (7\text{-}11)$$

式中　G_v——体积损失，cm^3；

V_1——试验前试样的体积，cm^3；

V_2——试验后试样的体积，cm^3。

D　抗热震性

耐火制品对于急热急冷式的温度变动的抵抗能力叫抗热震性，又称抗温度急变性、耐热崩裂性、耐热冲击性、热震稳定性、热稳定性、耐急冷急热性等。用来测定耐火制品抗热震性的方法很多，如镶板法、长条试样法、圆柱体试样水冷法。国标 GB/T 30873—2014 规定的试验条件如下：试样经受 1100℃ 至冷水中急冷的次数，作为抗热震性的量度[21]。制备抗热震性试样时应注意如下问题：(1) 用标普型制品作试样时，以整块制品进行试验；(2) 用其他制品制备试样时，应将制品的工作面作为试验时的受热端面。试样表面，特别是受热面不得有破裂现象。

E　抗渣性

耐火材料在高温下抵抗熔渣侵蚀的能力叫抗渣性。用来测定耐火材料抗渣性的方法有静态法和动态法。静态法有熔锥法、坩埚法、浸渍法；动态法有转动浸渍法、撒渣法、滴渣法、回转渣蚀法。我国国家标准 GB/T 8931—2007 规定用回转渣蚀法测定抗渣性[22]。其表示方法可用熔渣侵蚀量 mm 或%表示。用回转渣蚀法测定抗渣性时应注意炉内的气氛，应在氧化气氛中进行。试验结束后，将砌在炉衬上的试验砖取下，清除表面黏结的炉渣后再测量试样的厚度，以免产生误差。

7.2.2.5　RH 用耐火材料的无损检测

不损坏被测物体的外观和结构来检测物体内部缺陷的一种测试方法叫无损检验。通常用来检测 RH 耐火材料的无损检验方法有 X 射线探伤、超声波探伤、声发射检测、红外测距等。

用工业 X 射线探伤机检测耐火制品内部缺陷时，可用拍片或荧光显示方法检测缺陷种类、大小和分布情况。操作工业 X 射线探伤机时，要做好 X 射线防护工作。

超声波探伤仪可用来测定耐火制品内部裂纹或缺陷的大小及位置，也可用来测定试样的强度、厚度和弹性模量。这种检测方法只能在常温下进行。

声发射法可用来检测耐火制品在高温下产生裂纹及裂纹扩展状态。声发射检测和抗热震性试验可对耐火制品在高温下的损坏做出预测。

红外测距仪可在 RH 真空室下线后，常温状态，对 RH 内部的结瘤以及侵蚀状态进行三维描述，将各位置采用坐标形式标出，方便直观地对耐火材料使用寿命做出预测。

7.3 RH 耐火材料对工艺顺行影响

7.3.1 RH 耐火材料对钢液洁净度影响

7.3.1.1 耐火材料在真空下的稳定性

在高温真空下，耐火材料中的大多数氧化物都会发生蒸发而损失，其中 SiO_2、氧化铁、Cr_2O_3 和 MgO 比较容易蒸发，CaO 和 Al_2O_3 比较难蒸发。表 7-5 列出了各种 RH 用耐火材料在高温真空下的稳定性，按稳定性的高低排列如下[2]：尖晶石结合镁砖，再结合镁铬砖，直接结合镁铬砖，高纯镁砖，电熔镁铬砖，高铬砖。

表 7-5 典型耐火材料高温稳定性

材 料 种 类	耐火砖材质	失重速度/$mg \cdot cm^{-3} \cdot min^{-1}$ (1632℃，4h×0.67Pa)
尖晶石结合镁砖	MgO 89%，Al_2O_3 9.8%	0.36
再结合镁铬砖	MgO 62%	0.42
直接结合镁铬砖	MgO 73%	0.52
高纯镁砖	MgO 97%	0.54
高铬砖	Cr_2O_3 26%	0.75
电熔镁铬砖	MgO 57%	1.20

耐火材料在高温真空长期作用下发生的蒸发损失可使耐火材料的结构和性能变差，体积密度降低，气孔率提高和强度下降。在真空炉外精炼处理钢液的情况下，耐火材料的高温蒸发还可造成对钢液成分的污染。

7.3.1.2 耐火材料对钢液氧含量的影响

在高温真空条件下，耐火氧化物的分解和蒸发可能成为造成钢液再氧化的供氧来源。在高温和真空下易蒸发不稳定的耐火材料，如镁铬砖、镉英石砖和高铝砖，对钢的氧化物洁净度不利。而氧压位指数低的耐火材料，如氧化钙砖、白云石砖，有利于提高钢的氧化物洁净度。

7.3.1.3 耐火材料对钢液脱硫效率的影响

耐火材料对脱硫效率有很大影响。在使用硅砖时，脱硫效率为 50%～60%；

用黏土砖时为 60% ~ 70%；在用白云石砖时提高到 80% 以上。氧化钙砖和白云石砖作为耐火材料内衬时，钢的硫化物洁净度最高，以锆英石砖和镁铬砖的为最低，它们的关系大致为：

纯氧化钙砖 > 镁铝砖 > 镁砖 > 纯氧化铝砖 > 高铝砖 > 锆英石砖 > 镁铬砖

钢液的脱硫反应为：

$$[S] + (CaO) \Longrightarrow (CaS) + [O] \tag{7-12}$$

显然，炉衬使用低氧压位耐火材料有利于钢液脱硫反应向右进行。

7.3.1.4　含碳耐火材料对钢水增碳的影响

含碳耐火材料在炉外精炼中有广泛的应用，但耐火材料中的碳易溶进钢液，造成钢液增碳。因此，在冶炼对碳含量有严格要求的钢种时，应考虑含碳耐火材料对钢液增碳的不利作用。

含碳耐火材料内衬投入使用后，由于内衬工作面上的碳被逐渐氧化损失和形成脱碳表层，或在内衬开始使用前在空气中进行加热处理，可明显减轻含碳耐火材料对钢液的增碳作用，但对于碳含量的要求极为严格的超低碳钢种，仍不能完全忽略耐火材料对钢液的增碳作用。

7.3.1.5　镁铬砖对钢液的铬污染作用

在用镁铬砖作炉外精炼炉内衬时，在高碱性炉渣条件下，镁铬砖中的 Cr_2O_3 可被钢渣中的还原剂还原成金属铬。因此，在冶炼无铬钢时，镁铬砖可造成对钢液的铬污染。为避免耐火材料对无铬钢的污染，炉衬可采用白云石砖。

7.3.2　RH 耐火材料对冶炼事故影响

7.3.2.1　RH 耐火材料内衬冷钢的危害

由于 RH 处理的钢种以未脱氧的沸腾钢为主，RH 在处理此类钢液时，由于脱碳反应剧烈，钢液喷溅剧烈，导致真空室内壁耐火砖上粘钢、粘渣比较重，长期积累以后，真空室内壁上冷钢和残渣不断增厚，最大冷钢厚度时常达到 200mm 以上，在处理钢液期间时常发生脱落，造成超低碳钢钢液的增碳甚至超标改钢或者温降过大等不良后果。另外，没有脱落的真空室内壁冷钢在真空室下线以后处理十分困难，需将真空室吊起使用氧气进行烧钢作业，劳动强度大并且存在安全隐患，尤其是整体式真空室由于中部和底部不能分离，处理残钢更为困难。

现有的 RH 真空设备处理此种问题通常是采用顶枪或电极加热等方式熔化真空室内的冷钢，将真空室内壁的冷钢和残渣熔化后通过插入管排出到真空室外，此种方法的缺点是作业时间长，通常需要 2h 以上，另外熔化的钢渣经常堵塞插入管内腔，造成后续处理钢液循环变差，为此操作者多不愿进行此项操作，由此带来了真空室冷钢积累过多，处理钢液温降过大的恶性循环，对生产顺行和产品质量及安全作业造成很大影响。

7.3.2.2　RH 耐火材料水分的危害

耐火材料的烧结通常分为坯体水分排除、分解氧化、液相形成、耐火相结合、烧结和冷却几个阶段。使用喷补料对内衬进行喷补后，水分的去除程度对后期胚料的烧结会产生重大影响，耐火材料内部水分去除程度未达到要求时，大量的水分在高温烧结过程快速汽化，导致耐火材料内部形成贯通的气孔，影响最终耐火材料的使用，甚至因水分超标致使烧结开裂。与此同时，若新砌内衬未充分烘干，残留水分在接触高温钢液后，迅速气化膨胀，充满 RH 真空室，造成钢液急速喷溅，严重时可导致 RH 喷爆事故发生。

7.4　本章小结

本章针对 RH 用耐火材料的要求、使用寿命及评价和耐火材料对工艺顺行的影响进行了阐述，RH 不同功能部位对于耐火材料的种类和成分要求不同，在实际生产使用过程中，相关技术人员应综合考虑耐火材料寿命和对工艺的影响，结合耐火材料各项评价指标，提出最优化的砌筑使用方案，保证生产高效稳定进行。

参 考 文 献

[1] 董计太. RH 炉浸渍管用方镁石—镁铝尖晶石质耐火材料性能研究 [D]. 沈阳：辽宁科技大学，2016.

[2] 林育炼. 耐火材料与洁净钢生产技术 [M]. 北京：冶金工业出版社，2012.

[3] 李静捷. RH 浸渍管用方镁石—尖晶石质耐火材料研究 [D]. 武汉：武汉科技大学，2016.

[4] 王诚训，张义先. 炉外精炼用耐火材料 [M]. 2 版. 北京：冶金工业出版社，2007.

[5] 游杰刚. 钢铁冶金用耐火材料 [M]. 北京：冶金工业出版社，2014.

[6] 严明华，张玉滨. RH 真空炉耐火材料的选材分析与应用 [J]. 江西冶金，2010，30 (5)：39-42.

[7] 侯金鹏，娄军峰，程亮，等. RH 炉耐火材料的使用现状及常见问题分析 [J]. 耐火与石灰，2017，42 (4)：17-20.

[8] 王健东，高心魁. RH 炉用耐火材料使用现状与解决措施 [C]. 2007 年全国 RH 精炼技术研讨会，上海，2007.

[9] 钟凯. 提高 RH 真空冶炼炉浸渍管使用寿命的研究 [D]. 沈阳：东北大学，2013.

［10］白亚卿，赵艳玲，常立山．提高 RH 耐材寿命的改进［C］.2012 河北省炼钢连铸生产技术与学术交流会，唐山，2012.

［11］常长志，钟卫，陈永金，等．提高柳钢 RH 耐材使用寿命的实践［J］.柳钢科技，2012（6）：19-23.

［12］董晓光，尹宽，赵艳．提高 110t RH 精炼炉浸渍管寿命的实践［J］.河北冶金，2018（8）：66-67.

［13］孔磊，吕永林．提高 RH 真空槽使用寿命的生产实践［J］.安徽冶金，2017（3）：56-58.

［14］李智，靳晓磊，王凯．延长 RH 炉下部槽寿命的措施［J］.河北冶金，2013（2）：55-57.

［15］王峰，王广忠，刘广涛，等．如何提高 RH 真空炉耐火材料寿命［J］.金属世界，2012（2）：36-38.

［16］韦泽，韩亚伟，熊云松，等．宁钢 RH 浸渍管耐材寿命提高实践［C］.2014 年全国炼钢一连铸生产技术会，唐山，2014.

［17］尹汝珊，冯改山，张海川，等．耐火材料技术问答［M］.北京：冶金工业出版社，1994.

［18］洛阳耐火材料研究院，河南新密市高炉砌筑耐火材料厂.GB/T 5073—2005 耐火材料压蠕变试验方法［S］.中华人民共和国国家质量监督检验检疫总局，中国国家标准化管理委员会，2005.

［19］中钢集团洛阳耐火材料研究院有限公司，洛阳市谱瑞慷达耐热测试设备有限公司，安徽瑞泰新材料科技有限公司.GB/T 7322—2017 耐火材料　耐火度试验方法［S］.中华人民共和国国家质量监督检验检疫总局，中国国家标准化管理委员会，2017.

［20］中钢集团洛阳耐火材料研究院有限公司，中冶集团武汉冶建技术有限公司，山西西小坪耐火材料有限公司.GB/T 5989—2008 耐火材料　荷重软化温度试验方法　示差升温法［S］.中华人民共和国国家质量监督检验检疫总局，中国国家标准化管理委员会，2008.

［21］中钢集团洛阳耐火材料研究院有限公司，郑州安耐克实业有限公司，安徽瑞泰新材料科技有限公司，等.GB/T 30873—2014 耐火材料　抗热震性试验方法［S］.中华人民共和国国家质量监督检验检疫总局，中国国家标准化管理委员会，2014.

［22］中钢集团洛阳耐火材料研究院，公司武汉钢铁集团.GB/T 8931—2007 耐火材料　抗渣性试验方法［S］.中华人民共和国国家质量监督检验检疫总局，中国国家标准化管理委员会，2007.